U0254512

WPS Office 2013 应用基础教程

主　编　易建军　　周　炼
副主编　刘　任　　彭　高
编　者　李　浩　　黄　琴
　　　　周　鼎
主　审　彭仲昆

东南大学出版社
SOUTHEAST UNIVERSITY PRESS
·南京·

内 容 提 要

　　WPS Office 2013 是一款开放、高效的网络协同办公软件,具有兼容性强、二次开发容易、文档安全性高及支持 XML 标准等特点。

　　本书介绍了 WPS Office 2013 办公软件及应用,主要是 WPS 的文字、表格、演示、轻办公四大模块。采用项目案例方式,介绍包括 WPS Office 2013 的文件基础、基本操作、文字处理、编辑和页面操作、对象框及其操作、WPS 表格操作、WPS 电子表格的应用、WPS(幻灯片)演示文稿的制作和应用等内容。

　　本书紧跟 WPS 新技术的发展动态,内容翔实,结构清晰,通俗易懂,具有很强的操作性和实用性,可作为广大 WPS 用户、办公自动化和文字处理初学者、计算机爱好者的自学用书,也可作为相关院校 WPS 课程的教材,同时可作为 WPS Office 全国计算机等级考试参考书目。

图书在版编目(CIP)数据

　　WPS Office 2013 应用基础教程/易建军,周炼主编.
—南京:东南大学出版社,2016.1(2017.10 重印)
　　ISBN 978-7-5641-6114-9

　　Ⅰ.①W…　Ⅱ.①易…②周…　Ⅲ.①办公自动化
软件—教材　Ⅳ.①TP317.1

　　中国版本图书馆 CIP 数据核字(2015)第 263064 号

书　　名:WPS Office 2013 应用基础教程
主　　编:易建军　周　炼
责任编辑:宋华莉
编辑邮箱:52145104@qq.com
出版发行:东南大学出版社
出 版 人:江建中
社　　址:南京市四牌楼 2 号(210096)
网　　址:http://www.seupress.com
印　　刷:江苏扬中印刷有限公司
开　　本:787 mm×1092 mm　1/16　印张:16　字数:372 千字
版　　次:2016 年 1 月第 1 版　2017 年 10 月第 2 次印刷
书　　号:ISBN 978-7-5641-6114-9
定　　价:39.00 元
经　　销:全国各地新华书店
发行热线:025-83790519　83791830

本社图书若有印装质量问题,请直接与营销部联系,电话:025-83791830

前　　言

　　WPS Office 2013 是一款开放、高效的网络协同办公软件。该版本具有兼容性更强、二次开发更容易、文档安全性更高及支持 XML 标准等特点。

　　WPS Office 2013 全新的兼容概念涵盖与 Microsoft Office 2003/2007/2010 文件格式兼容、操作习惯兼容、二次开发兼容三大方面,降低软件更换可能引发的用户对文档交流、工作效率、系统迁移的担心,降低组织的总体拥有成本(TCO)。

　　WPS Office 2013 定义了与微软 Office 一致的二次开发接口,一致的 API 接口,一致的对象模型,可以平滑迁移大量现有的电子政务平台和应用系统,使二次开发更容易。

　　WPS Office 2013 从文档存储、区域保护等多角度、多方位保护文档安全。WPS Office 2013 具有自主知识产权,可在真正意义上实现内核级安全。

　　WPS Office 2013 支持 OOXML、UFO2.0,遵循 XML 标准,有利于实现便利的数据交换、高效的数据检索。

　　目前,WPS 已成功在国务院 50 多个中央部委及 300 多个省市级政府单位和众多大中型企业(如国家电网、鞍钢集团等)中得到应用和认可。

　　本书着眼于培养读者动手能力、实践能力及可持续发展能力,教材的开发和编写汇聚了金山软件研发专家和高职一线优秀教师的经验和成果,在前期进行广泛市场调研和社会需求分析,实现了优质资源的最大整合,通过收集和甄选的新素材将教材内容体系重构,使得教学过程和岗位工作过程保持一致。

　　本书的编写特色如下。

　　① 本书是编者多年从事计算机专业教学的经验总结。本书的编者都是经验丰富的计算机教育的行家,对高职院校学生的基本情况、特点和学习规律有着深入的了解。

　　② 本书引入了任务驱动、案例驱动的机制。为了突出实用性,精选相关行业实际技能需求的案例,直接模拟工作环境,力求使读者从理论到实践轻松过渡。本书的语言简洁明快,讲解通俗易懂,可操作性强。

　　③ 编写思路突破传统,与众不同。全书教程和实训合二为一,各部分案例均设计为项目需求、项目分析、项目实施、相关知识、技能提升几个环节,并配有具代表性的习题,既突出知识点又给出了详尽操作步骤,非常适合初学者使用。而技能提升部分提供的一些高级技巧,可以满足读者更高层次的需求。

　　④ 强调内容实用性、典型性的同时,针对软件技术高速发展的趋势,尽可能把关联的新技术、新应用介绍给读者。

　　⑤ 兼顾考级。本书兼顾最新版 WPS 全国计算机等级考试一级考试和其他一些计算机应用证书考试的要求,增加了考试策略和考题精解,对提高过级率极有帮助。

　　⑥ 提供配套素材资源。本书以国家基础教育课程改革的新思想、新理念为指导编写。

突出了知识与技能、过程与方法和情感态度价值观三维目标;进一步挖掘了信息技术课程学科思想,体现了信息技术学科性和工具性的双重价值;既重视对基础知识的掌握,又强调了对学生操作能力、思维能力和解决实际问题能力的培养。

本书手把手地教读者一步一步进行操作,从感性认识出发,逐渐上升到概念。内容编排不强调严格的理论分析,避开深奥的、与实践操作关系不大的公式与术语,在进行了一个阶段的学习后,再回过头来总结,提高要领层次,从而达到既破除了神秘感,又学习了理论的目的。

本书侧重于基本技能的培训,在加强基础培训的前提下,对系统的每项功能,用简要的文字描述并辅以插图,读者可跟随本书讲解的内容在计算机上亲自操作,无须太多的基础和时间便能迅速地学以致用,使得学习变得生动有趣。

本书由易建军、周炼任主编,刘任、彭高任副主编,参加本书编写的还有李浩、黄琴、周鼎,全书由中南大学彭仲昆教授担任主审并统稿。

本书的出版,与金山软件公司的支持和鼓励是分不开的,WPS 官网陈旭为本书提供了大量素材与指导,高级工程师杨军先生、教授级高级工程师郑京杰先生以独特视角,对全书的技术细节、案例驱动方案设计等提出了宝贵建议,特此致谢。此外,本书还得到了湖南交通职业技术学院、湖南工业职业技术学院、国家职业技能鉴定所、中南大学、国防科学技术大学、长沙理工大学的支持和帮助,在此一并致谢。

本书由于编著者水平所限,难免错漏之处,敬请读者批评指正。

编者

2015 年 11 月

目　　录

第1章 WPS Office 概述及相关基础知识

认识 WPS Office 系统的主要功能并掌握相关基础知识。

- 了解 WPS 的硬件和软件支持。
- 掌握(补充)计算机信息的基础知识。
- 结合实际工作了解 WPS 系统能够实现的功能。
- 能够运用所学知识实现办公自动化处理。

WPS 是 Word Processing System 的缩写,即字处理系统。WPS 是我国自主知识产权的民族软件代表,自 1988 年诞生以来,WPS Office 产品不断变革、创新、拓展,现已在诸多行业和领域超越了同类产品,成为国内办公软件的首选。

WPS Office 是中国政府应用最广泛的办公软件之一,在国家新闻出版总署、外交部、工业与信息化部、科技部等 70 多家部委、办、局级中央政府单位中被广泛采购和应用,在国内所有省级政府办公软件的采购中,WPS Office 占据总采购量近三分之二的市场份额,居国内、外办公软件厂商采购首位。WPS Office 在企业中应用也极其广泛,如中国工商银行、中国石油天然气集团公司、国家电网公司、鞍钢集团公司、中国核工业集团公司等,目前已实现在金融、电力、钢铁、能源等国家重点和骨干行业中全面领跑的局面。

2011 年,顺应移动互联网大潮,金山办公软件提前布局,开发了融合最新移动互联网技术的移动办公应用——WPS 移动版。截至 2014 年 5 月,WPS for Android 的月活跃用户数量逾 4 500 万,WPS for iPad/iPhone 月活跃用户数量超过 300 万。WPS 移动版在上线短短的 3 年时间里,活跃用户数量已达有 26 年历史的 PC 版 WPS 用户数的三分之二。目前,WPS 移动版通过 Google Play 平台,已覆盖的 50 多个国家和地区,WPS for Android 在应用排行榜上领先于微软及其他竞争对手,居同类应用之首。

金山办公软件将继续努力完善移动办公功能,不断贴合用户需求,并围绕信息的产生、协同和分享在各个环节研发相应的产品和服务,力求给用户提供最佳的办公体验。

金山办公软件 26 年来秉承自主创新的企业宗旨,创建了一支专业、敬业的研发团队,并在美国、日本等国及国内多个城市设有分支机构和服务中心。"志存高远,脚踏实地"的企业精神,让金山办公软件在产品和服务上永不止步。

1998 年 9 月开始,WPS 被列入国家计算机等级考试。人力资源和社会保障部人事职称考试,劳动和社会保障部职业技能鉴定考试以及公务人员计算机考试都将金山 WPS Office 办公应用列入考试模块。

1.1 WPS Office 的功能

一般办公室中都会进行大量的文件处理业务，如公文、表格和演示文稿的制作与管理等，WPS Office 将这些职能一体化，从而提高办公效率，也获得了更大的效益，创造了无纸化办公的优越环境。WPS Office 系统的基本功能如图 1.1 所示。下面将对其功能进行简单的介绍。

图 1.1　WPS Office 功能示意图

随着三大核心支持技术——网络通信技术、计算机技术和数据库技术的成熟，WPS Office 它是一种将现代化办公和电脑网络功能结合起来的新型办公方式，也是信息化社会的必然产物。

在 WPS Office 中，电脑的应用是最重要，也是最广泛的，它是信息处理、存储与传输必不可少的设备。WPS 办公设备由硬件和软件两大部分组成，硬件即电脑和外部设备等实体，软件指安装在电脑上的各种程序，如 Windows 操作系统、WPS Office 办公软件和各种工具软件等。要想发挥办公自动化的各种功能，硬件和软件缺一不可。

1）WPS 系统的硬件

WPS 的硬件系统由电脑主机、输入/输出设备、控制设备和各类功能卡等组成，如图 1.2 所示。

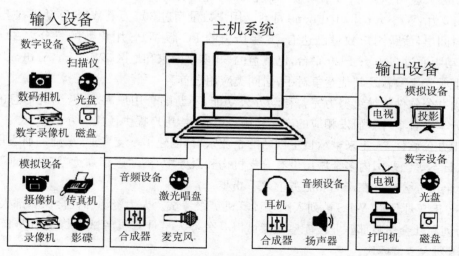

图 1.2　计算机硬件系统的组成

在实际应用中常根据需要决定除主机外的其他设备的取舍，而无须将所有的设备都购置和接入。最常见的计算机硬件系统一般包括主机、显示屏、键盘、鼠标、音响、耳机和摄像头等,如图 1.3 所示。

图 1.3　常见多媒体计算机

• **主机箱**:主机箱是电脑硬件的载体,电脑自身的重要部件都放置在机箱内,如主板、硬盘和光驱等,质量较好的机箱拥有良好的通风结构和合理布局,这样不仅有利于硬件的放置,也有利于电脑散热,其外观如图 1.4 所示。

• **电源**:电源是电脑的供电设备,为电脑中的其他硬件(如主板、光驱、硬盘等)提供稳定的电压和电流,使其正常工作,其外观如图 1.5 所示。

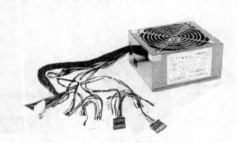

图 1.4　主机箱　　　　　　　**图 1.5　电源**

• **主板**:主板又称为主机板、系统板或母板(motherboard),其上集成了各种电子元件和动力系统,包括 BIOS 芯片、I/O 控制芯片和插槽等。主板的好坏决定着整个电脑的好坏,主板的性能影响着电脑工作的性能,其外观如图 1.6 所示。

• **CPU**:CPU 是中央处理单元的缩写,简称为微处理器,CPU 是电脑的核心,负责处理、运算所有数据。如图 1.7 所示。

图 1.6　主板　　　　　　　**图 1.7　CPU**

• **硬盘**：硬盘是电脑重要的存储设备，能存放大量的数据，且存取数据的速度也很快。其外观如图 1.8 所示。

从冯·诺依曼的存储程序工作原理及计算机的组成来说，计算机分为运算器、控制器、存储器和输入/输出设备，这里的存储器就是指内存，而硬盘属于输入/输出设备。

CPU 运算所需要的程序代码和数据来自于内存，内存中的东西则来自于硬盘，所以硬盘并不直接与 CPU 打交道。硬盘相对于内存来说就是外部存储器。

存储器是用来存储数据的，内存有高速缓存、只读存储和随机存储，外存就是类似 U 盘的外部存储。

内存储器速度快价格贵，容量小，断电后内存中的数据会丢失（ROM 断电不丢失）。

外存储器单位价格低，容量大，速度慢，断电后数据不会丢失。

PC 机常见的外存储器有软盘存储器、硬盘存储器、光盘存储器等。磁盘有软磁盘和硬磁盘两种。光盘有只读型光盘 CD-ROM、一次写入型光盘 WORM 和可重写型光盘 MO 三种。

存储器的种类很多，按其用途可分为主存储器和辅助存储器，主存储器又称内存储器（简称内存），辅助存储器又称外存储器（简称外存）。外存通常是磁性介质或光盘，像硬盘、软盘、磁带、CD 等，能长期保存信息，并且不依赖于电来保存信息，但是由机械部件带动，速度与 CPU 相比就显得慢得多。

• **内存条**：内存条是 CPU 与其他硬件设备沟通的桥梁，用于临时存放数据和协调 CPU 的处理速度，其外观如图 1.9 所示。内存条越大，电脑处理能力越强，速度也越快。

图 1.8　硬盘　　　　　　　　　图 1.9　内存条

通常所说的硬盘容量是指硬盘的总容量，一般硬盘厂商定义的单位 1 GB＝1 000 MB，而系统定义的 1 GB＝1 024 MB，所以会出现硬盘上的标称值大于格式化容量的情况，这是业界惯例，属于正常情况。

关于单碟容量就是指一张碟片所能存储的字节数，现在硬盘的单碟容量一般都在 20 GB 以上。而随着硬盘单碟容量的增大，硬盘的总容量已经可以实现上百吉字节（GB）甚至几太字节（TB）了（商业购买的硬盘容量为 1 TB 的，可能实际只有 1 000 GB，而不是 1 024 GB，真正意义上的 1 TB＝1 024 GB）。

• CRT 显示器可以将色彩更好地还原，适用于设计对色彩要求较高的行业；液晶显示器更为轻便，而且能有效地减少辐射。两种显示器的外观如图 1.10 所示。

① CRT 显示器　　　② 液晶显示器
图 1.10　CRT 显示器和液晶显示器

• **鼠标和键盘**：鼠标和键盘是最基本的输入设备，通过它们用户可向电脑发出指令进行各种操作，鼠标和键盘的操作是学习电脑最基本的操作，其外观如图 1.11 所示。

① 鼠标　　　　② 键盘
图 1.11　鼠标和键盘

• **光驱**：光驱是光盘驱动器的简称，可读取光盘中的信息，然后通过电脑将其重现，其外观如图 1.12 所示。

图 1.12　光驱

• **音箱或耳机**：音箱或耳麦是主要的声音输出设备，通过它们在操作电脑时才能听到声音，其外观如图 1.13 所示。

① 音箱　　　　　　② 耳麦
图 1.13　音箱和耳麦

• **打印机**：打印机是文秘办公中必不可缺的办公设备之一，它可以打印文件、合同、信函等各种文稿。按其工作原理，可以分为针式打印机、喷墨打印机和激光打印机 3 种，现在普遍使用的是激光打印机，如图 1.14 所示即为激光打印机。

• **扫描仪**：扫描仪是一种可以将实际工作中的文字或图片输入到电脑中的工具，它诞生于 20 世纪 80 年代初，是一种光机电一体化设备。扫描仪可分为手持式扫描仪、平板式扫描仪和滚筒式扫描仪等，如图 1.15 所示即为平板式扫描仪。

图 1.14　激光打印机　　　　　图 1.15　平板式扫描仪

• **传真机**：传真机可以不受地域限制，以高速、高质量、高准确度的方式向目标位置传输信息，是文秘办公中常用的外部设备，如图 1.16 所示。

• **复印机**：复印机可以复印文件，在办公中也会经常使用，如身份证复印件、各种职称文凭的复印件等，如图 1.17 所示。

图 1.16　传真机　　　　　图 1.17　复印机

2）WPS 系统的软件

• **系统软件**：系统软件是其他软件的使用平台，其中最常用的便是 Windows 操作系统，如图 1.18 所示便是 Windows 操作系统之一的 Windows 7 系统软件的外包装图。电脑中必须安装系统软件才能为其他软件提供使用平台。

• **专业软件**：专业软件是指拥有某一领域强大功能的软件，这类软件的特点是专业性强、功能多，如 WPS Office 办公软件是办公用户的首选，Photoshop 图形图像处理软件是设计领域常用的专业软件。如图 1.19 所示为 WPS Office 2013 办公软件的外包装图。

图 1.18　Windows 操作系统（系统软件）　　　图 1.19　WPS Office 2013 办公软件（专业软件）

3）WPS 系统的文字处理

文字工作是办公室的主要工作之一，文字处理就是利用计算机处理文字工作，如常见的使用 WPS 制作文档就属于文字处理，其工作流程如图 1.20 所示。

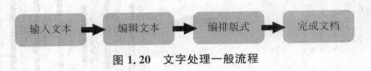

图 1.20　文字处理一般流程

在文字处理软件中可任意输入中、英文，并对其进行相应的编辑操作，主要包括设置文本格式，复制、粘贴、查找与替换文本等，还可根据需要在文档中添加图片等对象，以增加文档的观赏性。如图 1.21 所示为使用 Word 制作的演奏会节目单。

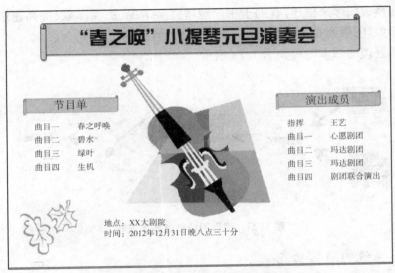

图 1.21　使用 WPS 制作的文档效果

4）WPS 系统的数据处理

数据处理是信息处理的基础，它是指把来自科学研究、生产实践和社会活动等各个领域的原始数据，用一定的设备和手段，按一定的目的加工成另一种形式的数据，即利用计算机对数据进行收集、存储、加工、传播等一系列活动的组合。

· 方便快捷的数据录入

一个电子表格可以完成数据的快速录入，而且在录入的过程中不仅能灵活地插入数据行或列，还能对有规律的数据实现自动生成，并根据函数生成特定的基于数据表的数据，同时进行自动计算等。

· 根据数据快速生成相关图形或图表

图形或图表能更好地表达数据统计的结果，使其一目了然。对于有数据的电子表格，可根据其强大的内嵌功能自由地选择模板生成图形或图表，如图 1.22 所示。当表格中的数据发生变化时，图形或图表也会根据新的数据发生相应的变化，便于数据的更新。

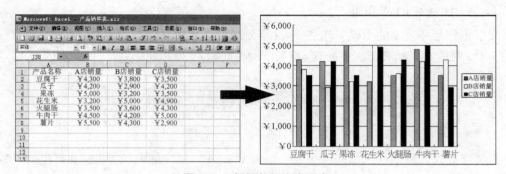

图 1.22　根据数据生成图表

5）WPS 系统的图形图像处理

将信息转换成图形来描述,有助于用户理解复杂情况、加深印象、提高速度。图形是指静态图形或影像,图像则是指随时间而不断变化的动态图形。

图形图像处理的基本流程如图 1.23 所示。

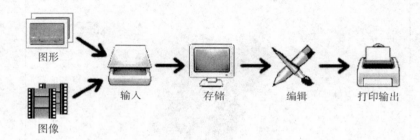

图 1.23　图形图像处理基本流程

6）WPS 系统的通信功能

WPS 系统的通信功能实现了各个部门间的协同工作,与传统的办公系统相比,办公效率提高了许多。当工作人员远离办公室,而又需要了解单位的某些数据时,即可通过网络连接远程计算机,完成相关办公事宜,如图 1.24 所示。

图 1.24　使用通信功能协同办公

1.2 计算机中文件的形成和管理

为了更好地学习中文办公系统 WPS,先补充最基础的知识:诸如计算机对字符信息的处理、信息的保存、存储器和存储容量的概念、计算机中文件的组成和对文件的管理、在 WPS 中如何建立自己的文件夹。

1) 计算机中对外文、汉字、图像和声音的处理

人们熟悉十进制计数,十进制有 0~9 共 10 个记数符号;运算规则为"逢十进一,借一当十"。

而计算机中采用"二进制",只有 0、1 两个记数符号(可理解为高电位为 1,低电位为 0);运算规则为"逢二进一,借一当二"。

我们在向计算机中输入数据时,还是按照人们的习惯输入十进制数,当 1 输进去以后,计算机会自动转换为对应的二进制数据,图 1.25 为"十进制数的连加法"和"二进制数的连加法",即每次加 1 的过程。

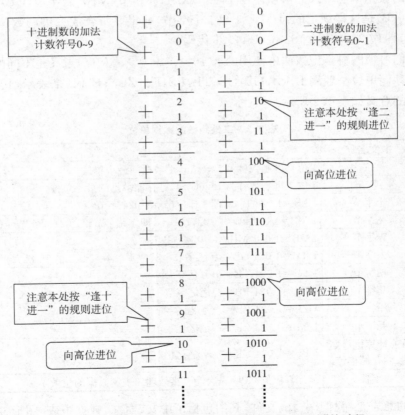

图 1.25 "十进制数的连加法"和"二进制数的连加法"的过程

经过上面的演示过程,自然能理解十进制数与二进制数的等效关系,表 1.1 就反映了两种计数制的相等关系。

表 1.1　十进制数与二进制数的等效关系

十进制数	0	1	2	3	4	5	6	7	8	9	10	11	12
二进制数	0	1	10	11	100	101	110	111	1000	1001	1010	1011	1100

表 1.1 说明:任何一个十进制数均能转换成等效的二进制数。

可以这样理解:当你从键盘输入 2 时,计算机会自动转换成 10(一个高电位一个低电位);输入 3,自动转换为 11(两个高电位);输入 4,自动转换为 100(一个高电位两个低电位);当你输入 13 时,计算机的逻辑电路自动转换成 1101(注意它的读音应按二进制的原则读为"一一零一",而不应该读成十进制的"一千一百零一")。

汉字、英文、阿拉伯数字一经键盘输入以后,计算机将自动转换成相应的 0、1 代码,包括人们的图像、指纹、声音等;经过相应的输入设备(如扫描仪、数码相机、话筒……)后都以 0、1 代码进入计算机进行加工处理,并可以长期保存而不会丢失。

在计算机中二进制数据的处理、传输是以字节(Byte——发音为"拜特")为单位的,一个字节由 8 个二进制位组成,如"01011011"就是一个字节,其中有 8 个二进制位(Bit——发音为"比特")。

在二进制数据单位中人们习惯使用千字节(kB)、兆字节(MB)、吉字节(GB)。

千字节(kB)是这样规定的:1 kB=1 024 个字节,如果要折合成二进制数位,则 1 kB=1 024 个字节=1 024×8=8 192 位(Bit)0、1 代码。

它与人们习惯的科学记数法中使用的 k(10^3)、M(10^6)、G(10^9)意义是不同的。

计算机存储单位一般用 B,kB,MB,GB,TB,PB,EB,ZB,YB,BB 来表示,它们之间的关系及各单位的意义如表 1.2 所示。

表 1.2　二进制数的数据单位

英文名称	中文名称	意　　义
Bit	位	1 位二进制数称为 Bit(位),是数据的最小单位
Byte	字节	8 位二进制数称为 Byte(节),是存储数据的最小单位
kB	千字节	1 kB=1 024 Byte,即 1 千字节=1 024 字节
MB	兆字节	1 MB=1 024 kB=(1 024)² Byte,即 1 兆字节=1 024 千字节=(1 024)² 字节
GB	吉字节	1 GB=1 024 MB=(1 024)³ Byte
TB	太字节	1 TB=1 024 GB=万亿字节　其中 1 024=2^{10}(2 的 10 次方)
PB	拍字节	1 PB=1 024 TB=千万亿字节
EB	艾字节	1 EB=1 024 PB=百亿亿字节
ZB	泽字节	1 ZB=1 024 EB=十万亿亿字节
YB	尧字节	1 YB=1 024 ZB=一亿亿亿字节
BB	目前计算机最高级的存储单位	1 BB=1 024 YB=一千亿亿亿字节
Word	字长	是计算机的 CPU 一次能直接处理二进制数据的位数

表 1.2 的意思是:我们编写的文件,其中包括了中文、西文、数据报表、图形、图像及声音等多媒体信息,这些 0、1 代码是需要房间(存储器)来装的。因而引出了计算机的"存储器"和"存储容量"的概念。

2）计算机中的文件和文件管理

读懂下面列举的几个基本概念：计算机文件，计算机中的文件和文件的命名，文件目录和倒树型目录结构。

什么叫文件——狭义的"文件"就是档案的意思，广义的"文件"指公文书信或指有关政策、理论等方面的文章。文件的范畴很广泛，电脑上运行的程序、杀毒软件、一幅图像、一段视频、一段音乐等都叫文件。既然是文件，自然是看得见，甚至是听得见，更能打印和保存的，什么时候要这个文件随时可从计算机中调出来。

（1）计算机中的文件和文件的命名

存放在磁盘中的文件，叫做磁盘文件，我们这里讲的文件就是磁盘文件。磁盘文件按照其内容，可分为程序文件和数据文件两大类。

为了便于使用，如同每个人要取一个名字一样，每一个文件也都要规定有一个名字。

每个文件要有自己的名字，以便计算机能够区分不同的文件和相关信息。一般来说，文件的名字由两部分拼接而成：文件名称（filename）和扩展名（extension），即

文件名称．扩展名

其中，文件名称可用中文或西文字符的字符串，而扩展名是一个长度不超过 3 的字符串，文件名称和扩展名之间用点（.）隔开。一个文件的名称最好能描述该文件的内容，方便记忆、使用。扩展名也称后缀，在文件名字中也可以没有扩展名。扩展名一般用来区分文件的类型。

举例："东南大学出版社文件. wps""东南大学出版社文件. bak""东南大学出版社文件. doc""Peng. wps""wang. doc""wang. wps""wang. bak""wang1. doc""wang12. doc"。

以上都是一些合法的、不同文件的文件名。

如"东南大学出版社文件. wps""东南大学出版社文件. bak"和"东南大学出版社文件. doc"三个不同的文件的文件名，尽管文件主名均为"东南大学出版社文件"，其中"东南大学出版社文件. wps"文件是一个由 WPS 系统（国产办公软件）编辑生成的文件；而"东南大学出版社文件. bak"文件是"东南大学出版社文件. wps"原文件第一次存盘（保存文件）时自动生成的备份文件（. bak）；而"东南大学出版社文件. doc"则是由 Word 系统（微软办公软件）生成的文件。可见不同的扩展名（后缀）反映了不同类型的文件。图 1.26 是文件名的说明和示例。

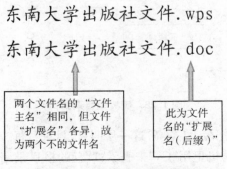

东南大学出版社文件.wps

东南大学出版社文件.doc

两个文件名的"文件主名"相同，但文件"扩展名"各异，故为两个不的文件名

此为文件名的"扩展名（后缀）"

图 1.26　文件名的示例和说明

特别指出：用国产办公软件 WPS 所生成的文件其默认扩展名为".wps"，比如 peng.wps，亦可令其生成为 peng.doc。它与 MS Office（微软）是高度兼容的，意即在 WPS 系统中可以打开 Word(.doc)文件，同理在 Word 系统中可以打开 WPS(.wps)文件。

（2）文件目录和倒树型目录结构

随着计算机存储技术的迅速发展，存储介质如光盘、硬盘等的容量越来越大，存储能力越来越强，可在其上存放大量的文件。如硬盘可以存放成千上万个文件。面对如此众多的文件，如何进行有效的组织、管理，能迅速存、取这些文件就显得十分重要了。

为了有效地管理文件，计算机提供了"目录分级"功能，即在每一个磁盘上建立一个总的文件目录（称为根目录），一般用"C\"表示 C 盘的根目录，"D\"表示 D 盘的根目录……

根目录下面有若干子目录（文件夹），同时亦可存放若干文件，每个子目录（文件夹）下面又可存放若干子目录（文件夹）和文件，子子目录下面亦可存放若干子目录（文件夹）和文件……这样就把每个文件都存放在某个目录（文件夹）里面。要访问（存进去、取出来）某个文件，必须指出文件叫什么名字，放在哪一个盘上（A、B、C、D……），放在该盘的哪一个（层）目录下，即放在哪一个文件夹里面。方可对其进行各种操作。

这种分级管理的文件目录，其形状就像一棵大树，因而被人们称为树型目录结构，或称倒树型目录结构，如图 1.27 所示。

图 1.27　倒树型目录结构示意图

计算机中成千上万的文件到底是如何存放的呢？是模拟一种"倒树"的方式，如图 1.28 所示。左图是一棵正常的树，有树根一级、树枝一级和叶子一级（图中为典型的三级结构），现将该树倒过来 $180°$（倒树），如右图所示。

图 1.28　倒树型目录结构

还是由上往下看，我们把最上（最高）这一层叫"根目录"，每一个磁盘只有一个最高根目录，比如 C 盘的根目录，计算机里用"C\"来表示；D 盘的根目录用"D\"表示；软盘 A 的根目录用"A\"表示，其中反斜杠"\"表示根目录。

　　树根下面是树枝——二级目录,计算机里面叫文件夹,其符号为▯(黄颜色的),每一个文件夹均有一个名字,即文件夹名,由用户给它取名字,可以起中文名(如张三、李四、康康……),一般用英文名(如 Zhang、Liso、Koko……)。

　　第三层为叶子——三级目录,我们设想每一片叶子相当于一个文件(这一个文件我们暂且用一个小圆圈来表示),则图 1.28 改为以下列形式描述,如图 1.29 所示。

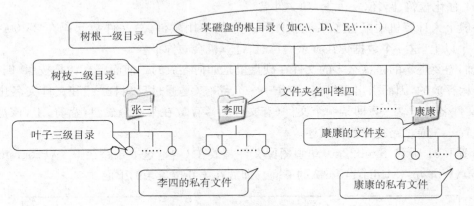

图 1.29　磁盘文件目录结构

　　图 1.29 是描述某磁盘(C、D、E、F……)文件的目录结构,即在根目录下有三个文件夹(相当于树枝一级,实为二级目录结构),其文件夹名分别为“张三”、“李四”和“康康”,文件夹名是由用户给起的,自然文件夹是用来放文件的。所以第三层(叶子)是各个文件夹里面的文件(每个文件暂且用一个圆圈表示)。

　　上述目录结构反映在计算机中的具体界面,我们一定要熟悉,因为涉及以后我们对文件的查找和文件的存、取问题。图 1.30 为磁盘中的文件目录层次示意图。

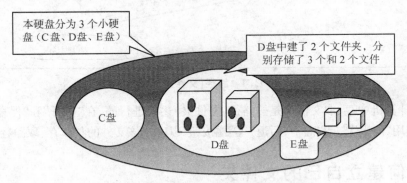

图 1.30　描述磁盘中的文件目录层次示意图

　　本示意图说明:

　　Ⅰ. 一般个人计算机中只配置一个较大容量的硬盘(如 100 GB),是业内人士在装机(软件)时将其“分区”,图中分为 C 盘、D 盘和 E 盘(一个“物理盘”由业内人士分为三个“逻辑盘”),以便用户对文件进行有效的管理,比如将不同类别的(各自的)文件存放在不同的硬盘中,避免相互干扰混乱,以便查找各自的文件。

　　Ⅱ. 一般 C 盘放置系统文件,用户文件(编制的文件)应放置在 D 盘、E 盘、F 盘……或网盘(云存储)中。

Ⅲ. 每个盘中可建立多个文件夹,图1.30中所示D盘中有2个文件夹,其中分别存有3个文件和2个文件(灰点表示文件)。E盘中还有2个空文件夹。

Ⅳ. 注意每个文件夹中还可以建立多层、多个文件夹(按照树枝分叉的原则)。

Ⅴ. 每个文件夹中到底可以放多少个文件,没有规定,可以放到该盘容量已满为止。

(3) 强化盘符、路径(文件夹)和文件名

一般个人计算机中配置了系统软件和基本的应用软件,总文件数起码在25 000个～28 000个以上,这一个数据你在查杀病毒时,计算机会向你报告。

我们需要理解的是这么多的文件在硬盘里是如何存放的。前面已交代是按照"倒树型"目录结构存放的,因而引出盘符(C、D、E……)、路径(是通过反斜杠"\"和文件夹名拼接而成)和文件名的概念。意即某一个文件(有文件名),存放在某一个磁盘(盘符)上,该盘中的具体位置——通过路径来具体描述。

如图1.31所示,Skull2.gif动画图像文件是放在C盘,这一条路径——\Program file\Kingsoft\Winwps\Media\giffore\的下面。即放在第6层目录的下面。

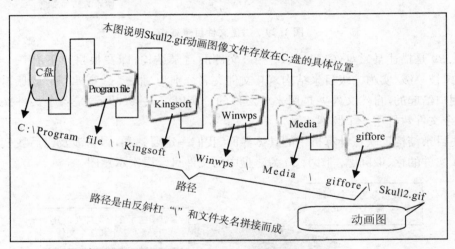

图 1.31　路径(文件夹)示例

往后在计算机中存、取文件都是按路径(文件夹)逐层进行的,在"打开"和"保存"文件对话框中,注意使用"向上"或"向下(后退)"按钮,以确保该文件的具体存、取路径(位置)。

1.3　如何建立自己的文件夹

设置自己的文件夹,其目的是准备存放自己的文件,大家可能会问:文件到底存在哪里?当我们编辑电子文稿并需要存盘时,可以存放到自己的文件夹里面(下面)。每人都有自己的文件夹,要提高对计算机中文件的管理。

1) 建立文件夹的准备工作

在建立新文件夹以前,有几个概念我们要很好地掌握:

(1) 文件夹叫什么名字,由我们自定,可用中文名(如前面有张三、李四),也可用西文名

（一般多用西文名比较方便）。

（2）你这个文件夹设置在哪一个磁盘上，是放在 C 盘还是 D 盘或放在 WPS 轻办公的云端（云存储）上呢？是放在该盘的根目录下还是放在某一指定文件夹里面（下面）呢？

2）对建立文件夹的建议

现代的个人计算机（PC 机），其硬盘的存储容量越来越大，其成本逐步降低，一般均在 100 GB 以上。时至今日，根据以往的经验教训，笔者的体会是：

（1）家用计算机建议不要分区太多，特别是 C 盘要留得大，以 40 GB 的硬盘为例，建议最多分为三个区，即变成三个逻辑盘 C、D、E，同时 C 盘的容量要求在 18～20 GB 以上，其剩余空间可平分给 D 盘和 E 盘。理由是，一般软件（指系统软件和应用软件）的默认系统盘是 C 盘，而一般用户（非业内人士）对系统配置并不太熟悉，基于计算机技术的突飞猛进，各种各样的应用软件与日俱增，故一般用户的 C 盘就装不下了。笔者发现很多一般用户将 40 GB 硬盘分成四个区，各为 10 GB，很快 C 盘偏紧而其他几个盘甚至还有空盘。

（2）一般来说，用户文件夹不应该设置在 C 盘上，既然 C 盘一般作为系统盘，而用户文件的体积是有限的，有 D 盘、E 盘足够用，故建议你的文件夹应放在数据盘 D 或 E，千万不要到 C 盘去凑热闹占据有限空间。

3）对建立文件夹的具体操作

建立文件夹有多种途径，考虑到是初学者，我们先讲要求，再来讲具体操作。

首先要求每个人均在 D 盘的根目录下设置一个属于自己的文件夹，其文件夹的名字可以自定，可用中文名，也可用英文名，本例定名为"康康"或西文名 Koko。

第 1 步：双击 Windows 界面中的"我的电脑"图标，系统弹出"我的电脑"对话框，如图 1.32 所示，窗口中发现有三个硬盘 C、D、E，CD 光盘驱动器 G 和 U 盘，还有一个 3.5 寸软盘（A）现已淘汰。

注意：个人计算机的硬、软件配置是不尽相同的，故显示出来的硬盘数目不尽相同，仅供操作时的参考，望能理解。

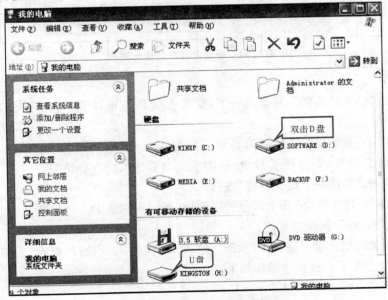

图 1.32　"我的电脑"对话框

由于命题要求是在 D 盘的根目录下建立自已的文件夹,因此确定进入 D 盘。

第 2 步:双击 D 盘(打开 D 盘),系统弹出 D 盘对话框,如图 1.33 所示。

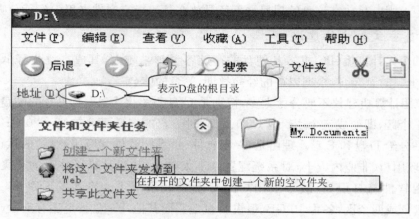

图 1.33　D 盘对话框部分界面示例

图 1.33 所示,在对话框中发现已有 1 个文件夹□(黄色的,该文件夹名为 My Documents),绝不能删除,因为它里面保存有大量文件。注意这个文件夹是挂在 D 盘的根目录下,特别要注意观察第一行总标题上面注明的是 D:\ (即 D 盘的根目录下)。

第 3 步:单击"创建一个新文件夹"按钮 创建一个新文件夹,系统弹出"新建文件夹" 图标,随即单击键盘上的"删除键" Delete 以删除深色字符 新建文件夹 后,再输入你喜欢的文件夹名,本处输入"康康"或"Koko",最后单击"回车键" Enter 。操作过程如图 1.34 所示。

图 1.34　新建文件夹的操作过程

操作小结:

现将建立自己文件夹的思路整理一下,要求建在 D 盘根目录下,文件夹名暂定为 Koko (康康)。

第 1 步:双击"我的电脑"图标,看到了 D 盘。

第 2 步:双击 D 盘,即打开了 D 盘,就能发现 D 盘已有的存储情况。

第 3 步:单击"创建一个新文件夹"按钮。

第 4 步:将"新建文件夹"几个深色的字删掉(通过←键或 Del 键),再从键盘上输入汉字"康康"或西文"Koko",再按回车键。

以上在 D 盘的根目录下建立了"康康"或"Koko"文件夹,不妨再看看"康康"文件夹是否真正建立了(挂上去了),其具体操作如下。

第 1 步：开机后双击"我的电脑"图标，可以看到有 D 盘。

第 2 步：双击 D 盘，系统会将 D 盘根目录下的有关文件夹或文件全部显示在对话框中，自然"康康"或"Koko"文件夹会在其中，如图 1.35 所示。

图 1.35　D 盘根目录下存放两个文件夹示例

注意，这是一个空的文件夹，将来你的电子文稿都存放在里面，不过要注意使用窗口的横、竖滚动条，才能看到 D 盘根目录下的全部内容。

第2章 WPS Office 2013 快速操作入门

本章通过实例全面系统地介绍 WPS Office 2013 四大功能组件(WPS 文字、WPS 表格、WPS 演示和轻办公)通用的基本操作以及工具界面。本章将帮助读者快速入门,将学习曲线缩到最短。

2.1 国产办公软件 WPS 的安装、运行和卸载

1) WPS Office 2013 的下载

目前 WPS 最新版本为 WPS Office 2013,其体积小,下载安装便捷,采用 Windows 7 风格的新界面,赋予用户焕然一新的视觉享受,让用户轻松在时尚与经典界面之间一键切换。

第 1 步:确保能与互联网联通。在浏览器"地址"栏输入"www.wps.cn"并按回车键,进入金山 WPS 官方网站,如图 2.1 所示。

图 2.1 金山 WPS 官方网站首页

第 2 步:单击"免费下载"按钮,下载 WPS Office 2013 安装包,如图 2.2 所示下载对话框中,选择"下载"按钮。

第 3 步:等待几分钟,下载完成。Windows 桌面上多了一个 WPS 最新安装文件的图标 ,文件的大小约 58.5 MB。

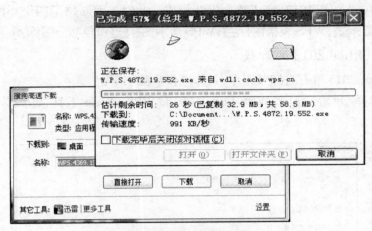

图 2.2　软件下载对话框

2) WPS Office 2013 的安装

在 Windows 7 下安装 WPS Office 2013 的操作步骤如下：

第 1 步：双击桌面上 WPS Office 2013 应用软件安装包文件的图标█，系统进入 WPS Office 2013 安装向导对话框，可以通过"更改设置"更改设置 按钮，更改软件安装的位置，如图 2.3 所示。

图 2.3　安装向导对话框

第 2 步：单击"立即安装"按钮，进入安装进度显示，提示画面动态显示 WPS Office 2013 版最新功能，如图 2.4 所示。

图 2.4　安装进度画面

第3步：单击"关闭"按钮，完成整个安装操作。此时桌面新增了四个小图标，它们分别是：WPS文字图标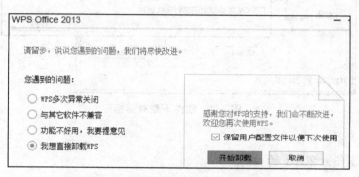、WPS表格图标、WPS演示图标和轻办公图标。

3）WPS Office 2013 的卸载

WPS Office 2013 带有自卸载程序，具体操作步骤如下：

第1步：选择"开始|程序|WPS Office 2013|WPS Office 工具|卸载"，打开如图 2.5 所示。

图 2.5　WPS Office 2013 卸载对话框

第2步：选择"我想直接卸载 WPS"，单击"开始卸载"按钮，即可完成产品卸载。

4）WPS Office 2013 界面的更改（皮肤管理）

WPS 2013 为用户准备了四种皮肤界面，用户可以根据自己的喜好对产品进行换肤。WPS 为喜欢尝鲜的用户准备了两款 2013 风格的皮肤，分别是素雅黑和清新蓝；同时也为习惯使用老版本（MS Office）的用户准备了 2012 皮肤（2012 风格和经典风格），无论喜欢哪类风格的用户都能使用自己喜欢的皮肤，"四种皮肤随心换"。WPS 换肤（更改界面）的具体操作如下。

安装完 WPS 以后系统将自动运行 WPS 文字模块，系统默认界面为"2013 素雅黑"，单击屏幕顶行的右边"皮肤…"按钮，将自动弹出"更改皮肤"对话框，如图 2.6 所示。

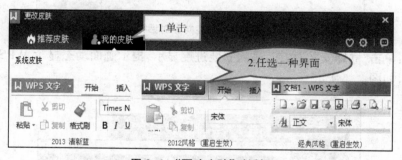

图 2.6　"更改皮肤"对话框

单击"我的皮肤"按钮后选择图中任一种界面，更改界面后电脑需重新启动才有效。为了适用国家教委的要求本书按"2013 版"和"经典风格"编写。

提示：因皮肤界面不同，各功能按钮集成位置有差异，而国考命题中有不同的皮肤界面，建议初学者对每种皮肤的操作都要熟悉。

>>> 技能提升

1）输出为 PDF 格式

PDF 便携文件格式，是由 Adobe 公司所开发的独特的跨平台文件格式。PDF 文件以 PostScript 语言图像模型为基础，无论在哪种打印机上都可保证精确的颜色和准确的打印效果，即 PDF 会忠实地再现原稿的每一个字符、颜色以及图像。PDF 文件不管是在 Windows，Unix 还是在苹果公司的 Mac OS 操作系统中都是通用的。这一特点使它成为在 Internet 上进行电子文档发行和数字化信息传播的理想文档格式。越来越多的电子图书、产品说明、公司文告、网络资料、电子邮件开始使用 PDF 格式文件。且 PDF 文件不易破解，可以一定程度上地防止他人修改、复制和直接抄袭。

为了满足用户的特殊需要，WPS Office 提供了将 WPS 文档输出为 PDF 格式的功能。用户可以利用 Acrobat Reader 等软件阅读输出的 PDF 文档，具体操作方法如下：

第 1 步：单击左上角的"ⓦ WPS 文字 |文件|输出为 PDF 格式"，打开如图 2.7 所示的对话框。

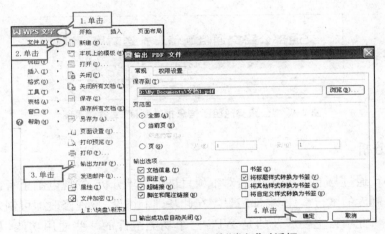

图 2.7　输出为 PDF 文件"常规"对话框

第 2 步：在"保存到"选项下输入 PDF 文件的保存位置，也可以单击"浏览"按钮，在本地选择位置（即将要生成的 .pdf 格式文件拟存储到哪一个盘、哪一条路径、哪一个文件夹中）。

第 3 步：在"权限设置"标签中可以设置 PDF 文档的"密码"和"打开密码"。用户可根据需要设置其他选项，如"允许更改"、"允许复制"等，如图 2.8 所示。

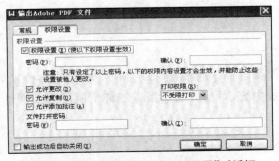

图 2.8　输出为 PDF 文件"权限设置"对话框

第 4 步：单击"确定"按钮，完成设置。

2）获得帮助

WPS Office 2013 提供了较为全面的帮助，用户通过"帮助"模块，可以达到事半功倍的学习效果。在启动相应模块的前提下，单击屏幕左上角 [W WPS 文字 ▾] ➔ [② 帮助(H) ▸] [② WPS 文字 帮助(H)　　　　F1]，或直接单击屏幕顶行右侧的"帮助"按钮 [②▾]，或按快捷键 F1，即可进入对应程序的帮助文档窗口。

在帮助主窗口中可以按目录查找、使用索引、搜索关键字来获取帮助。

2.2　WPS 快速提高办公效率——长微博应用

微博，即微博客(MicroBlog)的简称，是一个基于用户关系的信息分享、传播以及获取平台，用户可以通过 WEB、WAP 以及各种客户端组建个人社区，并实现即时分享。

举例：某高速公路信息部，为规范管理，要求制定公路交通阻断的信息报送制度，并在官方微博中进行发布，如图 2.9 所示。

图 2.9　"公路交通阻断信息报送制度"文件效果图

▶▶▶ 技术分析

信息部小崔通过与上级部门沟通，对本项目进行需求分析，发现电脑里有此前交通部发布的一个相关制度的试行文件，本部门只需在此基础上讨论、整理修改即可制定出本部门的相关制度文件。此项目主要涉及的是 WPS 三个功能组件的一些通用功能，及长微博的应用。主要涉及的操作有：

- 文档的剪切、复制和粘贴操作。
- 设置字体的格式。
- 插入图片、剪贴画。
- 长微博的使用。

▶▶▶ 项目实施

1）编辑修改 WPS 文件

第 1 步：双击打开电脑内保存的"信息报送制度.doc"文件，弹出如图 2.10 所示窗口。

第 2 步：对照讨论的内容，对相关信息报告的详情制度以及网址、电话等按本部门实际情况进行修改。

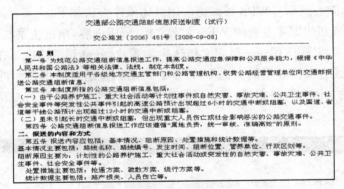

图 2.10　WPS 文字编辑界面

2) 字体格式的设置

选择文件大标题（即将光标移到"交通部公路交通阻断信息报送制度（试行）"的左边，压住鼠标左键后拖动到最右边，被选字串被灰色覆盖如后示例 交通部公路交通阻断信息报送制度（试行）），在"开始"选项卡中，单击"字体"下拉列表框右侧箭头按钮，从下拉列表中选择"黑体"；将"字号"下拉列表框设置为"三号"；单击"段落"功能组选择"居中"按钮设置水平对齐方式。同样的方法，将第 2 段字体设置为"黑体"，水平对齐方式为"居中"。操作方法如图 2.11 所示。

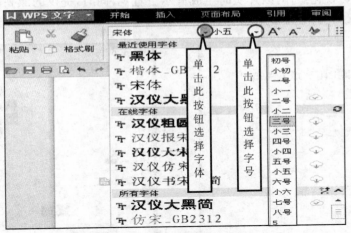

图 2.11　字体、字号格式的设置

3) WPS 长微博应用

在这个人人微博控的时代，没有微博的人生是不完整的。140 字微博显然已影响了畅快表达，长微博由此应运而生。

先来看看以往发长微博的通常方式。或将 Word 文档编辑好转换成 PDF 文档，再用 PDF 文档自带图片转换工具转成图片，最后用 PhotoShop 剪辑成合适的尺寸，来回折腾；或用专门的转换工具进行格式转换，但这类工具大都收费，即使有试用版，也因期限无法长期免费使用，费时费力且容易遇上流氓转换软件。

其实，WPS 2013 个人版自带了一款微博神器——WPS 长微博应用，可谓将长微博应用发挥到了极致。有了这款应用，无需任何辅助工具就能将长微博进行到底。发 140 字微博至 10 000 字微博，随心所欲。WPS 长微博应用具体操作方法如下。

第 1 步：打开或新建即将发表的 WPS 文字文档，编辑内容，单击主菜单中的"特色功能"选项下的"分享到微博" 应用——可将文档转换为图片，分享到微博中。在如图 2.12 所示的对话框中选择"适合微博显示的页面"，WPS 会自动调整适合微博显示的最佳图片尺寸，用户可在调整后页面中随心编辑，编辑后的文档输出的图片无需进行二次图片剪辑，真正实现"所见即所得"。

图 2.12 "长微博"选项对话框

第 2 步：在如图 2.12 所示的对话框中选择"分享到微博"，单击"分享到微博"或是"分享到腾讯微博"按钮，则可实现长微博一键快速分享。如图 2.13 所示。

WPS"长微博"按钮下的"网页版微博分享"功能，能直接打开网页版微博分享页面，实现在线长微博编辑可视化操作，图片实时生成展示更直观，同时，提供的漂亮的默认背景让用户的博文更醒目。实时效果展示如图 2.14 所示。

图 2.13 "分享到微博"界面

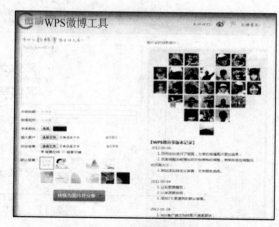

图 2.14 "网页版微博分享"界面

选择"特色功能"选项下的"输出为图片"按钮 ，会弹出"输出图片文件"对话框，可通过"浏览"按钮选择图片保存的地址，也可以选择导出图片后是否自动浏览，点击"确定"，文章转为图片格式。如图 2.13 所示"分享到微博"界面中，微博图片地址还可单独复制、保存。

为了提高工作效率，满足用户的特殊需要，WPS Office 新增了截屏功能，无需使用第三方截图软件，就可以实现方便快捷截取图片。在 WPS 文字、WPS 表格、WPS 演示三个模块中，截屏及插入图片、形状、素材库、文本框、艺术字等方法是一样。以 WPS 文字为例，屏幕截图具体操作方法如下。

第 1 步：单击的"插入|截屏|屏幕截图"，如图 2.15 所示。

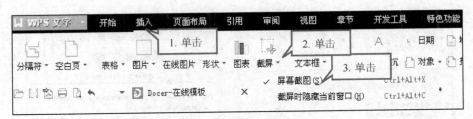

图 2.15　插入屏幕截图

第 2 步：窗口、功能组、文档正文区等窗口可用图片形式被插入到当前文档中。也可以直接按鼠标左键拖拽要截的内容，然后单击"√"确认，或单击"✕"取消。如图 2.16 所示。若是希望将其他窗口的内容截取进来，则选择"截屏时隐藏当前窗口"。

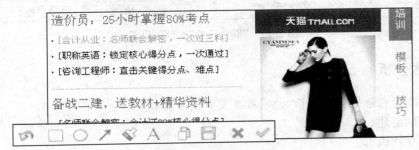

图 2.16　截屏工具栏

截取的图片，还能利用工具栏进行编辑，如画矩形、圆，利用箭头做标记，用文字工具做说明，保存等，如图 2.16 所示，读者如有兴趣，可以自行尝试练习。选中新插入的图片，则功能区"图片工具"选项卡自动激活，可根据命令设置图片的格式，如图片大小、裁剪、颜色、组合、旋转等。

2.3　WPS 模板应用——"联合行文"机关文件

什么叫模板文件？通常情况下，用户所制作的文件大都具有某些固定的格式，诸如请假报告、请柬、公文、申请书、合同等。用户在制作这些文档时，如果是从一个空白文件开始，则每次都需要输入某些约定的文字（套话），并按照某些固定格式对文件进行输入和编辑，这样实在很浪费时间和精力。为了减少工作量，WPS Office 2013 提供了丰富而强大的模板库，可以帮助用户快捷高效地完成工作。专业模板包含精致的设计元素和配色方案，套装模板专业解决方案使用户的演讲稿标新立异，胜人一筹。可以为用户提供数千个精品模板的互联网模板彻底解决模板的丰富性和客户端的存储容量的矛盾。

▶▶▶ 项目描述

办公室王秘书接到任务，急需制作一个"联合行文"的机关文件，分发给本部门及各级相关机构。使用 WPS 文字的模板功能，王秘书迅速地顺利完成任务。文件效果如图 2.17 所示。

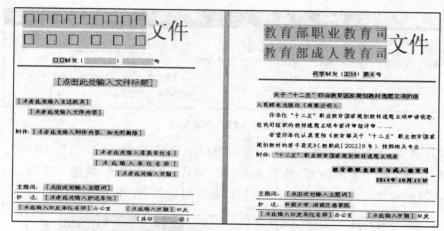

图 2.17 "联合行文"文件效果图

▶▶▶ **技术分析**

通过对本项目进行需求分析，此实践主要涉及的操作为：
- 文档的创建。
- 输入文档内容。
- 模板的使用。
- 保存和打印输出文档。

▶▶▶ **项目实施**

双击桌面的"WPS 文字"图标  或单击"开始|程序|WPS Office|WPS 文字"打开"WPS 文字"窗口。如图 2.18 所示。

图 2.18 WPS 文字界面(2013 素雅黑界面)

1) 模板文件的使用

在"模板分类|办公范文"下单击"党政范文"，选择"联合行文机关文件制作"模板，单击

"立即下载"按钮，模板文件出现在当前窗口。模板文件的选择如图 2.19 所示。

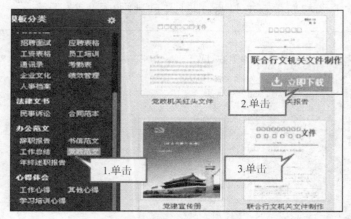

图 2.19　模板文件的选择

2）文字内容的输入

利用 Ctrl＋Shift 组合键，切换到中文输入方式，根据文件内容将标题、报送机关、时间、地址等信息进行相应的输入、修改。如将标题写为"教育部职业教育司"……

3）文件的保存

此新建的文件的文件名定为"党政范文. doc"，既可保存在"本地文档"——指 C 盘、D 盘、E 盘……或 U 盘，亦可保存在"WPS 云文档"——指 WPS 远程服务器、WPS 网络空间、云端。

（1）保存在"本地文档"的具体操作步骤如下：（请注意此为在 2013 素雅黑界面下的操作，文件名为"党政范文. doc"，设定该文件的存储路径是：D:\东南大学出版社\党政范文. doc，即该文件保存在 D 盘的"东南大学出版社"文件夹中）。

第 1 步：在屏幕左上方"快速访问"工具栏上，单击"保存"按钮，系统进入"另存为"对话框，如图 2.20 所示。

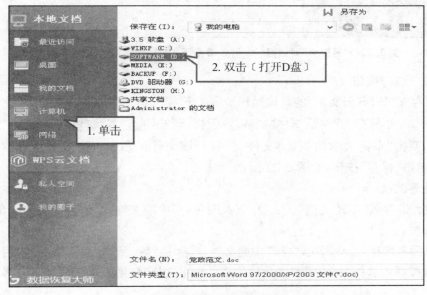

图 2.20　"另存为"对话框

在"另存为"对话框的左边,有"本地文档"和"WPS 云文档"标签。

第 2 步:单击"计算机",再双击 D 盘,即进入 D 盘,如图 2.21 所示。

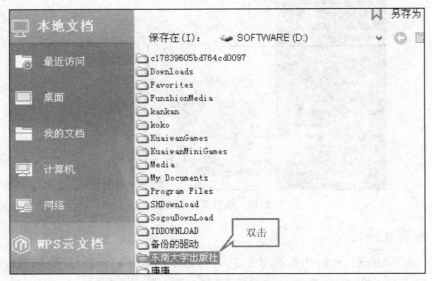

图 2.21 "另存为"对话框——进入 D 盘

双击"东南大学出版社"文件夹(即打开该文件夹),如图 2.22 所示。

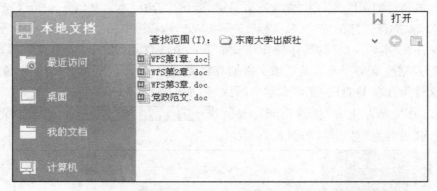

图 2.22 "另存为"对话框——进入 D 盘下的"东南大学出版社"文件夹

最后按"保存"按钮。

(2) 保存在"WPS 云文档"的具体操作步骤如下:

单击图 2.20"另存为"对话框中的"WPS 云文档"按钮 WPS云文档,系统进入"保存云文档"对话框,双击"东南大学出版社"文件夹(打开该文件夹之意),输入文件名(党政范文. doc),最后单击"保存"按钮,如图 2.23 所示。

值得注意的是:

(1) 前者即存入"本地文档"(C:、D:、E:、F:……)中的文件,当个人电脑的硬盘坏了,所有文件将丢失。

(2) 而后者即存入"WPS 云文档"中的文件,实际是存入 WPS 远程服务器,用户如果是本地文件被破坏或丢失,或者需要在异地编辑处理本文档时,用户可以在轻办公客户端或网

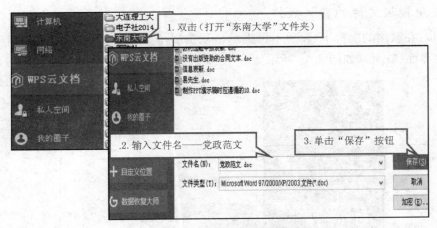

图 2.23　"保存云文档"对话框

页中直接调用本地程序打开云端文档,当文档编辑完成保存,文档会自动保存回轻办公。无需手动下载上传,并且不受本地应用程序限制,本地能编辑的文件,都可以在轻办公中云端编辑。

(3) 对于初学者而言,建议你编辑的文件为了万无一失,既存储在"本地文档"(C:、D:、E:、F:……)中,也存储在"WPS 云文档"中。当网络不通时可"脱机"工作调用"本地文档"中的文件,反之调用"WPS 云文档"中的文件继续工作。

4) 浏览和打印文件

打印之前最后检视一下。在"快速访问工具栏"上 ，单击"打印预览"按钮 ，无误后单击"打印"按钮 ，在如图 2.24 所示打印窗口中设置打印份数后,确定。

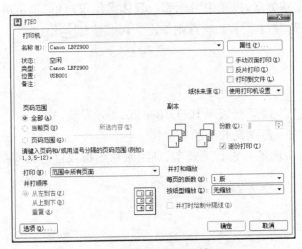

图 2.24　"打印"对话框

5）使用模板文件的具体操作

第1步：在联网的前提下（以后不再提示），双击屏幕上的 WPS 文字图标 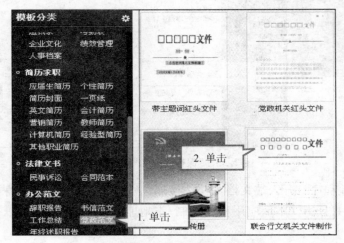，电脑进入 WPS 文字界面（首页），如图 2.25 所示。

图 2.25　WPS 文字首页部分界面

第2步：在首页左边的"模板分类"下拉列表的"办公范文"中，选取"党政范文"。此时屏幕右边将各式各样的标准党政范文显示无遗，根据本项目的要求，单击"联合行文机关文件制作"模板，电脑立即从互联网模板库中下载该文件而进入编辑状态，用户只需输入文件标题、主送单位、文件内容等，就可以了。

第3步：进入输出打印，请记住在往后的所有输出打印操作前，一般都要经历"打印预览"操作——查看文档打印输出后的效果，看看文件的整体版面布局，否则对字体、字号、字形、间距等调整直至文档美观，以免浪费纸张。具体操作很简单，单击屏幕左上方"快速访问工具栏"中的"打印预览"按钮，如满意则单击"打印"按钮。

课后练习

1. 到 WPS 官网上下载最新版 WPS Office 2013 并安装。
2. 利用 WPS 发布一份图文并茂的长微博。
3. 制定一份人力资源部日常行为规范，利用素材模板或自己编写都可。

第 3 章　WPS 文字处理

"WPS 文字"是 WPS Office 系列软件之一,是国内优秀的文字处理软件,可以处理文书、表格、简报、书籍、文件整理等各种文字工作,能提高我们的工作效率。本章通过 4 个项目,全面系统地介绍了 WPS 文字功能组件的使用方法。主要包括文字基本操作、表格制作及处理、模板与样式、版面设计、图文混排、邮件合并等内容。

3.1　制作个人简历

▶▶▶ 项目描述

康康(Koko)是某职业院校大三学生,即将步入社会应聘工作。个人简历是求职者给招聘单位发的一份简要介绍。包含自己的基本信息:姓名、性别、年龄、民族、籍贯、政治面貌、学历、联系方式,以及自我评价、工作经历、学习经历、荣誉与成就、求职愿望、对这份工作的简要理解等。现在一般找工作都是通过网络来获得面试机会,因此一份良好的个人简历至关重要。

个人简历的格式也是有讲究的。主要要求为:
- 主标题醒目。
- 每一段之间保持特定的字体与间距,让阅读者一目了然。
- 开头呈现首字加大或下沉效果,增加美观程度。
- 对重点内容添加不同形式的重点提示,让阅读者快速抓住核心内容。
- 适当利用项目符号编号定义项目内容。

经过思考和分析,使用 WPS 文字的相关功能,康康(Koko)顺利完成了个人简历的制作,效果如图 3.1 所示。

▶▶▶ 技术分析

通过对本项目进行需求分析,此实践主要涉及的操作为:
- 利用"开始"选项卡中"字体"、"段落"等功能组按钮,对字体、字符间距及段落缩进和间距等进行设置。
- 利用"项目符号和编号"选项卡,为简历内容设置编号。
- 利用"格式刷"按钮,复制文本的格式。
- 利用"首字下沉"功能,设置正文第一个字符下沉效果。

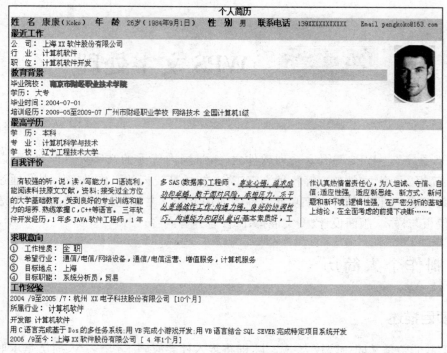

图 3.1 个人简历效果图

- 利用"页面设置",对打印纸张、版面等进行设置。
- 利用"分栏"功能,对启示内容设置分栏效果。

　　WPS 文字是 WPS Office 软件中的一个重要组件,也是最常用的组件。用户可利用 WPS 文字提供的各种实用的功能,轻松地创建简单的信件,或是完整复杂的手稿,实现图、文、表的混排。

▶▶▶ 相关知识

　　本项目是 WPS 文字处理的引入,以下学习最基础知识。

1) WPS 文字 2013 的工作界面

　　与传统的下拉式菜单不同,WPS Office 2013 全新的界面风格以选项卡为单位,将所有功能按钮有组织地集中存放,从而提供足够的空间存放日益增多的功能,典型界面操作应用如图 3.2 所示。

　　WPS Office 在采用 2013 界面风格的同时,保留了经典界面风格,对于习惯在"经典风格"界面使用 WPS Office 的用户,可根据自己的操作习惯,通过"更改界面"按钮 ，自由选择切换适用的界面风格。

2) WPS 文件的管理

　　新建和打开文件以及如何保存编辑过的文件,是使用 WPS Office 程序完成某项工作时必须要熟练掌握的操作。

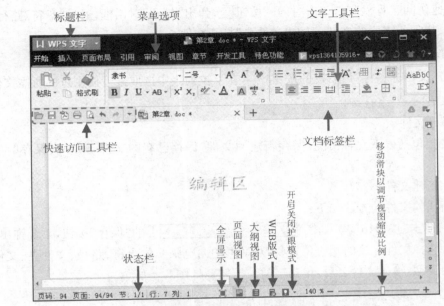

图 3.2　WPS 文字 2013 的工作界面快速入门

（1）新建空白文件。

WPS Office 有多种方法创建新文件：

• 从"文档标签栏"➕➖中创建。

单击"文档标签栏"➕➖在下拉菜单中，选择"新建"、"从默认模板新建"、"从在线模板新建"、从 Docer稻壳儿(D)新建。如图 3.3 所示。

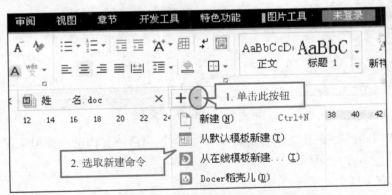

图 3.3　从"文档标签栏"中创建文件过程示例

• 根据模板创建。

• 从"任务窗格"中创建。

• 选择左上角 WPS 文字 ▾ 菜单下的"文件"|"新建"命令。

• 按〈Ctrl＋N〉组合键。

（2）打开文件。

打开在"本地文档"已存盘的文件，可通过下列几种方式：

• 从"快速访问工具栏"中直接打开。

在"快速访问工具栏"上,单击"打开"按钮，弹出"打开"对话框,通过"盘符/路径/文件名"的查找,找到所需要的文件,双击"文件名"打开文件。

• 选择左上角 W WPS 文字 ▾ 菜单下的"文件|打开"命令。

• 单击"文档标签栏"最右边的按钮 ，在下拉列表中选取最近使用过的所需文件。

• 按〈Ctrl＋O〉组合键。

（3）保存文件。

保存文档包括以下几种情况:保存新建的文件,保存已有的文件,第一次保存时生成备份文件等。

• 保存新建文件。

保存新建的文件的方法如下:

方法 1:单击"快速访问工具栏" 上的"保存"按钮,系统弹出"另存为"对话框,选择文件存放的相应位置(在对话框中向电脑交代盘符、路径、文件夹、文件名),文件保存的类型,输入文件名后,单击"保存"按钮。如图 3.4 所示。

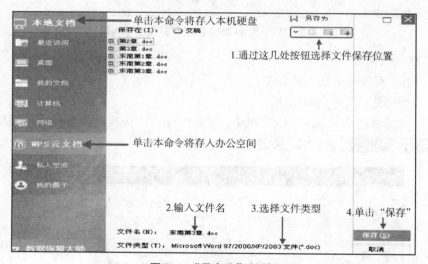

图 3.4 "另存为"对话框

方法 2:文档切换标签上文件名右侧显示" * "号,表示该文档已修改但未保存,双击" * "号 ，亦可保存该文件。

• 保存已有文件。

若对已存盘的文档进行了修改,在不改变文件名及其保存位置的情况下再次保存,可使用下列任一方法操作。

方法 1:单击"快速访问工具栏" 上的"保存"按钮。

方法 2:选择左上角 W WPS 文字 ▾ 菜单下的"文件"|"保存"命令。

方法 3:按〈Ctrl＋S〉组合键。

• 保存文件副本。

若需以新的名字,新的格式保存文件副本,则选择左上角 W WPS 文字 ▾ 菜单下的"文件"|"另存为"命令。(注:所谓"文件副本",即同一个文件的内容可用不同的文件名和不同的文

件格式存盘,强调文件名和该文件的内容是两个不同的概念。)

（4）关闭文件。

关闭已打开或编辑过的文件,常用方法如下：

- 单击窗口右上角"关闭"按钮 ✕ 。
- 按〈Ctrl＋F4〉快捷键。
- 单击文档标签右侧"关闭"按钮 东南第3章.doc   ✕ 。
- 右击文档标签还可选择"保存所有文档"、"关闭所有文档"。

3）WPS 文字的基本操作

（1）输入文本。

利用〈Ctrl＋Shift〉等组合键,切换至某种输入法输入文字。若输入错误,可按 Back
Space 键或 Delete 键删除。"插入"与"改写"是文本键入时的两种模式。按"Insert"键可在
两者模式间切换。在"插入"模式下,将在插入点后插入新的内容。在"改写"模式下,键入的
内容将覆盖插入点后的内容。

输入的文字到行尾时,会自动换行,若按回车键则开始新的段落。此外,用户在输入过
程中,还可利用 WPS 文字提供的功能插入日期、时间、特殊符号等。如在英文输入状
态 A 标准 ♪ ∷ ▦ 下按〈Shift＋－〉,可输入"＿＿＿年＿＿＿月＿＿＿日"中的下划线。"×"等符号,
就可用特殊方法输入。右击输入法指示器上的"软键盘▦",选择"数学符号"选项,在弹出的
虚拟键盘上选择数学符号"×"即可。单击软键盘上的"Esc"键回到正常输入状态。

另外,单击屏幕顶行的"插入"选项卡 插入 ,在对应的功能按钮中选取"插入符号"按钮
Ω ,可选择"近期使用的符号"、"自定义符号"和"其他符号"。

单击"其他符号(M)…",在弹出的"符号"对话框中进行更多选择,在"子集"的下拉选项
中选择"制表符",再选中相应的特殊符号即可,如图 3.5 所示。

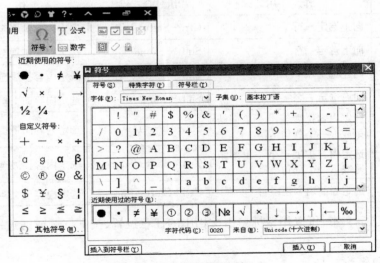

图 3.5　"符号"对话框

（2）选定文本。

若要对文本进行编辑时，需先选定要编辑的文本。在 WPS 文字中，使用鼠标、键盘或键盘配合鼠标均可选定文本。

· 用鼠标选定文本。

将鼠标指针放在要选定的文本起始处按住鼠标左键并拖动，选择所需的文本块后释放鼠标按键，即可选定任意大小的文本块。常用方法见表 3.1。

表 3.1　用鼠标选定文本常用方法

选定对象	操　作	选定对象	操　作
一行文本	鼠标指针移动到该行的左侧选定区，直到指针变为指向右边的箭头，单击	一个段落	鼠标指针移动到该段左侧选定区，直到指针变为指向右边的箭头，双击。或在段落中的任意处3击
不相邻的多块文本	按住 Ctrl 键的同时，鼠标选取多块	多个段落	鼠标指针移动到该段落的左侧，直到指针变为指向右边的箭头，然后双击。并向上或向下拖动鼠标
多行文本	鼠标指针移动到该行的左侧，直到指针变为向右箭头，然后向上或向下拖动鼠标	较长文本	将光标置于选取内容的起始处，然后滚动要选取内容的结尾处，再按住 Shift 键同时单击
单词	双击选取该词	全部文本	鼠标在页面左侧空白处3击

· 用键盘选定文本。

WPS 文字还提供了一套利用键盘选择文本的方法。主要是通过 Ctrl、Shift 和方向键来实现的，如〈Ctrl＋A〉组合键选定整个文档等。其方法如表 3.2 所示。

表 3.2　用键盘选定文本的常用组合键

组　合　键	作　用	组　合　键	作　用
Shift＋↑	向上选定一行	Ctrl＋Shift＋↓	选定内容扩展至段末
Shift＋↓	向下选定一行	Shift＋Home	选定内容扩展至行首
Shift＋←	向左选定一个字符	Shift＋End	选定内容扩展至行尾
Shift＋→	向右选定一个字符	Shift＋PageUp	选定内容向上扩展一屏
Ctrl＋Shift＋←	选定内容扩展至上一单词结尾或上一个分句结尾	Shift＋PageDown	选定内容向下扩展一屏
Ctrl＋Shift＋→	选定内容扩展至下一单词结尾或下一个分句结尾	Ctrl＋Shift＋Home	选定内容扩展至文档开始处
Ctrl＋Shift＋↑	选定当前内容至段首	Ctrl＋Shift＋End	选定内容至文档结尾处

若要取消选定文本，可以用鼠标单击文档中的任意位置、按 Esc 键或通过键盘执行移动光标的操作。

（3）复制和移动文本。

选定文本后，即可对选定内容进行各种操作，如移动、复制等。用户可以通过命令、快捷键或鼠标完成这些操作。

移动、复制文本的一般操作方法如下：

第 1 步：选定要移动或复制的文本。

第 2 步：若要移动文本，执行"剪切"命令，若要复制文本，执行"复制"命令，将选定内容移入系统上（即暂时进入剪贴板）。

第 3 步：将光标定位到目标位置，执行"粘贴"命令，即将系统"剪贴板"中的内容粘贴到目标位置。

以上方法较适合长距离移动或复制选定内容。若处在当前窗口等短距离中，移动或复制选定内容，使用鼠标拖放较为简便。

复制和移动文本的常用方法如表 3.3 所示。

表 3.3 复制和移动文本的常用方法

操作方式	复 制	移 动
选项卡按钮	① 单击"开始"选项卡，选择"复制"按钮； ② 单击目标位置，然后选择"粘贴"按钮	将左边步骤①改为单击"剪切"按钮
快捷键	① 按〈Ctrl＋C〉组合键； ② 单击目标位置，按〈Ctrl＋V〉组合键	将左边步骤①改为按〈Ctrl＋X〉组合键
鼠标	① 短距离复制文本，按〈Ctrl〉键同时拖拽选定文本，此时方框中有个"＋"号； ② 虚线定位至目标位置，释放鼠标，再松〈Ctrl〉键	左边步骤中不按〈Ctrl〉键
快捷菜单	① 右击选定文本，在弹出的快捷菜单中选择"复制"； ② 单击目标位置，然后选择"粘贴"按钮	将左边步骤①改为单击"剪切"按钮

（4）删除文本。

若要将选定的内容从文件中删除，可通过以下方法实现：

方法 1：在键盘上按〈Delete〉键。

方法 2：执行"剪切"操作。

插入点若置于要删除的文本后，按一次〈Backspace〉键可以删除左边的一个汉字或字符。插入点若置于要删除的文本前面，则按一次〈Delete〉键可以删除插入点右边的一个汉字或字符。

（5）撤销和恢复。

WPS Office 2013 提供了"撤销"和"恢复"功能，通过该功能可以撤销或恢复最近执行过的一些操作。

撤销和恢复的具体操作方法如表 3.4 所示。

表 3.4 撤销和恢复的具体操作方法

操作方式	撤销前次操作	恢复撤销的操作
工具栏按钮	单击"快速访问工具栏"中"撤销" 按钮	单击"快速访问工具栏"中"恢复" 按钮
快捷键	按〈Ctrl＋Z〉组合键	按〈Ctrl＋Y〉组合键

若撤销多次操作，只需重复执行撤销操作即可。

4）设置字体格式

WPS Office 提供了丰富的中西文字体、多种字号和各种字符格式设置。合理选用各种字符的格式和修饰,可以美化版面,使输出的文件赏心悦目,也可以使文档层次分明,用户在浏览时能够一目了然地抓住重点。如果不对字符设置格式和修饰,则系统以默认的字体(宋体)、字号(五号字)及字形(常规)显示和打印。

(1) 字体、字号和字形等常用名词的解释。

所谓"字体",指的是字的形体,一般有楷体、宋体、黑体、方正字体、隶书等字体。有简体汉字,还有相应的繁体等上百种。

所谓"字号",指的是字的大小,用一个字的长度和宽度来描述。比如一本书的章标题,要求字要大一点,可用"三号字",而节标题相对要小一点,可用"四号字",而正文一般则用"五号字"。

提示:WPS 提供了两种字号系统,中文字号的数字越大,字越小;阿拉伯数字字号以磅为单位,数字越大字越大。

所谓"字形",是指字的形状。WPS Office 提供了常规形、倾斜形、加粗形和倾斜加粗形。如图 3.6 所示。

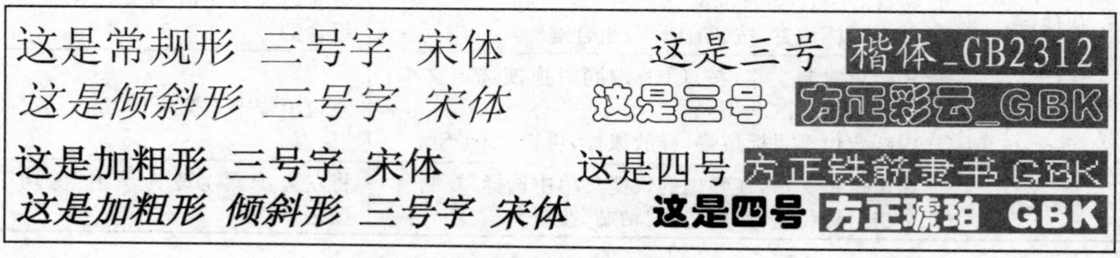

图 3.6　字体、字号、字形的示例

所谓"字间距",是指相邻两个字符间的距离。WPS Office 中字间距的单位有 5 种——字宽的百分比、英寸、磅(1 磅=1/72 英寸)、毫米和厘米。

所谓"行间距",是指行与行之间的距离。

对于文字处理,有一些业内行话,如书的章标题采用"三宋居中占五行",即这本书的所有章标题(一级目录)一律定为三号字、宋体,文字居中,并占用五行的高度;节标题(二级目录)用"四楷居中占三行",即用四号字、楷体居中排版,占三行的位置等。

以上这些规定一般是出版部门或人们的沿用习惯。用户可根据文件的要求自行定义,使电子文档更具个性化。

(2) 设置字体。

WPS Office 可以使用自带的方正字库所提供的 64 种中文字体,也可以使用 Windows 提供的各种中、西文字体。

WPS Office 使用的汉字基本字体是宋体、仿宋体、楷体、黑体 4 种字体的简体字体,扩充字体有标宋、隶书、行楷、魏碑、细圆、准圆、琥珀、综艺等。

系统默认汉字字体为宋体,默认的西文字体为 Times New Roman。

设置字体的具体步骤如下。

第 1 步:选中需改变字体的文本。

第 2 步:在"开始"选项卡上的"字体"组中,在"字体" 微软雅黑 列表框中选择或键入一种字体。用户还可通过单击"字体"组中的"旧式工具",在"字体"对话框中进行设置。

（3）设置字号。

字号代表字符的大小,在文档中使用不同的字号是很有必要。文本设置字号的具体操作步骤如下。

第 1 步:选定要改变字号的文字。

第 2 步:在"开始"选项卡上的"字体"组中,在"字号" 五号 下拉列表中选择合适的字号。用户还可在"字号"下拉列表框中,输入 1～1 638 之间的数值,然后按下"Enter"键设置字号大小。

除此之外,还可在"开始"选项卡上的"字体"组中,单击 A 按钮和 A 按钮来增大和减小字号。

设置字体、字号的操作过程如图 3.7 所示。

单击此按钮得"字体"列表　　单击此按钮得"字号"列表

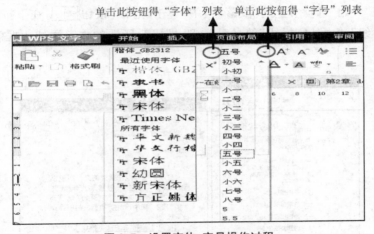

图 3.7　设置字体、字号操作过程

（4）设置字形。

字形代表文本的字符格式。在"字体"组中有设置粗体、斜体和下划线等几个常用的控件按钮,用来设置文本字形。分别单击 B、I、U 时,则为选定文字设置和取消粗体、斜体或下划线。单击下划线右侧的下拉列表框,可选择下划线类型和设置下划线颜色。

（5）设置字体颜色。

设置文本颜色的一般步骤如下:

第 1 步:选定要设置颜色的文字。

第 2 步:若要将最近使用过的颜色应用于所选文字,在"开始"选项卡上的"字体"组中,单击"字体颜色"按钮 A。若要应用不同的颜色,则单击"字体颜色" A 下拉列表,选择所需颜色。如图 3.8 所示。

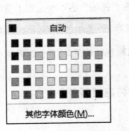

图 3.8　"颜色"设置对话框

第 3 步：若对预设字体颜色不满意，可单击"其他字体颜色…"命令，在"颜色"对话框中选择颜色。若"标准颜色"中没有合适的色彩，则利用"自定义"标签选项自行设定颜色。

第 4 步：单击"确定"按钮。

提示：与字体相关的格式应用都可在"字体"对话框进行设置。

5）设置字符边框和底纹

设置字符边框是指文字四周添加线型边框，设置字符底纹是指为文字添加背景颜色。

（1）设置字符边框。

WPS 文字可以对文本、段落、表格和表格的单元格、图形对象添加边框。

文字边框可以把重要的文本用边框围起来，凸显重要性。设置方法为选定要设置字符边框的文本，在"开始"选项卡上的"段落"组中，单击"边框"按钮，在下拉列表框中可选择"左右上下框线"、"内外侧框线"等各种类型，即可为所选的文字添加边框效果，如图 3.9 所示。

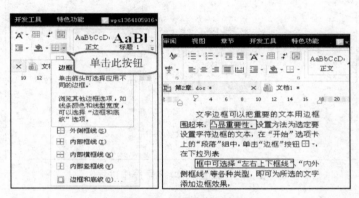

图 3.9 设置字符边框

（2）设置字符底纹。

WPS 文字可以对文本、段落、表格和表格的单元格、图形对象添加底纹，并可以为图形对象应用颜色或纹理填充。

为了对不同的字符进行区分，可以为字符设置底纹。设置方法为选定要设置底纹的字符文本，在"开始"选项卡上的"字体"组中，单击"字符底纹"按钮，即可为选中的字符添加底纹，再单击"底纹颜色"按钮，在颜色板中选取你心仪的颜色，如图 3.10 所示。

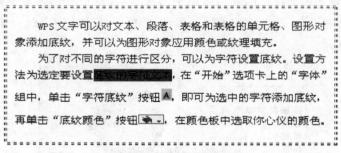

图 3.10 设置字符底纹颜色

6）设置段落格式

段落是文本、图形、对象及其他项目的集合，WPS Office 中的段落是以回车符结束的一段文件内容。包括对段落进行缩进、对齐方式、行间距、段间距、制表位、分栏、边框底纹、项目符号等的设置。

若只对某一段进行设置，可将插入点置于段落中，或需对多个段落进行设置，则需将这些段落全部选定。

（1）设置段落缩进。

段落的缩进分为左缩进、右缩进、首行缩进和悬挂缩进。

左缩进值为段落左边缘与当前段落所在栏的左边缘之间的距离。右缩进值为段落右边缘与当前段落所在栏的右边缘之间的距离。首行缩进值表示段落第一行相对于所在段落的左边缘的缩进值。悬挂缩进表示整个段落除了首行以外的所有行的左边界缩进。

方法 1：使用功能区工具。在"开始"选项卡上的"段落"组中，单击"减少缩进量 三"或"增加缩进量 三"，WPS 文字会增加一个制表位宽度的缩进量。

方法 2：使用 Tab 键设置段落缩进。若要使段落首行缩进，将光标置于首行，按 Tab 键。若要取消缩进，则在移动插入点之前按 Backspace 键。

方法 3：使用水平标尺。单击垂直滚动条上方的"标尺"按钮，或切换"视图"选项卡，勾选"标尺"复选框，可在文档水平与垂直方向显示标尺。选取需设置的段落后，水平标尺上可进行"左缩进"、"右缩进"、"首行缩进"、"悬挂缩进"的设置。如图 3.11 所示。

图 3.11　标尺上的缩进标记

方法 4：使用"段落"对话框。若要更精确地设置段落缩进，可在"段落"对话框中键入相应的数值。单击"开始"选项卡，"段落"组右下角的"旧式工具"按钮，在"段落"对话框中的"缩进和间距"标签中的"缩进"选项组中，进行设置以达到精确缩进段落文档的目的。如图 3.12 所示。

（2）设置段落的对齐方式。

WPS 文字提供的段落水平对齐方式有"左对齐"、"右对齐"、"居中对齐"、"分散对齐"和"两端对齐"5 种。默认的对齐方式是"两端对齐"。在文件中，标题一般采用"居中对齐"的方式，落款一般"右对齐"。"分散对齐"方式则可以将除最后一行以外的文字均匀地排列在段落左右边缘之间，以保证段落左右两边的对齐。用户可使用如下方法进行设置。

方法 1：使用功能区按钮。选择设置对象，在"开始"选项卡上的"段落"组中，单击相应用按钮，如图 3.13 所示。

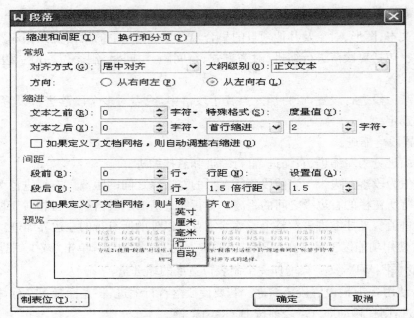

图 3.12 "缩进和间距"标签

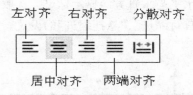

图 3.13 段落对齐工具按钮

方法 2:使用"段落"对话框。在如图 3.12 所示"段落"对话框中的"缩进和间距"标签中的"常规"选项组中,进行对齐方式的选择。

(3) 设置段间距与行距。

行间距是一个段落中行与行之间的距离,段间距则是当前段落与下一个段落之间的距离。

行间距和段间距可以用当前行高的百分比或者一个固定值表示。WPS 默认的行间距是 3.5 mm,默认的段间距是 0。

设置间距的常规方法如下:

方法 1:使用功能区按钮。选择设置对象,在"开始"选项卡上的"段落"组中,单击"行距"按钮 的下拉三角选项,选择需要设置的行距。

方法 2:使用"段落"对话框。若需精确地设置,可在如图 3.12 所示"段落"对话框中的"缩进和间距"标签中的"间距"选项组中,对行距和段前、段后间距进行设置。利用"行距"按钮 的下拉三角中的"其他"选项,也可打开"段落"对话框。

提示:"段落"对话框中,凡是含有数值及度量单位的微调框,其单位都可以在"磅"、"英寸"、"厘米"、"毫米"等之间选择。

▶▶▶ 项目实施

1）文档的建立与保存

步骤 1：双击桌面的 WPS 文字图标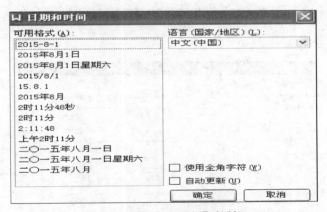，或单击"开始|程序|WPS Office|WPS 文字"，打开 WPS 文字窗口。

步骤 2：单击界面左上角" WPS 文字 ▾ |文件|新建"命令，或者单击界面右上方的 新建空白文档 按钮，即新建了一个名为"文档 1"的空白文件。

步骤 3：单击"快速访问工具栏" 上的"保存"按钮。在"另存为"对话框中，选择文件保存的位置，在"文件名"框中，输入文件名"个人简历"，在"保存类型"列表框中，选择 WPS 文字 2013 默认的".doc"格式，最后单击"保存"按钮。

提示：本步操作用户需向电脑交代"盘符、路径、文件名"，意即"文档 1"保存在本机哪一个硬盘上，该盘的哪一个文件夹（路径）中，该文件叫什么名字（文件名）。请参阅图 3.4。

2）文字内容的输入

步骤 1：按〈Ctrl＋Shift〉组合键，切换至某种中文输入法，如"拼音" 全拼 ●、⌨ 或"五笔" 五笔型 ●、⌨ 。输入效果图示文字，如标题文字"个人简历"（图 3.1）。

步骤 2：为节约时间，可打开 WPS 素材库（即个人简历模板文件，可选择屏幕左边的"模板分类/简历"下的"应届生简历模板"、"简洁个人简历表"、"简约个人简历"、"本科毕业个人简历"、"时尚个人简历"……将之下载到当前编辑的文档中）。

步骤 3：日期和时间的设置。用户既可直接在文档中输入一个固定的日期和时间，也可为文档插入一个"自动更新"的日期和时间，具体操作方法如下。

第 1 步：将光标定位到要插入日期或时间的位置。

第 2 步：在"插入"选项卡对应的功能键中选取"日期和时间"按钮 日期 ，打开如图 3.14 所示的"日期和时间"对话框。

图 3.14　"日期和时间"对话框

第 3 步：在"语言（国家/地区）"下拉列表框中选择一种语言。在"可用格式"列表框中选择日期和时间的表示方式。如果要以自动更新方式插入日期和时间，则勾选"自动更新"复选框。当用户打印该文档时，打印出的日期总是最新的日期。

第4步：单击"确定"按钮，即可在文档中插入当前的日期或时间。

3）文档的基本格式设置

文本录入完毕后，可对字体、字形、颜色、大小、间距等进行设置，达到更令人满意的效果。

（1）字体设置

步骤1：将鼠标指针放在标题左侧的选择区中，当指针变为右指箭头"⁣⃗"时单击，选中标题行文字"个人简历"。在"开始"选项卡上的"字体"组中，在"字体 宋体   ▾"下拉列表中选"黑体"，在"字号 五号   ▾"下拉列表中选"小二"以选择合适的字体，单击"加粗"按钮 **B**。

注意："字体"组中的按钮只能为用户提供几个比较简单、常用的功能，个数有限，因此，空心、阳文、阴文等许多其他排版功能都需要在"字体"对话框中进行设置。

单击"字体"组右下角的"字体对话框"按钮，或者单击"WPS 文字|格式|字体"命令均能弹出"字体"对话框，操作过程如图 3.15 所示。

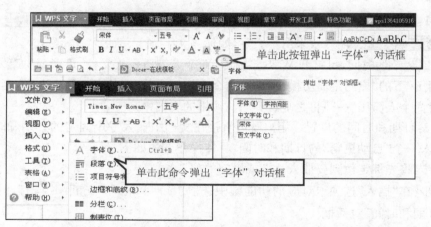

图 3.15　调出"字体"对话框的操作过程

"字体"对话框如图 3.16 所示。

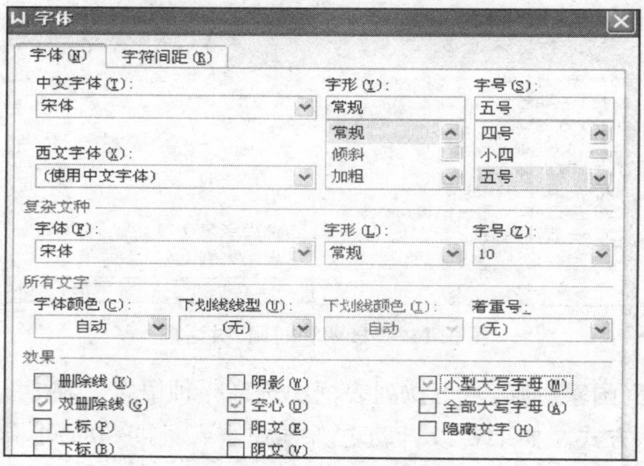

图 3.16　"字体"对话框

　　在此框中可以对被选中的字符进行字体、字形、字号的设置,以及美化文字的阴文、阳文、阴影等一系列处理,可对文本进行其他效果的设置。

　　采用同样的方法,在"个人简历/教育背景"下选取"南京市财经职业技术学院"一段文字,再单击"字体对话框"按钮,在该框"效果"栏中勾选"阳文"并"加粗","字体颜色:"选为"深绿",如图 3.17 所示。

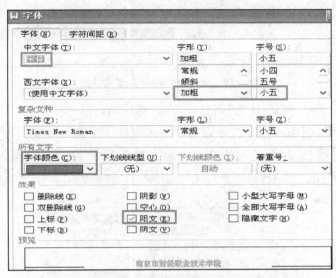

图 3.17　字体设置为宋体、加粗、小五、深绿、阳文

　　步骤 2:调整字符间距。选定标题文字"个人简历",右击,在弹出的快捷菜单中选择"字体"命令,在"字体"对话框中选择"字符间距"选项卡,如图 3.18 所示,设置字符间距加宽 5 磅,值的单位可以自选。若有需要,还可以在字符间距选项卡中设置字符的缩放比例、位置的提升与降低等等,以达到最佳效果。

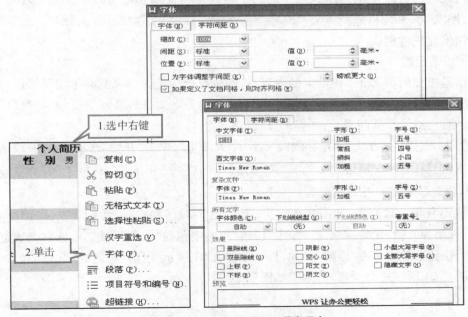

图 3.18　"字体、字符间距"选项卡

步骤3：设置字符底纹和颜色：选定"个人简历/求职意向"下"通信/电信运营、增值服务，计算机服务"文本，单击"字体"组中的字符底纹按钮 A ，即可为选定文字添加灰色底纹。再单击"底纹颜色"按钮 ，选取"红色"，如图 3.19 所示。参照个人简历最终效果图（图 3.1），将其余特殊文字依次添加底纹。

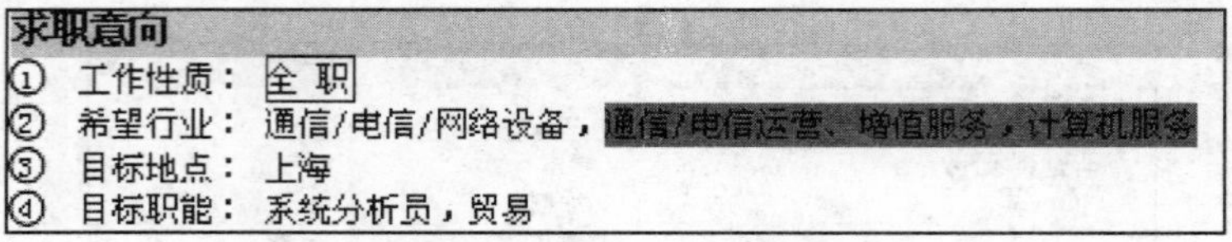

求职意向

① 工作性质： 全 职
② 希望行业： 通信/电信/网络设备， 通信/电信运营、增值服务，计算机服务
③ 目标地点： 上海
④ 目标职能： 系统分析员，贸易

图 3.19 字符底纹部分完成效果图

步骤4：设置着重号、倾斜、下划线：选定"个人简历/自我评价"下的"事业心强，追求成功和卓越……沟通能力和团队意识"文本，选择"字体"组中的"着重号"按钮 ，从下拉列表框中选择 着重号 选项，即可为选定文字添加着重号。在文字选定状态下，继续单击选择"字体"组中的"倾斜"按钮 I 、"下划线"按钮 U 。效果如图 3.20 所示。

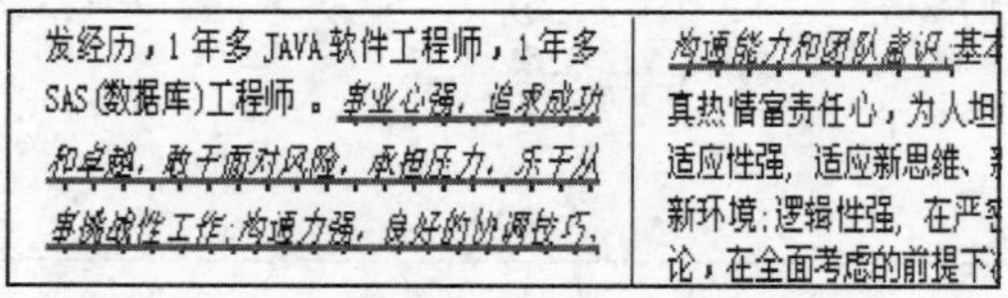

发经历，1 年多 JAVA 软件工程师，1 年多 SAS（数据库）工程师。事业心强，追求成功和卓越，敢于面对风险，承恒压力，乐于从事挑战性工作；沟通力强，良好的协调能力。

沟通能力和团队意识，基本热情富责任心，为人坦适应性强，适应新思维、新环境；逻辑性强，在严谨论，在全面考虑的前提下

图 3.20 设置着重号、倾斜和下划线完成效果图

步骤5：格式的复制：具有同样的格式的文字，可以利用"格式刷"按钮复制格式。例如步骤 4 还有多处需要设置着重号及倾斜效果，用鼠标选中已设置着重号及倾斜效果的文字（因要复制其格式），双击"开始"选项卡上的"常用"工具组中的"格式刷"按钮 按钮（单击只能刷一次），此时的光标变成 ，其选中的文字内容都将使用相同格式。参照个人简历最终效果图（图 3.1），利用格式刷将余下内容设置添加着重号、下划线及倾斜效果。最后单击格式刷按钮恢复正常模式。

（2）段落设置

段落是指按回车 Enter 键结束的内容，将产生段落标记。如果删除了段落标记，则标记后面的一段将与前一段合并。段落格式的设置也是美化文档的重要手段，主要为段落的对齐方式、缩进方式、段落间距、行距等的设置（图 3.21）。

步骤1：设置对齐方式：选定标题段文字"个人简历"，单击"开始"选项卡上的"段落"组中的居中按钮 ；然后选定最后一行文字（上海××软件股份有限公司[4 年 1 个月]），单击 按钮，将此段水平对齐方式设为右对齐。

步骤2：任取一段文本，如图 3.22 左图所示，它的段落格式是：两端对齐、段前段后间距为 0 值、行距为 0 值、无特殊格式。单击"段落"组右下角的"段落"按钮 ，或右击选定文本，在弹出的快捷菜单中选择"段落"命令，打开如图 3.21 所示"段落"对话框。

按图 3.21 所示进行设置，其效果如图 3.22 右图所示。

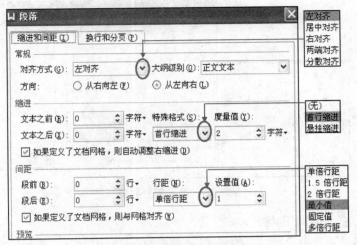

图 3.21 "段落"对话框

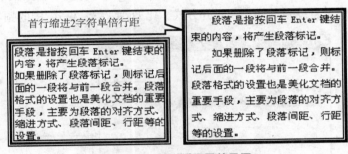

图 3.22 "段落"设置效果图

特殊格式包括：

- 首行缩进——用来调整当前段落或选定段的首行首字符的起始位置。
- 悬挂缩进——用来调整当前段落或选定段首行以外各行首字符的起始位置。

行距包括：

- 单倍,1.5 倍,2 倍行距。
- 最小值和固定值,在设置时有具体的单位,如 20 磅。
- 多倍行距用于设置行距不可选的情形,设置时无单位,如 2.5 倍。

（3）项目符号和编号的设置

一般有关条款之类的文件可用项目编号自动设置。

步骤 1:选取"个人简历/求职意向"下的内容。

工作性质: 全职

希望行业: 通信/电信/网络设备,通信/电信运营、增值服务,计算机服务

目标地点: 上海

目标职能: 系统分析员,贸易

步骤 2:在选定上述内容的前提下,在"段落"组中单击项目编号下拉列表,在如图 3.23 所示编号列表选项中,选择"①②③……"格式的编号。

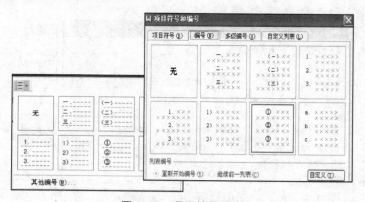

图 3.23　项目编号列表

步骤 3：单击 ▤ 增加缩进量。

步骤 4：若编号列表中没有需要的样式，可单击图 3.23 中的"其他编号"，在弹出的"项目符号和编号"对话框中选择"编号"标签，任选一种样式后，单击"自定义"，在如图 3.24 所示"自定义编号列表"窗口中设置编号的样式及对齐方式。比如，将"编号格式"中的顿号改为点"."。

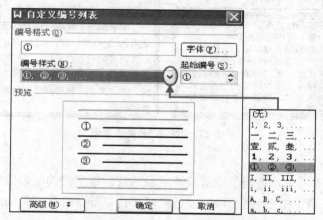

图 3.24　"自定义编号列表"对话框

编号的初始值也可以重新设置，右击选择"重新开始编号"，则编号从头开始。若右击选择"继续编号"，则后续编号自动延续变大。

项目符号的设置与项目编号设置类似，如图 3.25 所示。

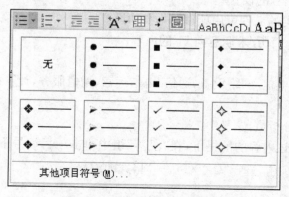

图 3.25　"项目符号"下拉列表

知识拓展

1）设置首字下沉

在报刊、杂志中经常看到"首字下沉"排版效果，能让段落的首字放大或者更换字体。WPS 文字"首字下沉"效果具体操作步骤如下：

第 1 步：将插入点移到要设置首字下沉的段落中，如正文第一段。

第 2 步：在主菜单栏中单击"插入"选项卡，在下拉列表中再选取"首字下沉"按钮，或者单击" WPS 文字 "/格式/首字下沉"，打开如图 3.26 所示的"首字下沉"对话框。

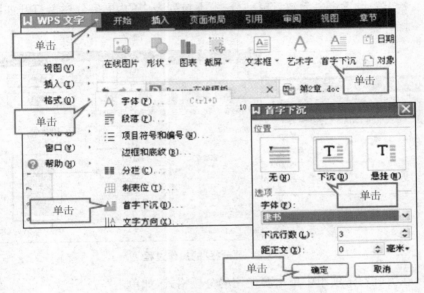

图 3.26　进入"首字下沉"对话框的操作过程

第 3 步：在"位置"选项组中选择首字下沉的方式，如选择"下沉"。

第 4 步：在"字体"下拉列表框中选择首字的字体，如选择"隶书"。

第 5 步：在"下沉行数"文本框中设置首字所占的行数为"3"。

第 6 步：在"距正文"文本框中设置首字与正文之间的距离为"0 毫米"。

第 7 步：单击"确定"按钮，完成设置，效果如图 3.27 所示。

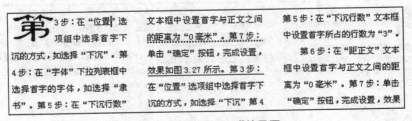

图 3.27　"首字下沉"效果图

若要取消"首字下沉"，则将插入点移到该段中，打开"首字下沉"对话框，选择"无"选项，单击"确定"按钮，即可取消首字下沉。

2）设置分栏

对部分文档进行分栏排版，不仅易于阅读，还能有效利用纸张的空白区域。WPS 文字可以很方便地对页面文本进行分栏设置。设置分栏步骤如下：

第 1 步：选定对象。若将整个文档设置成多栏版式，插入点可定位在整篇文档的任意位置；若只将文档的一部分设置成多栏版式，先选定相应的文本。现选定“个人简历/自我评价”下的文章“有较强的听，说，读，写能力，口语流利，能阅读科技原文文献……在严密分析的基础上结论，在全面考虑的前提下决断……”

第 2 步：单击“页面布局”选项卡下的“分栏”按钮，选择下拉列表中的分栏数。

第 3 步：若需要设置更多参数，选择“分栏”下拉列表中的“更多分栏”，打开如图 3.28 所示的“分栏”对话框。

1. 单击
2. 单击
3. 单击
4. 单击
5. 勾选
6. 单击
WPS 文字
开始
插入
页面布局
方向
纸张大小
分隔符
分栏
行号
一栏(O)
两栏(W)
三栏(T)
更多分栏(C)
分栏
预设
确定
取消
一栏(O)
两栏(W)
三栏(T)
偏左(L)
偏右(R)
栏数(N): 3
分隔线(B)
宽度和间距
预览
栏:
宽度(I):
间距(S):
1: 11.83 字符 2.03 字符
2: 11.83 字符 2.03 字符
3: 11.83 字符
栏宽相等(E)
应用于(A): 整篇文档
开始新栏(U)

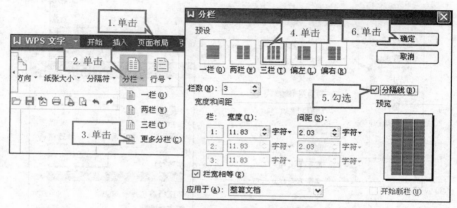

图 3.28 “分栏”的操作过程

第 4 步：在“预设”选项组中单击要使用的分栏格式，如单击“三栏”。

第 5 步：在“应用于”下拉列表框中指定分栏格式应用的范围为“整篇文档”、“插入点之后”、“所选节”等。

第 6 步：如果要在栏间设置分隔线，勾选“分隔线”复选框。

第 7 步：在“宽度和间距”面板中的微调框中输入相应的数字来控制栏间距和宽度，也可直接勾选“栏宽相等”的复选框。

第 8 步：单击“确定”按钮，结果如图 3.29 所示。

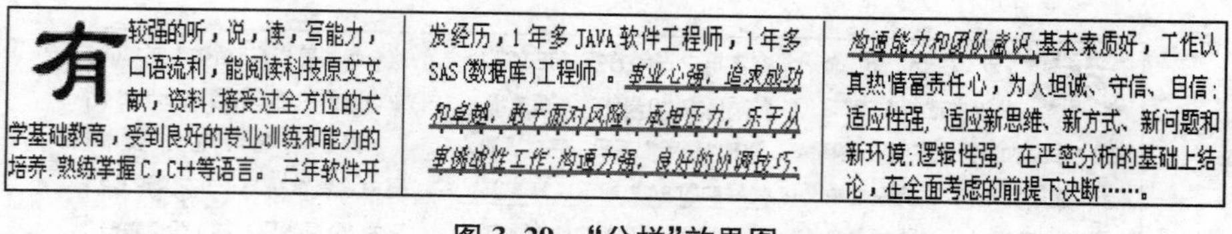

有较强的听，说，读，写能力，口语流利，能阅读科技原文文献，资料；接受过全方位的大学基础教育，受到良好的专业训练和能力的培养。熟练掌握 C，C++等语言。三年软件开
发经历，1 年多 JAVA 软件工程师，1 年多 SAS(数据库)工程师。事业心强，追求成功和卓越，敢于面对风险，承担压力，乐于从事挑战性工作；沟通力强，良好的协调技巧，
沟通能力和团队意识，基本素质好，工作认真热情富责任心，为人坦诚、守信、自信；适应性强，适应新思维、新方式、新问题和新环境；逻辑性强，在严密分析的基础上结论，在全面考虑的前提下决断……。

图 3.29 “分栏”效果图

3）页面设置

利用“页面布局”选项，可以全面地、精确地设置页边距、纸张大小等操作。

(1) 设置页边距。在“页面布局”选项卡上的“页面设置”组中，单击“页边距”，打开如图

3.30 所示的"页面设置"对话框中的"页边距"标签,设置上边距和下边距为 3.5 厘米,左边距和右边距为 3.17 厘米,方向为"纵向"。

"页边距"的单位有磅、英寸、厘米、毫米,而一般默认值为"毫米",操作时请注意单位的选择。

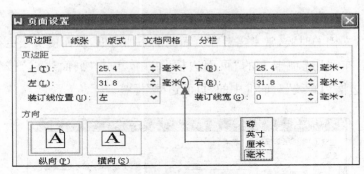

图 3.30　"页边距"标签

(2) 设置"纸张"大小。在"页面布局"选项卡上的"页面设置"组中,单击"纸张大小",打开如图 3.31 所示的"页面设置"对话框中的"纸张"标签。在"纸张大小"下拉列表框中选择要使用的纸张大小。此例将纸型设置为"A4"。常用的设置有 A4、A3、16 开等,若要使用一些特殊规格的纸张,可选择"自定义大小",在"宽度"和"高度"框中输入具体的数值。单击"确定"按钮完成设置。

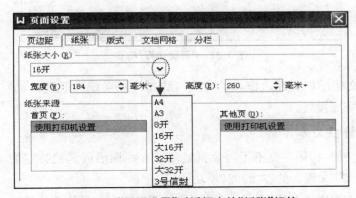

图 3.31　"页面设置"对话框中的"纸张"标签

技巧:在标尺栏任意位置双击,可快速调出"页面设置"对话框。

4) 页眉设置

页眉是显示在页面顶部正文边框以外的文字内容,在书籍、手册及一些较长的文档中较为常用,主要标示页面内容所属的章节信息等。如果要创建每页都相同的页眉,可按如下步骤进行操作。

(1) 直接双击页眉编辑区,或在"插入"选项卡上的"页眉和页脚"组中,单击"页眉和页脚"按钮⬛,进入页眉和页脚编辑区,此时"页眉和页脚"工具栏相应显示。

(2) 在页眉区中输入页眉的文字或者插入图形,并且可以像处理正文一样利用命令、控件按钮等方法进行格式设置。如输入"※杉德集团银卡通湖南分公司※",文字设为宋体、小五号,对齐方式居中。若要插入页码、日期等内容,单击"页眉和页脚"选项卡上的"插入页码"组中的控件。

(3)单击"导航"组中的"关闭"按钮 ,返回到正文编辑状态。

5)页面边框设置

在编辑 WPS 文档的时候,常常需要在页面周围添加边框,从而使文档更符合版式要求。

(1)在"页面布局"选项卡上的"页面边框"组中,单击"页面边框"按钮 ,打开如图 3.32 所示的"边框和底纹"对话框中的"页面边框"标签。

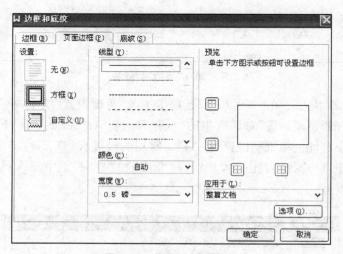

图 3.32 "页面边框"标签

(2)为整篇文档添加页面边框,选"方框",线型为单实线,颜色"自动",宽度"0.5 磅"。单击"确定"按钮完成设置。

6)查找和替换文本

在编辑排版文档时,用户免不了需要批量修改一些词语或其他特定的对象。这就需要用到 WPS Office 2013 强大的查找和替换功能了。

查找和替换文本通常利用"查找和替换"的对话框实现。具体方法如下:

方法 1:单击"开始"选项卡,在"查找替换" 组件下拉选项中,选择"查找"、"替换"或"定位"命令,都可打开如图 3.33 所示的"查找和替换"对话框。在"查找内容"输入框中输入要查找的内容,单击"查找下一处"按钮,即可找到搜索内容的位置。

方法 2:利用〈Ctrl+F〉或〈Ctrl+H〉组合键。

方法 3:利用屏幕右下角"对象浏览工具" 选择"查找" 。

例如:需将"个人简历"文件中所有的"计算机"替换成"电脑",并将所有"电脑"都设置为红色、倾斜加着重号的格式。按前述方法,打开如图 3.33 所示的"查找和替换"对话框,选择"替换"标签。单击"全部替换"按钮,则完成替换。若单击"查找下一处"按钮,就自动在文档

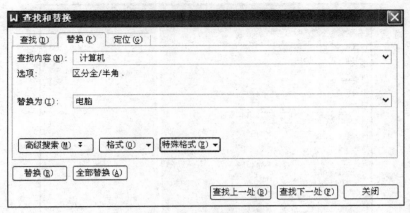

图 3.33　查找和替换对话框

中找到下一处使用这个词的地方,这时单击"替换"按钮,会把选中的词替换掉并自动选中下一处。此例选择图 3.33 中的"格式"下拉列表,选择"字体",弹出如图 3.34 所示"替换字体"对话框,选择"字体颜色"红色,字形为"倾斜","着重号"为".",确定后返回。

图 3.34　替换字体对话框

在图 3.35 所示对话框中,可见"替换为"的格式发生了变化,此时单击"全部替换"按钮,则完成替换,所有的"计算机"替换成"电脑",且所有"电脑"都被同时设置为红色、倾斜加着重号的格式。

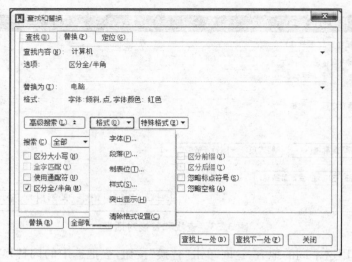

图 3.35　替换的同时更改格式

>>> 技能提升

1）双行合一

在政府部门的日常工作中，经常会遇到多个部门联合发文的情况，往往希望制作联合发文的红头文件。在以前的版本中，通过使用表格进行定位和排版来制作红头。"双行合一"功能增加了一个选择，可以用来方便制作此类红头，现以第 2 章 WPS 模板应用——"联合行文"机关文件为例。

具体操作步骤如下。

第 1 步：选定"教育部职业教育司、教育部成人教育司"两家单位名称。

第 2 步：在"开始"选项卡上的"段落"组中，选择"中文版式"按钮 A· 下拉列表中的"双行合一"，打开如图 3.36 所示的"双行合一"对话框。在"文字"框中输入需要"双行合一"的内容：教育部职业教育司、教育部成人教育司。

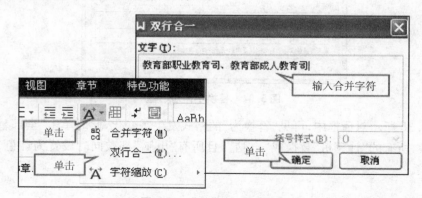

图 3.36　"双行合一"对话框

第 3 步：单击"确定"按钮，即可得到如图 3.37 所示的结果。

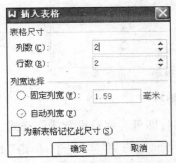

图 3.37 "双行合一"效果

第 4 步:调整字体。设置成双行显示效果的文字,字号将自动缩小,以适应当前行文字的大小。用户可以在"字体"组中设置相应字体、字号、字间距及颜色等,达到理想效果。

2) 利用表格布局

在文档版式设置中,除了分栏,也常采用表格来达到布局效果。排版时采用表格的好处是可以方便地对齐文字,在很多网页制作中也都是采用的这种编辑思想,即采用表格搭建页面的框架,然后将各项内容输入到表格的每个单元格中。具体操作方法如下。

第 1 步:输入有关文字内容后,单击选项卡"插入 | 表格 | 插入表格",弹出如图 3.38 所示对话框。

第 2 步:在弹出的窗口中设置表格为 2 列 2 行,单击"确定"按钮,则光标所在位置产生了一个 2 列 2 行的表格。将文字内容如图 3.39 所示拖到对应 4 个单元格内。

图 3.38 "插入表格"对话框　　　　**图 3.39 利用表格布局**

第 3 步:因为只利用表格排版,无需外部框线,因此选中整表,右击选择"边框和底纹…",在"边框和底纹"的对话框中单击"边框"标签,选择"无",如图 3.40 所示,单击"确定"回到主文档。此时,文档内容按表格所框定的位置正确摆放了。

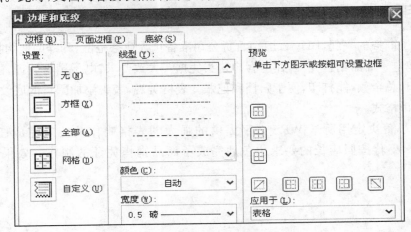

图 3.40 去除表格边框

3）带圈字符

在 WPS 文字中，可以轻松地为字符添加圈号，制作出各种各样的带圈字符，如"WPS®"、"①"等。制作带圈字符的具体操作步骤如下。

第 1 步：选定要添加圈号的字符。如在文档中输入"WPS"，然后插入商标符号，即先输入大写字母"R"，然后将"R"选中。如果是汉字、全角的符号、数字或字母，只能选择一个字符。如果是半角的符号、数字或字母，最多可选择两个，多选的将自动被舍弃。

第 2 步：在"开始"选项卡上的"字体"组中，单击带圈字符下拉列表中的"带圈字符"，打开"带圈字符"对话框，如图 3.41 所示。

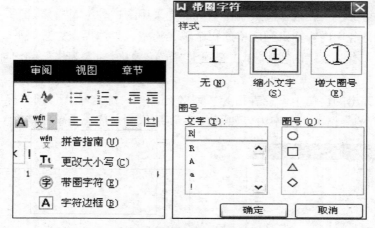

图 3.41　"带圈字符"的输入

第 3 步：选择"缩小文字"样式之后，单击"确定"按钮，即可为字符设置带圈样式。

第 4 步：选定制作好的商标符号"®"，在"开始"选项卡上的"字体"组中，单击"上标x^2"按钮，则完成商标符号设置。

3.2　销售凭证的制作

▶▶▶ 项目描述

随着电子商务的兴起，BHG（北京）百货公司准备扩大业务范围，开辟网上购物通道。为此，需要制作电子商品销售凭证，作为客户购买凭据。大致要求：电子销售凭证，能快速计算商品的小计和总金额，能打印，便于归档和记账。表格美观，表头添加醒目的底纹，总金额需用大写人民币格式。

电商部小蒋决定用所学 WPS 文字提供的强大的表格制作功能来完成任务。经过分析和摸索，小蒋按照店长的要求出色地完成了商品销售凭证的制作。效果如图 3.42 所示。

BHG（北京）百货公司销售凭证

商铺名称：　　　　　　　　　　　　　　　年　月　日

项目 编码	品名规格	单位	数量	单价（元）	金额（元）		
W01	B-1043406	件	50	380	19000		
T32	S525737-60	双	100	699	69900		
B15	T17-131250	台	1000	2999	2999000		
				小计（小写）	￥3,087,900.00		
合计金额（大写）			叁佰零捌万柒仟玖佰元整				
付款方式	□现金：			营业员	收银员	备注	
	□信用卡：（卡号：　　　　）						
	□礼　券：（金额：　　　　）						
	□其　他：（金额：　　　　）						

图 3.42　"商品销售凭证"效果图

▶▶▶ 技术分析

　　表格制作的一般步骤为插入表格、修改表格结构、编辑表格内容、设置表格格式，有时也将其中的第 2 步和第 3 步穿插进行。本项目属于一个比较完整的案例，还涉及了表格数据计算及分析，属于 WPS 表格处理中较高级的应用。值得注意的是，如果遇到大量而复杂的表格数据计算及分析，应使用 WPS 电子表格软件，此软件的使用将在第 4 章详细介绍。

　　通过对本项目进行需求分析，此实践主要涉及的操作为：

　　• 利用"插入"选项卡中"表格"下拉菜单、"插入表格"对话框或手动绘制，均能绘制表格。

　　• 利用"表格工具"选项卡，可以"新增行和列"、"合并、拆分单元格"、设置表格"对齐方式"。

　　• 利用"表格样式"选项卡，可以定义"表格样式"、设置"边框底纹"、"绘制斜线表头"。

　　• 通过"表格工具"选项卡，还能对数据进行计算。

本表格相对较复杂，可先分开制作 2 个简单表，再合并成一张总表。

▶▶▶ 项目实施

1）创建商品销售凭证表

　　创建表格前，最好先在纸上绘制出表格的草图，量好打印纸张的长、宽、高、边距等，规划好行列数及表格的大致结构，再在"WPS 文字"中创建。

　　（1）新建标准表格

　　建表之前，先对页面进行设置，便于在即将打印的特殊大小的纸张上排版；另外，创建所有不规则的表格之前，都应新建只包括行和列的规则表格雏形，再对其进行修改。具体步骤如下：

　　第 1 步：页面设置。新建一个空白 WPS 文字文件，单击"页面布局"选项下的"自定义页边距"按钮，在弹出的"页面设置"对话框中，如下设置后单击"确定"按钮。

- 页边距：上——15 毫米，下——10 毫米，左——3 毫米，右——5 毫米
- 方向：横向
- 纸张：纸张大小——自定义大小，宽度——145 毫米，高度——130 毫米

第 2 步：输入文字内容。输入标题行文字"BHG（北京）百货公司销售凭证"及第二行内容后，回车。

第 3 步：新建表格。在 WPS 文字中创建表格有多种方法，可以通过鼠标拖动示意表格绘制表格，也可以通过控件命令创建定制表格。此例先制作表格的上半部分。

方法 1：单击选项卡"插入｜表格"按钮，用鼠标在示意表格中，拖出一个 7 行 6 列的表格，释放鼠标。如图 3.43 所示。

方法 2：单击选项卡"插入｜表格｜插入表格"，在如图 3.44 所示对话框中设置"列数 6，行数 7"，确定。

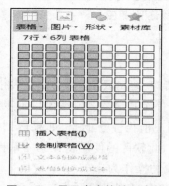

图 3.43　用示意表格绘制表格

图 3.44　"插入表格"对话框

（2）输入数据内容

在新建的 7 行 6 列的表格中，输入如图 3.45 所示内容。输入文字时，可按键盘上的〈Tab〉键使插入点向右移一个单元格，〈Shift＋Tab〉键使插入点向左移一个单元格。这样实现全键盘操作，避免鼠标和键盘交替操作的不便。

	品名规格	单位	数量	单价（元）	金额（元）
W01	1043406	件	50	380	
T32	525737-60	双	100	699	
B15	17-131250	台	1000	2999	
				小计（小写）	

图 3.45　表格数据输入

2）编辑表格

在制表过程中，经常需要增减一些行或列，设置表格的行高和列宽，或将单元格进行合并、拆分的操作，以符合整个表格的要求。

（1）表格对象的选取

选定整表：单击左上角"控点" 表示选定整表，也可拖拽此控点实现移动表格。将光标置于表格任意单元格内，按下〈Ctrl＋A〉，也可选定整表。

选定单元格：将光标移到单元格的左边框内，使光标变成向右实心箭头图标，并单击。

选定一行：将光标移到表格的左侧选定区，使光标变成向右箭头图标，并单击。

选定单列：将光标移到该列顶端，当鼠标指针变成一个黑色的向下箭头图标时单击，即可选定该列。

（2）增/删表格行和列

WPS 可通过单击或拖拽表格追加按钮快速实现。表格下方"　　"按钮表示追加行，右侧"　"表示添加列。当然，常用增删行和列都可通过右键菜单实现。将光标置于需要插入行、列或单元格的位置（如果需要插入多行、多列，则选取相同数量的行或列），右击，在弹出的快捷菜单中相应选择"插入"行或列在什么位置，或选择"删除行"，则根据需要，进行了增删行和列操作。

在图 3.45 中，单击下方"　　"按钮追加一行，选中"小计"上方一行，右击选择"删除单元格|删除整行"，将其删除。

提示：在最后一行后追加空行，还可将光标放在表格最后一个单元格，按 Tab 键或移到表格最后一行外的光标处，按回车。

（3）设置表格的属性

单击左上角"控点"选定整表，右击，在快捷菜单中选择"表格属性"，在如图 3.46 所示"表格属性"对话框中，设置"尺寸"选项为"116.6 毫米"，对齐方式为"居中"。在"行"和"列"选项卡内，设置行高为"0.4 毫米"，列宽为"20 毫米"。

图 3.46　表格属性对话框

常规调整表格宽高，可直接利用鼠标拖拽来完成。如此例中，拖拽表格的右下角出现缩放柄，整表自动缩放。选中表格第二根横线，当光标变为时，按住鼠标左键上下移动可调整行高,将表头部分拖宽至合适大小。选中表格第二根竖线,当光标变为 ⟷ 时,按 Ctrl 键+拖拽鼠标左键左右移动可调整列宽,此时表格整体宽度不受影响,将第一列宽度调整至合适大小(用户可试验按 Shift 键+拖拽鼠标左键看效果)。其余列同样调整。

(4) 修改表格结构

通过前三个步骤制作出的表格是一个简单的规范表格,根据需要对表格进行相应的结构调整,即把几个小单元格合并成一个大单元格。选择需合并的单元格,单击鼠标右键,在弹出的快捷菜单中选择"合并单元格"命令 ▦ 合并单元格(M) 按钮,即可完成单元格的合并。表格的其他部分亦可使用同样的方法完成相应单元格的合并。"拆分单元格"的做法类似。

(5) 制作表的下半部分

同前(4)步骤,插入一个 4 行 5 列的表格,选中最后 3 列,利用 Shift+拖拽,使得后 3 列均等变化。利用合并单元格变成所需的表格样式。

输入表格内容。特殊符号"□",选择"插入|符号|其他符号",在"符号"标签下"子集"下拉列表框中选择"几何图形符",找到空心方框符"□"双击。依次输入余下内容。如图 3.47 所示。

付款方式	□现金:		营业员	收银员	备注
	□信用卡:(卡号:	)			
	□礼 券:(金额:	)			
	□其 他:(金额:	)			

图 3.47 表格下半部分样图

(6) 合并表格

将两张表格中间的段落标记用 Delete 键删除,此时两张表合并成一张,但此时表格的宽度等可能不匹配,选择表的下部分,利用 Ctrl+拖拽最左侧的边线使左侧对齐,然后选择表的上部分右侧边界线拖拽后使表的下部分对齐。此时两张简单表合并成了一张复杂表。

3) 美化表格

刚建好的表,一般比较简单,可为表格设置边框和填充背景颜色,制作漂亮而具有个性化的表格。

(1) 设置表格边框

选定整表,右击,在弹出的快捷菜单中选择"边框和底纹",在"边框"标签中,"设置"选择"自定义","线型"选择"细双线","颜色"选"自动","宽度"选"0.5 磅",分别在"预览"栏单击应用外边框 4 条线。同样的方法,选择"实线、自动、0.5 磅",在"预览"栏单击正中间十字架,中间十字架对应此表格内部所有框线。操作设置如图 3.48 所示。

利用"边框和底纹"对话框,也可为表头添加双线效果,只需将预览栏下方的线设置为"细双线、自动、0.25 磅",注意此时"应用于"是"单元格",此时预览栏里实际对应的是选定的一行,单击更改最下方那根线。"斜线"表头的设置也可在此进行,此时如图 3.49 所示,单击 ◩ 按钮。

选择第一行表头,单击"表格样式"工具栏,在如图 3.50 所示各项中,设置"细双线、自动、0.25 磅",在"边框"下拉列表中选择" ▦ 下框线(B)"。

图 3.48　边框的设置

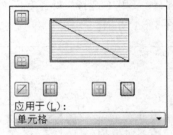

图 3.49　斜线表头绘制

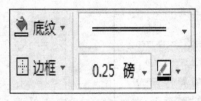

图 3.50　"边框"和"底纹"工具钮

"斜线表头"的输入方法为,光标放到第一个单元格(即画了斜线的单元格),利用空格移动光标,输入"项目",回车,此时光标移到了斜线下方。输入"编码"。

(2)设置表格底纹

选定第一行表头及"付款方式",右击,在弹出的快捷菜单中选择"边框和底纹","底纹"标签中,"填充"选择"灰色－25％","图案"的"样式"选择"5％","图案"的"颜色"选择"白色",操作设置如图 3.51 所示。

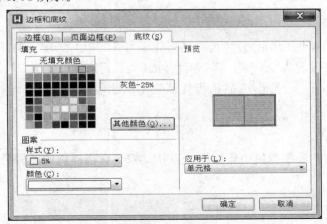

图 3.51　底纹设置

（3）设置单元格对齐方式

单元格内缺省的对齐方式是"靠上左对齐" ，
不太符合日常习惯。选定除斜线表头外的所有单元
格，单击鼠标右键，在弹出的快捷菜单中选择"单元格
对齐方式"，在9种对齐方式中选择正中间"水平居中
"按钮，如图3.52所示，使选定单元格水平方向、垂
直方向都居中。

图 3.52　单元格对齐设置

选定"金额"列空白单元格，单击"表格工具"工具栏，在如图3.53所示"对齐方式"下拉
列表中，设置" 中部右对齐"。

（4）设置文字方向

除了可以设置表格中文本的对齐方式外，还可以灵活设置文字的方向，例如"付款方
式"，内容需要竖排起来。

此时可以选中"付款方式"单元格右击，在弹出的快捷菜单中选择"文字方向"，此时会弹
出"文字方向"对话框，选择竖排文字的样式确定，如图3.54所示。

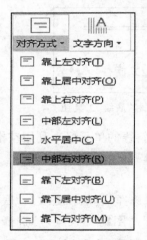

图 3.53　对齐方式工具钮

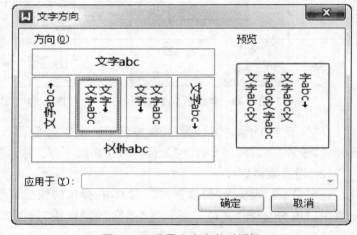

图 3.54　设置文字方向对话框

（5）设置文字格式

选定标题文字"BHG（北京）百货公司销售凭证"，在"开始"选项卡的"字体"组，将字体设
置为"黑体"，"字号"设置为"小三"。将"合计金额（大写）"字体设置为"华文细黑"，其余表格
项"字号"设置为"小五"。至此，商品销售凭证表格的绘制和美化工作结束，效果如图3.55
所示。

4）表格的计算

货物售出后，客户需要提供销售凭证，可利用WPS文字提供的简易公式计算，自动填写
及合计金额。

BHG（北京）百货公司销售凭证

商铺名称：　　　　　　　　　　　　　年　　月　　日

项目 编码	品名规格	单位	数量	单价（元）	金额（元）
W01	1043406	件	50	380	
T32	525737-60	双	100	699	
B15	17-131250	台	1000	2999	
				小计（小写）	
合计金额（大写）					

付款方式	□现金：		营业员	收银员	备注
	□信用卡：（卡号：　　　　　　）				
	□礼　券：（金额：　　　　　　）				
	□其　他：（金额：　　　　　　）				

图 3.55　表格基本完成后样图

（1）计算单件商品的金额

将插入点定位于"金额（元）"下方单元格内，单击"表格工具"选项卡下的"公式 fx 公式"按钮，打开"公式"对话框，如图 3.56 所示，在"粘贴函数"中选择"PRODUCT()"函数，在"表格范围"中选择"LEFT"，公式"＝PRODUCT（LEFT）"表示将左边的数值进行"乘积"操作，单击"确定"完成计算。

图 3.56　乘法公式的输入

第一个单元格计算完后，WPS 自动记住了上一次输入的公式，接下来几个单元格的计算，只需单击"公式 fx 公式"按钮，再"确定"即可，简化了操作步骤。

（2）计算小计

将插入点定位于"小计（小写）"右边单元格内，同上单击"公式 fx 公式"按钮，在"公式"对话框中，如图 3.57（左）所示设置。在"粘贴函数"中选择"SUM()"函数，在"表格范围"中选择"ABOVE"，"数字格式"中选择"￥#，##0.00;（￥#，##0.00)"。公式"＝SUM(ABOVE)"表示将上边的数值进行"求和"操作，单击"确定"，计算出小计值。若无需人民币格式，还可以选中包括结果栏在内的 5 个单元格，单击"表格工具"选项卡下的"快速计算

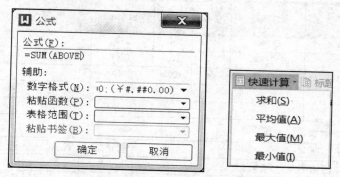"下拉列表,如图 3.57(右)所示,选择"求和"命令。简单的行列数据的求和、平均值、最大值、最小值的运算,都可以使用"快速计算"功能实现。

图 3.57　求和运算公式的输入

（3）"人民币大写"格式计算合计金额

将插入点定位于"合计金额（大写）"右边单元格内,同上单击"公式"按钮,在如图 3.57 所示"fx 公式"对话框中,设置"粘贴函数"中选择"SUM（）"函数,在"表格范围"中选择"A-BOVE","数字格式"中选择"人民币大写",则合计以大写人民币的形式呈现,如图 3.58 所示。

| | | | | 小计（小写） | ￥3,087,900.00 |
| 合计金额（大写） | | | | 叁佰零捌万柒仟玖佰元整 | |

图 3.58　特殊格式的输出效果

至此,整个"商品销售凭证"计算表制作完毕,将其保存为"销售凭证表格.doc"。

▶▶▶ 知识拓展

1）表格和文本互换

WPS 文字允许将有规律的文本内容转换为表格,同样,WPS 文字也允许将表格转换成排列整齐的文档。

（1）文本转表格

选定要转换的文本,如图 3.59 所示的内容,单击"插入"选项卡下的"表格"按钮,在下拉列表中选择"文本转换成表格"命令。

文字转换成表格的效果如图 3.60 所示。

（2）表格转文本

表格转换成文本的方式为,选定表格,单击"表格工具"工具栏下的"转换成文本"按钮,在如图 3.61 所示对话框中选择分隔符后单击"确定"按钮。

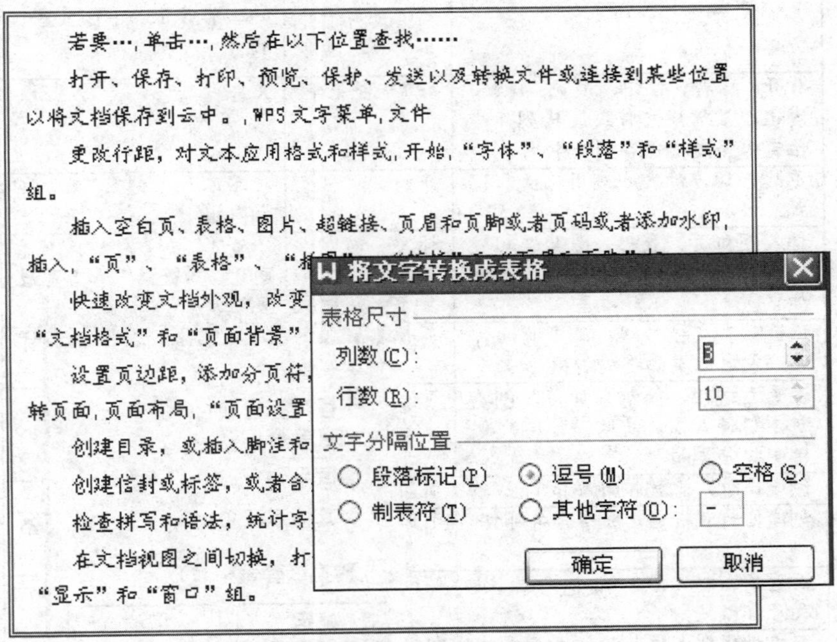

若要…，单击…，然后在以下位置查找……

打开、保存、打印、预览、保护、发送以及转换文件或连接到某些位置以将文档保存到云中。，WPS 文字菜单，文件

更改行距，对文本应用格式和样式，开始，"字体"、"段落"和"样式"组。

插入空白页、表格、图片、超链接、页眉和页脚或者页码或者添加水印，插入，"页"、"表格"、"插图"、"链接"、"页眉和页脚"组。

快速改变文档外观，改变
"文档格式"和"页面背景"

设置页边距，添加分页符，
转页面，页面布局，"页面设置"
创建目录，或插入脚注和
创建信封或标签，或者合
检查拼写和语法，统计字
在文档视图之间切换，打
"显示"和"窗口"组。

将文字转换成表格

表格尺寸
列数(C): 3
行数(R): 10

文字分隔位置
○ 段落标记(P)　　◉ 逗号(M)　　○ 空格(S)
○ 制表符(T)　　○ 其他字符(O): -

确定　　取消

图 3.59　文本内容转换成表格命令

若要…	单击…	然后在以下位置查找……
打开、保存、打印、预览、保护、发送以及转换文件或连接到某些位置以将文档保存到云中	WPS 文字菜单	文件
更改行距，对文本应用格式和样式	开始	"字体"、"段落"和"样式"组
插入空白页、表格、图片、超链接、页眉和页脚或者页码或者添加水印	插入	"页"、"表格"、"插图"、"链接"和"页眉和页脚"组
快速改变文档外观，改变页面背景颜色，向页面添加边框	页面布局	"文档格式"和"页面背景"组
设置页边距，添加分页符，创建新闻稿样式栏，更改段落间距或横向旋转页面	页面布局	"页面设置"组
创建目录，或插入脚注和尾注	引用	"目录"和"脚注"组
创建信封或标签，或者合并邮件	引用	"创建"和"开始邮件合并"组
检查拼写和语法，统计字数，以及修订	审阅	"校对"和"修订"组
在文档视图之间切换，打开导航窗格，或者显示标尺	视图	"视图"、"显示"和"窗口"组

图 3.60　文字转表格效果

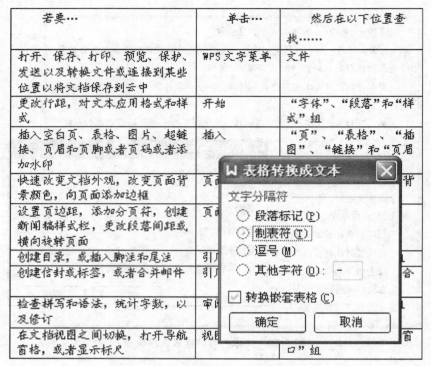

若要…	单击…	然后在以下位置查找……
打开、保存、打印、预览、保护、发送以及转换文件或连接到某些位置以将文档保存到云中	WPS 文字菜单	文件
更改行距，对文本应用格式和样式	开始	"字体"、"段落"和"样式"组
插入空白页、表格、图片、超链接、页眉和页脚或者页码或者添加水印	插入	"页"、"表格"、"插图"、"链接"和"页眉
快速改变文档外观，改变页面背景颜色，向页面添加边框	页	背
设置页边距，添加分页符，创建新闻稿样式栏，更改段落间距或横向被转页面	页	
创建目录，或插入脚注和尾注	引	
创建信封或标签，或者合并邮件	引	合
检查拼写和语法，统计字数，以及修订	审	
在文档视图之间切换，打开导航窗格，或者显示标尺	视	口"组

图 3.61　表格转换成文本对话框

2）表格的快速样式

表格的快速样式是指对表格的字体、颜色、边框、底纹等套用 WPS 文字预设的样式。无论是新建的空表，还是已经输入数据的表格，均可以应用快速样式来设置表格的格式。

例如，将如图 3.61 所示表格快速设置一种样式，方法为将插入点置于表格任意单元格中，切换到"表格样式"工具选项，在样式组中选择"主题样式 1－强调 1 　　　"，则自动生成如图 3.62 所示样式表格。

若要…	单击…	然后在以下位置查找……
打开、保存、打印、预览、保护、发送以及转换文件或连接到某些位置以将文档保存到云中	WPS 文字菜单	文件
更改行距，对文本应用格式和样式	开始	"字体"、"段落"和"样式"组
插入空白页、表格、图片、超链接、页眉和页脚或者页码或者添加水印	插入	"页"、"表格"、"插图"、"链接"和"页眉和页脚"组
快速改变文档外观，改变页面背景颜色，向页面添加边框	页面布局	"文档格式"和"页面背景"组
设置页边距，添加分页符，创建新闻稿样式栏，更改段落间距或横向旋转页面	页面布局	"页面设置"组
创建目录，或插入脚注和尾注	引用	"目录"和"脚注"组
创建信封或标签，或者合并邮件	引用	"创建"和"开始邮件合并"组
检查拼写和语法，统计字数，以及修订	审阅	"校对"和"修订"组
在文档视图之间切换，打开导航窗格，或者显示标尺	视图	"视图"、"显示"和"窗口"组

图 3.62　快速设置表格样式效果

3) 跨页表格自动重复标题行

有时表格内容比较多,表格过长可能会需要两页甚至多页显示,但从第 2 页开始表格就没有标题行了,此时查看表格数据时就不方便了。解决这种现象,不是利用复制标题,正确方法是将插入点放入标题行任意单元格,在"表格工具"选项卡中选择"标题行重复"按钮 [标题行重复] ,则每页首行会自动复制标题行的内容。

4) 绘制三线表头

为了使表格各项内容展示得更清晰,有时会使用如图 3.63 所示三线表头。使用 WPS 绘制斜线表头的方法非常简单(相应的 WORD 高版本,必须手工一根根绘制,而且不能跟随线宽高变化而变化)。

数量 产品名称 月份	电视机	洗衣机	电冰箱
1 月	68	78	88
2 月	45	89	90
3 月	35	78	67

图 3.63　三线表头样图

绘制方法步骤为:

第 1 步:选择第一个单元格,在"表格样式"选项卡中选择"绘制斜线表头 [绘制斜线表头] "按钮。

第 2 步:在如图 3.64 所示"斜线单元格类型"框中选择第 4 种样式(一共 9 种斜线表头样式可供用户选择)。

第 3 步:利用空格和回车移动光标,输入对应文字内容。

这种方式绘制的三线表头,当用户调整行高和列宽时,斜线会跟随移动,非常方便。

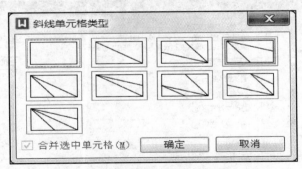

图 3.64　"斜线单元格类型"选择框

▶▶▶ **技能提升**

1) 对表格中的单元格进行编号

类似于图 3.63 所示"1 月,2 月,3 月……"等,在实际应用中每行的开头使用编号较多,

WPS 提供极为简便的方法,自动输入这些内容。此例做法如下:

第1步:选取首列需自动编号的单元格。

第2步:在"开始"选项卡上的"段落"组中,单击"编号格式 ▤▾"下选择"其他编号",在"项目符号和编号"中选择阿拉伯数字的任意一种编号样式,单击"自定义…"按钮。

第3步:在"自定义编号列表"对话框中,根据需要自定义,如图 3.65 所示。

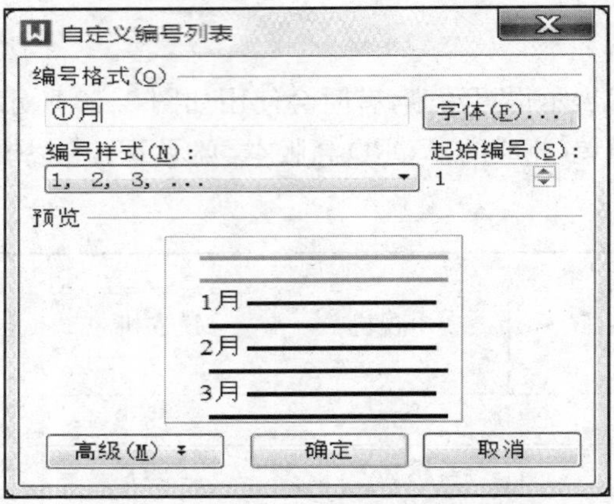

图 3.65　自定义编号样式

第4步:"确定"后,新增的行,第1列的内容将自动按月份顺序填充。

2)文档加密

WPS Office 提供了文件加密的功能,用户可以根据自己的需要为文件设置密码,这个密码将在下次打开此文件时要求输入,也可以取消所设置的密码。为当前文件设置密码的操作步骤如下。

第1步:在左上角的"应用程序 ⓦ WPS 文字 "菜单中,选择"文件|文件密码",打开如图 3.66 所示的"选项"对话框。

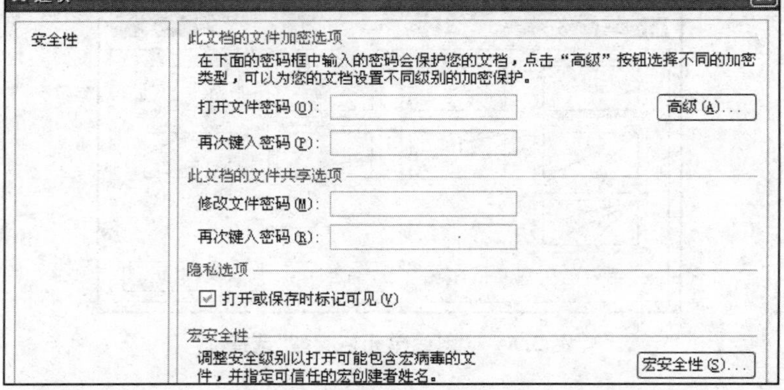

图 3.66　文件加密选项对话框

第2步:在"打开文件密码"文本框中输入密码,在"再次键入密码"文本框中再次输入相同密码确认。最后单击"确定"按钮。

　　为文件设置了密码后,再次打开该文件时会弹出"密码"对话框。只有正确输入密码后才能打开该文件。若只给授权人员修改,则设置"修改文件密码"即可。

　　用微软(Microsoft Office)设置的文件密码,WPS Office 2013 相应的组件也可打开,只需输入正确的密码即可。

3.3　制作世界杯宣传小册

>>> 项目描述

　　小李是位狂热的足球迷,而她的好友小张却是完完全全的球盲。时逢四年一度的世界杯,小张被周围世界杯的氛围所感染,也看起了球赛,但却完全不得要领,身为好友兼球迷的小李,当然义不容辞,挑起了世界杯知识扫盲重任。为此,小李专门上网收集了世界杯相关的资料和图片,制作世界杯宣传小册,因为他是德国队的粉丝,所以,德国队的元素体现较多。缩略效果如图 3.67 所示。

图 3.67　世界杯宣传小册效果图示意

▶▶▶ 技术分析

单纯的文字介绍太过于枯燥，而宣传海报等媒体形式，能给人以极强视觉冲击，利用不同形式的素材整合突出主题，能给人留下深刻印象。

在本例中，首先要对版面、素材进行规划和分类，然后运用艺术字、文本框、自选图形、表格、分栏、图文混排等对文章进行艺术化排版设计。最终达到版面协调美观、图文并茂、生动活泼、色彩搭配合理、极具个性的效果。

项目设计的重点是能插入艺术字、自选图形、图片等素材，利用文本框进行版面布局，具备图文混排的能力。

▶▶▶ 项目实施

在实际应用中，如果需要进行图文混排，利用前述所学分栏等来进行版面布局是非常死板的，不能达到随心所欲的效果，文本框很好地解决了这个问题。图片、艺术字、自选图形的编辑和组合，则为制作图文并茂的宣传小册奠定了基础。项目具体操作步骤如下。

1）页面设置

新建一个 WPS 文档，命名为"世界杯宣传小册.doc"，事先规划好宣传小册的大小，具体方法先用尺量一下样纸的长和宽。基于正确的页面布局排版，更为直观。此例简化为缺省的情形。单击"页面布局"选项卡下的"旧有工具"按钮，在弹出的"页面设置"对话框中，即纸张大小为 A4，方向为纵向，页边距等均用默认值。

2）艺术字的插入及编辑

艺术字是具有特殊视觉效果的文字，可以作为图形对象参与页面排版。此类修饰常用于演示文稿、海报、广告、宣传册等文档的特殊文字修饰，以丰富版面文字效果。

（1）插入艺术字

第 1 步：将插入点移到要插入艺术字的位置。在"插入"选项卡中，单击"艺术字"按钮 Ａ，打开如图 3.68 所示的"艺术字库"对话框。

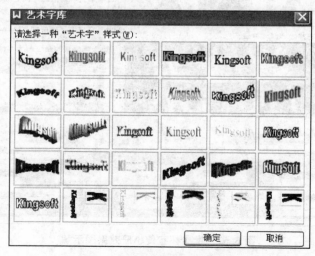

图 3.68 "艺术字库"对话框

第 2 步：选择一种艺术字样式，这里选择第 4 排第一种（即第 4 行第 1 列），单击"确定"按钮，打开如图 3.69 所示的"编辑'艺术字'文字"对话框。

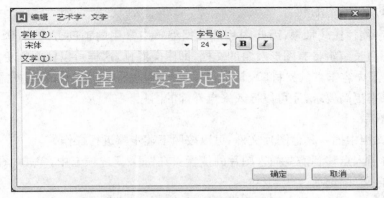

图 3.69　编辑"艺术字库"对话框

第 3 步：在"文字"文本框中输入艺术字的内容"放飞希望 宴享足球"，利用对话框中的工具栏设置字体、字号、加粗和倾斜。设置完毕后，单击"确定"按钮，效果如图 3.70 所示。

放飞希望　　宴享足球

图 3.70　插入艺术字效果

第 4 步：同样的方法，将文字"世界杯 足球赛"设置为如图 3.68 所示艺术字库里第 2 排第 2 种样式，"2014"设置为如图 3.68 所示艺术字库里第 3 排最后一种样式。其余艺术字插入方法同上。

（2）艺术字的编辑

单击新添加的艺术字，调出"艺术字"选项卡，可设置多种艺术字外观、对齐方式或自定义调整字间距等。由于艺术字也是对象，还可以在选项卡中，选择艺术字形状、填充、线条颜色等来改变文字效果。

单击艺术字"世界杯 足球赛"，此时对应的"艺术字"工具选项及"效果设置"被激活。选择"艺术字"选项，在"艺术字形状"下拉列表中，选择"正 V 形"，如图 3.71 所示，此艺术字变化效果如图 3.72 所示。

如图 3.72 所示，艺术字在选定后，四周会出现 8 个空心点，称为控制点，通过拖拽可以调整大小，黄色的菱形框用来继续调整曲度，圆圈则是用来旋转对象的。将此艺术字调成如效果图合适的大小及形状。

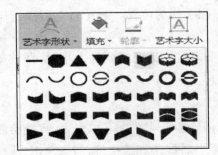

图 3.71　艺术字形状选项

图 3.72　艺术字设成正 V 形状

同样的方法,将艺术字"2014"的形状设置为"八边形",也可相应调整大小及旋转方向。文中其余艺术字同上方法进行设置。

3) 图片的插入及编辑

单纯的文字往往比较抽象,因此图片是文档编辑中常用的辅助方式,WPS 不但擅长处理普通文本,还擅长编辑带有图形对象的文档,即图文混排,这样可以使文档更加生动形象。WPS 文字提供了内容丰富的素材库,其中包含了大量的图片,用户可以根据需要将其插入到文档中,如果有更高要求,还可以插入来自外部的图片。

(1) 插入图片

如果要在文档中插入其他图片文件,可以按照下述步骤进行操作。

第 1 步:将插入点移到需要插入图片的位置。在"插入"选项卡中,单击"图片" ![icon]下拉列表,选择"来自文件"选项。

第 2 步:在"查找范围"列表框中选择图片所在的文件夹,然后在下面的列表框中选定要插入的图片文件。此例选择配套的素材"brazuca(桑巴荣耀). jpg"文件,单击"打开"按钮,可将选定的图片文件插入到文档中。

提示: 除了用上述方法在文档中插入图片外,用户还可以直接打开图片所在的文件夹,选中图片后拖动至适当的位置即可,避免了在文件夹中繁琐的查找。

(2) 图片的裁剪

选定插入的图片后,会调出"图片工具"选项卡,用户可利用如图 3.73 所示"图片工具"选项卡中的各项操作对插入的图片进行调整或修改,以便用户解决在处理图片过程中的问题。

图 3.73 图片工具选项

此例中,插入的足球图片周围空白太多,需要裁剪出较贴合的图形。裁剪的操作步骤为:

第 1 步:单击桑巴足球图片,此时对应的"图片工具"选项卡被激活。选择"裁剪"按钮 ![icon],使其四周出现如图 3.74 所示的 8 个控制柄。

第 2 步:若要横向或纵向裁剪图片,则将鼠标指针指向图片四边的任意一个控制柄上。若要沿对角线方向裁剪图片,则将鼠标指针指向图片四角的任意一个控制柄上,鼠标指针将根据手柄的位置变成不同方向的双向箭头。

图 3.74 裁剪控制柄

第 3 步:按住鼠标左键,沿缩放方向拖动鼠标,当虚线框达到需要的大小时,释放鼠标左键。

4) 形状的插入

WPS Office 组件中,用户可以利用"插入"选项卡下的"形状" ![icon]下拉列表,直接绘制一组现成的形状,包括如矩形和圆这样的基本形状,以及各种线条和连接符、箭头总汇、流程图

符号、星与旗帜和标注等,并对其进行排列和效果的设置,如图3.75所示。

在本项目中,以绘制五星形状为例(五星巴西,四星德国),并做相应细节处理。

(1) 插入形状

如果要在文档中插入形状,可以按照下述步骤进行操作。

第1步:单击"插入"选项卡下的"形状"下拉列表,在图3.75所示选项中,选择"五角星"选项。

第2步:将插入点移到需要插入形状的位置,此时光标变为一个十字架状,按住鼠标左键并拖动到结束位置,释放鼠标左键,即可绘制出基本图形。若需绘制出正方、正圆、正五角星等,按住Shift键并拖动。绘制后效果如图3.76所示。

图3.75 可插入形状下拉列表

(2) 自选图形的填充

对于绘制好的自选图形,可以同艺术字、图片等一样进行改变大小、填充等设置,方法如前。填充可以使图形产生特殊的效果。具体操作方法如下。

第1步:选择上例绘制的"五角星"形状,此时"绘图工具"选项中"设置对象格式"按钮被激活,如图3.77所示。

图3.76 绘制五角星

图3.77 "设置对象格式"按钮

第2步:在"填充"中选择"图片",在"图片"标签中单击"选择图片…",此时再把素材中的图片"德国宣传.jpg"插入进来。过程如图3.78所示。

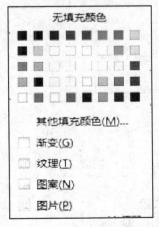

图3.78 依据形状填充图片

图3.79 形状的调整

第 3 步:此时图片就依据"五角星"的形状变化了。如图 3.79 所示,在"轮廓"下拉列表中选"无线条色"或其他图案线型。五角星周围 8 个空心方块控制柄,拖动可以改变整个形状的大小,上边的圆圈,鼠标选中可按顺、逆时针方向旋转,调整至与整体谐调的形状。

5) 设置对象的环绕方式

为了增强文档的表达力,WPS 文字提供了多种图形、图片以及可嵌入到文档中的元素等对象类型以供使用。对其中图形对象包括自选图形、文本框、艺术字、图表;图片对象指可插入文档的所有 WPS 文字支持的图片类型;可嵌入到文档中的元素包括:嵌入式对象、多媒体对象。

在文档中,对象与文字的关系主要体现在对象与文字的叠放次序上。

对象与文字的叠放方式总共有两种,一种是浮于文字上方,另一种是衬于文字下方。默认情况下,对象被引入到文档中后都是以"嵌入型"的方式存放的,此时,文字只能显示在对象的上方和下方,对象和正文不能混排。如果需要设置对象和文字叠放,需要先设置对象与文字的环绕方式,具体操作步骤如下:

第 1 步:选中图形对象(如此前所有插入的艺术字及图片),右键单击,在打开的快捷菜单中选择"设置对象格式",打开"设置对象格式"对话框。

第 2 步:选择"版式"标签,在"环绕方式"选项组中选择"浮于文字上方"。

第 3 步:单击"确定"按钮,完成设置。此时的对象浮于文字上方,可以用鼠标拖至任意位置摆放。

提示:利用相应工具栏选项中的"环绕"下拉选项,可以快速选择环绕方式,如图 3.80 所示。

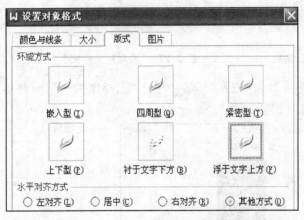

图 3.80 设置环绕方式

6) 编辑图形对象

对于设置好的各种对象,可以调整大小或移动位置等,使其更符合自己的要求。

(1) 选定图形对象

在对图形对象进行编辑之前,首先要选定该对象,选定的方法如下:

• 如果要选定一个对象,则用鼠标单击该对象,此时,对象周边出现控制句柄。

• 如果要选定多个对象,则按住 Shift 键,然后用鼠标分别单击要选定的图形。

若需取消所选对象,则在文档其他位置单击即可。

(2) 移动或复制图形对象

选定对象之后,将鼠标左键移到图形对象的边框上(不要放在控制句柄上),鼠标指针变为四向箭头形状,按住鼠标左键拖动,拖动时出现一个虚框表明该图形对象将要放置的位置,拖至目标位置,释放鼠标左键即可。

拖动时按住 Ctrl 键,则进行复制图形对象的操作。

本例中,把各种对象按最终效果图拖到相应位置,因为都设置了"浮于文字上方"的环绕方式,对象可以自如摆放到文档中任意位置。

其中五角星较多,可以采用"复制"来完成,具体方法如下:

第 1 步:利用控制句柄缩放五角星形状(Shift 键同时按下可以保持对称),并且旋转至合适大小。

第 2 步:按住 Ctrl 键拖拽复制一颗五星。

第 3 步:按住 Shift 键,然后用鼠标分别单击,同时选定多颗五星,此时,所有选中的图形对象,周围都有控制句柄。再按 Ctrl 键拖拽,此时的光标带了一个"＋"号,则复制多颗五星。

第 4 步:把五角星根据效果图摆好位置,如果希望同时移动,则同样利用 Shift 键多选,再拖动即可。

7) 图形对象的组合

在文字处理中有时需要将多个对象组合起来,比如将文本框、图片、图形等组合起来,构成一个图形对象方便操作。例如绘制的流程图,在本例中前边插入的艺术字、图片、形状等对象就都可以组合成一个对象,这个对象作为一个整体来进行设置。以免误操作或是增加不必要的工作量。以本项目版面为例,具体操作步骤如下。

按下 Shift 键,单击前述摆好位置的各个组合对象,此时多个对象被选中,右击,在打开的快捷菜单中选择"组合|组合"。如图 3.81 所示。

图 3.81　对象的组合

此时这些对象就可作为一个整体进行编辑了。如图 3.82 所示。

组合图形对象后,若要取消图形对象的组合,恢复作为单个对象,可以首先选择组合的图形对象,然后右键单击,在打开的快捷菜单中选择"组合|取消组合"即可。

图 3.82　对象组合后效果

8）使用文本框

文本框是 WPS 提供一个用于文档修饰和版面编辑的非常有用的工具。灵活使用 WPS 文字的文本框对象，可以将文字和其他图形、图片、表格等对象定位于页面的任意位置，可以方便地进行图文混排。利用"链接"的文本框可以使不同的文本框中的内容自动衔接上，当改变其中一个文本框大小时，其他文本框中的内容自动进行调整。

2014 年巴西世界杯吉祥物

国际足联和巴西世界杯组委会当地时间 16 日在巴西环球电视台晚间一档节目中正式揭晓了 2014 巴西世界杯的吉祥物——一只犰狳。

这只犰狳头部带有蓝色甲壳，背部和尾部亦为蓝色，脸部和四肢为黄色，身穿带有"巴西 2014"字样的白色 T 恤以及一条绿色短裤，让人联想到巴西国旗的颜色搭配。

犰狳是生活在巴西内陆地区的一种濒危物种，在厥受到外部

图 3.83　在文档中插入文本框

（1）插入文本框

如果要在文档的任意位置插入文本，可以绘制一个文本框，在文档中可以插入横排文本框和竖排文本框。具体操作步骤如下：

第 1 步：在"插入"选项卡上选择"文本框"下拉列表中，选择"横向文本框"或者"竖向文本框"和"多行文字"文本框。

第 2 步：将十字光标移到页面的适当位置（如左上角），按住鼠标左键向右下角拖动，拖动过程中显示一个虚线框表明文本框的大小。

第 3 步：当文本框的大小合适后，释放鼠标左键。此时，就可以在文本框中输入内容了。这里复制素材文件"2014 年巴西世界杯吉祥物. doc"文件中的文字及图片至文本框中，并设置文字及图片。效果如图 3.83 所示。

第 4 步：文本框的选定，大小的设置及环绕方式的设置同上述图形对象。

（2）设置文本框的边框

默认文本框都有黑色的边框线，白色的底纹，在页面中打补丁一样显得很突兀。因此，所有文本框，都右击，在快捷菜单中选择"设置对象格式　设置对象格式(O)..."命令，在弹出的对话框"颜色与线条"标签中，设置"无填充颜色，无线条颜色"，如图 3.84 所示。此时文本框依旧起作用，但看上去却跟背景融为一体了。

图 3.84　设置文本框线条颜色

➤➤➤ 知识拓展

1）在自选图形中添加文字

用户可在自选图形中添加文字，具体操作步骤如下：

第 1 步：选择"插入|形状|星与旗帜|爆炸形 1"，拖出一个爆米花的形状，选中此对象，拖出合适大小。

第 2 步：右击要添加文字的形状，在弹出的快捷菜单中选择"添加文字"命令，此时插入点出现在图形的内部。

第 3 步：输入所需的文字，并且可以对文字正常排版，结果如图 3.85 所示。

图 3.85　自选图形中添加文字

2）链接文本框

文本框的链接，经常用于报纸、刊物一类编辑中的版式控制。它可以在两个文本框之间建立文字流的关系，即第一个文本框中输入内容填满后，自动流至下一个文本框。反之，第一个文本框中删除了部分内容，则下一个文本框中的内容将回填。

如果要在文本框之间创建链接关系，可以按照下述步骤进行操作：

（1）利用插入文本框功能，在文档中不同位置创建两个文本框。

（2）在第一个文本框中输入内容，并使其超出框的范围。

（3）右击第一个文本框，在弹出的快捷菜单中选择"创建文本框链接"，鼠标指针变成"杯"  形。

（4）移动"杯"形光标至空白文本框区，"杯"形光标变成倾斜状 ，单击后即可创建链接。第一个文本框中的超范围文字将自动转入下一个文本框中。

（5）单击"绘图工具"选项卡中的"前一文本框 "或"下一文本框 "按钮，可以使插入点在两个文本框之间切换。

（6）选择第一个文本框，单击"绘图工具"选项卡中的"断开向前链接" ，即可取消文本框链接。

3）文本框中图片的文字绕排

在本项目中，插入的图片都是嵌入式的，只能上下排列，如何使得图片在文本框中也能设置不同的环绕方式呢？WPS 文字可以轻松解决这个难题，具体操作步骤如下：

（1）这时需要先对排在底层的，即之前插入的文本框进行设置。双击该文本框的边框，打开"设置对象格式"对话框，选择"文本框"选项卡，如图 3.86 所示勾选"允许文字绕排外部对象"复选框，单击"确定"按钮，完成设置。

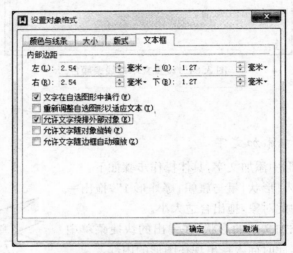

图 3.86 "设置对象格式"选项卡

（2）双击要插入的图片对象，将"版式"文字环绕方式设置为"四周型"，并设置"环绕文字"位置及"距正文"上下左右距离。如图 3.87 所示。

（3）此时将图片拖入文本框中，图片和文字就可以绕排了，效果如图 3.88 所示。

图 3.87 图片文字环绕方式

2014 年巴西世界杯吉祥物

国际足联和巴西世界杯组委会当地时间16日在巴西环球电视台晚间一档节目中正式揭晓了 2014 巴西世界杯的吉祥物———一只犰狳。

这只犰狳头部带有蓝色甲壳，背部和尾部亦为蓝色，脸部和四肢为黄色，身穿带有"巴西 2014"字样的白色 T 恤以及一条绿色短裤，让人联想到巴西国旗的颜色搭配。

图 3.88 文本框中图片文字环绕效果

3.4　WPS 邮件合并

在实际工作中,常常需要编辑大量格式一致、数据字段相同,但内容不同且每条记录需单独成文的文件。利用 WPS 文字提供的"邮件合并"功能,可以快速处理这一类特殊的文档,大大提高工作效率。

邮件合并——在 WPS Office 中,先要建立两个文档:一个包括所有文件共有内容的主文档"××. doc"(比如"未填写的信封. doc""未填写的获奖证书. doc""成绩单模板. doc"等)和一个包括变化信息的数据源"××. xls"("填写的收件人. xls""发件人. xls""邮编. xls""成绩表. xls"等),然后使用邮件合并功能在主文档中插入变化的信息,合成后的文件用户可以保存为". doc"文档,可以"批量"打印出来,也可以以邮件形式"批量"发出去。

▶▶▶ 项目应用领域

- 批量打印信封:按统一的格式,将电子表格中的邮编、收件人地址和收件人打印出来。
- 批量打印信件:主要是换从电子表格中调用收件人,换一下称呼,信件内容基本固定不变。
- 批量打印请柬:同上。
- 批量打印工资条:从电子表格(. xls)调用数据。
- 批量打印个人简历:从电子表格中调用不同字段数据,每人一页,对应不同信息。
- 批量打印学生成绩单:从电子表格(. xls)成绩中取出个人信息,并设置评语字段,编写不同评语。
- 批量打印各类获奖证书:在电子表格中设置姓名、获奖名称等资信,在 WPS 中设置打印格式,可以打印众多证书。
- 批量打印准考证、明信片、信封等个人报表。

总之,只要有数据源(电子表格、数据库)等,只要是一个标准的二维数表,就可以很方便地按一个记录一页的方式从 WPS 中用邮件合并功能打印出来!

▶▶▶ 项目实施

WPS 文字中利用"邮件合并"功能批量打印成绩单的具体操作。

注:本操作是在 WPS 2013 清新蓝界面下进行的,当然其他界面如"2012 风格、经典风格"亦可完成本操作,只是主菜单和各功能键布局不同而已,操作时请根据各自的习惯换肤█。

先建立"内容相同"的主文档"主文档学生成绩单. doc",在具体录入、编辑过程中,可利用前述所学内容插入图片、文本框、艺术字等图文混排效果,使文档更加美观。亦可选择模板素材中的"成绩单模板. doc"复制到当前文档中。

第 1 步:双击 WPS 文字图标█,再单击屏幕右上方"新建空白文档"按钮 新建空白文档 。

第 2 步:进行"页面设置"——事先规划好成绩通知单的大小,具体方法可先用尺量一下样卡的长和宽。基于正确的页面布局排版,更为直观。

单击"页面布局"下的"纸张大小"按钮，在下拉列表中选取 16 开(183mm×259mm)，并输入学生成绩通知单的有关内容，如图 3.89 所示。

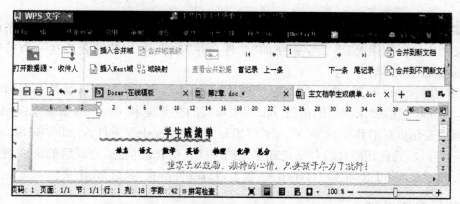

图 3.89　"主文档学生成绩单.doc"界面示例

第 3 步：准备数据源。"邮件合并"时，需提取外部数据源的内容输出(调入、插入)到成绩单中。学校事先已经有每个学生的考试成绩，放在一个叫"学生成绩单.xls"的 ET 文件中(电子表格)。

若没有外部数据源，则可利用"WPS 表格"功能新建一个，该数据源必须包含每个学生的：姓名、语文、数学、英语、物理、化学、总分等需提取的信息。其表格内容如图 3.90 所示。(WPS 表格的生成请参阅第 4 章)

	A	B	C	D	E	F	G
1	姓名	语文	数学	英语	物理	化学	总分
2	黄沁康	88	92	89	78	82	429
3	陈　西	78	87	79	69	73	386
4	莫须有	65	76	68	57	69	335
5	赵亮亮	78	95	62	73	56	364
6							

图 3.90　电子表格"学生成绩单.xls"界面示例

第 4 步：创建数据链接——即将"主文档学生成绩单.doc"与"学生成绩单.xls"关联起来。

在打开"主文档学生成绩单.doc"前提下，单击"引用"选项卡下的"邮件"按钮。

单击"打开数据源"选项下的"打开数据源"按钮　打开数据源(E)，选择创建的 ET 表"学生成绩单.xls"，选择其中存放学生信息的工作表"Sheet1 $"，确定。此时数据源已经被链接上来。如图 3.91 所示。

在需要链接"姓名"域的位置(即将光标定位到"姓名"的右侧)，单击"插入合并域"按钮插入合并域，弹出如图 3.92 所示"插入域"对话框，选择对应的"姓名"域插入，此时文本框内出现"黄沁康"，实现对数据表中"姓名"列值的引用。如图 3.92 所示。

用同样的操作方法将"学生成绩单.xls"的数据全部调入"主文档学生成绩单.doc"中。

第 5 步：单击"查看合并数据"按钮查看合并数据，可以看到合并后的效果，如图 3.93 所示。

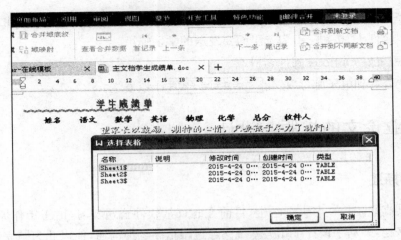

图 3.91　"创建数据链接"的操作过程

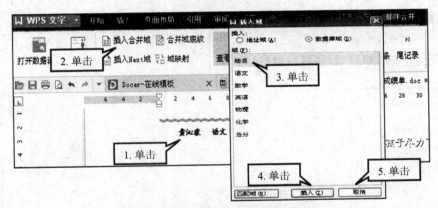

图 3.92　数据表中"姓名"列值被引用的操作过程

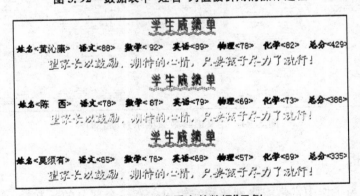

图 3.93　"查看合并数据"示例

第 6 步：输出和打印——最后如果你想每个学生生成一份文档，单击"合并到不同新文档"按钮 合并到不同新文档 。如果希望生成一份文档，里面每一页是不同学生的成绩单，可单击"合并到新文档"按钮 合并到新文档 。如果希望直接打印出来单击"合并到打印机"按钮 合并到打印机 。

第 7 步：如果想直接发送邮件给各个学生及家长，你可以这样做。

① 在"学生成绩单. xls"表中增加一列"学生邮箱"将每个学生的邮箱都填上。

② 单击"收件人"按钮▣，勾选里面要发送的学生邮箱。

③ 电脑配置好 Outlook 邮件客户端。

④ 单击"合并到电子邮件"按钮▣ 合并到电子邮件 予以发送。

3.5　毕业论文的排版与设计

▶▶▶ 项目描述

小袁是某高职院校一名大三学生，目前在北京某软件公司实习，由于工作原因，对影视方面非常有兴趣，并动手设计了相关系统。经过跟指导老师沟通，他以此为题完成了论文内容的书写。接下来，他将用 WPS 文字 2013 对论文进行排版。排版基本格式依据系里公布的毕业论文格式要求。

经过技术分析，小袁按要求完成了排版，并在老师指导下，做了进一步细化，终于提交了一篇合格论文，效果如图 3.94 所示。

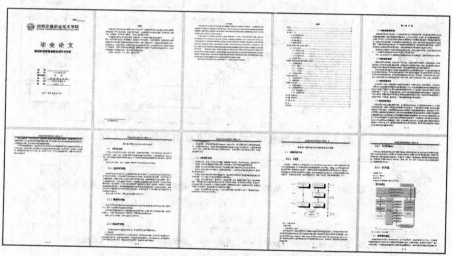

图 3.94　论文最终效果图示意(局部)

▶▶▶ 技术分析

在日常生活与工作中常常需要创建和编辑包含有多个部分的长文档，要很好地组织和维护较长文档就成了一个重要的问题。对于一个含有几万字，甚至几十万上百万的文档，如果用普通的编辑方法，在对某一部分内容作修改和补充都将是非常费劲的。如果这个文档是由几个人来共同编辑完成，那将造成更大混乱。

WPS 提供了一系列编辑较长文档的功能，正确地使用这些功能，组织和维护长文档就会变得得心应手，长文档就会变得非常有条理。

分析格式要求，本项目用到的关键技术为：

- 通过"页面设置"对话框,进行纸张类型,页边距等的设置。
- 通过"分节符"设置不同节不同格式。
- 通过"样式",快速创建及应用各类样式。
- 通过"目录",为文档自动生成目录。
- 通过"页眉与页脚"选项卡,可设计不同章节使用不同的页眉页脚效果。
- 通过"题注"及"交叉引用",可为图片和表格添加标签,实现交叉引用。参考文献的引用,也可以利用"交叉引用"。

▶▶▶ 项目实施

1) 论文页面设置

由于已事先规定了有关页面的一些设置要求,并且整篇文档应用同样的效果,为了便于管理,可首先进行页面设置,可直观查看页面中的布局排版是否合理,避免事后修改。插入素材文件中的"毕业论文无格式文本.doc"。

单击"页面布局"选项卡下的"页面设置"按钮▣(或双击标尺栏),在弹出的"页面设置"对话框中,按如下格式要求,分别进行设置。

纸张:A4 纸(297 mm×210 mm)。

页边距:(上)20 mm,(下)15 mm,(左)25 mm,(右)20 mm。

版式:首页不同;页眉页脚距边界:14 mm。

应用于:整篇文档。

其余均按缺省设置。

2) 定制选项

由于缺省时,格式标记只显示"段落标记",其他诸如"分节符、分页符"等是不可打印字符,默认情况下在"页面视图"中不显示,因而也无法进行编辑,WPS 允许对环境进行个性化的定制。

单击"WPS 文字|工具|选项",以打开"选项"对话框。在这里可自定义 WPS 设置及首选项,如图 3.95 所示。

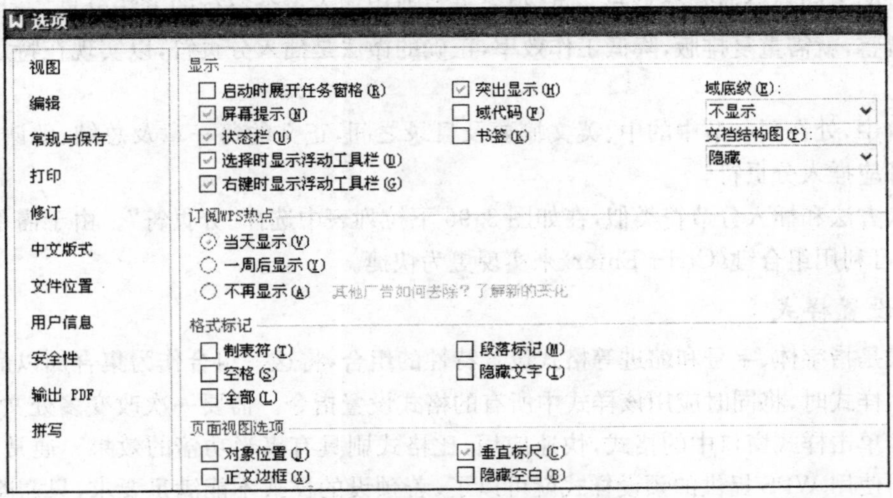

图 3.95　WPS 选项设置

此例中，将"视图"下的"格式标记"勾选"全部"，则空格、分页符、分节符等在页面视图中将显示出来，并可进行编辑。利用"开始"选项卡下的"段落"组中"显/隐编辑标记 ![icon] / ![icon]"按钮设置则更为简便。

3）设置分节符和分页符

（1）设置分节符

缺省状态下，整篇文档相当于一个"节"，此时版式和格式的设置是针对整篇文档的。用户如需改变文档中一个或多个页面的版式或格式，可以使用分节符。分成不同的节后，就能针对不同的节分别进行设置。

此例中，按要求在以下位置插入分节符。

· "封面"无需标注页码和页眉，与"摘要"页之间插入分节符。

· "摘要、英文摘要和目录"，无需页眉，但要在"页脚"处设置"大写罗马字符"的页码，则"目录"页与正文之间插入分节符。

因此，文档最后插入两个分节符，分成了 3 个节分别进行设置。由于封面和目录还未插入，此时只需在英文摘要和正文之间插入一个分节符。

第 1 步：将插入点定位于插入分节符处，例如"第一章 引言"最前边。

第 2 步：选择"插入"选项卡下的"分隔符"命令，在如图 3.96 所示"分页符"和"下一页分节符"两类分隔方式中，选择"下一页分节符"。此时效果，既将这两页分处不同节，又将它们分成不同页。

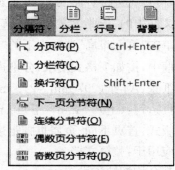

图 3.96　添加分节符

说明：剩下的分节，等封面和目录插入进来后，用同样的方式对它们进行设置。如果要取消分节，只需删除分节符即可。由于前一步进行了设置，此时分节符可见，只需选中分节符，按"Delete"键即可，并使分节符前后的两节合并为一节。

（2）设置分页符

文章的不同部分通常会另起一页，很多人习惯用加入多个空行的方法分页，一旦文章内容做了调整，就需重复排版，降低工作效率，正确的做法是插入分页符，以实现在特定位置手工分页。

此例中，处在同一节中的中、英文摘要及目录之间，正文的每一章及总结、致谢、参考文献之间都应插入分页符。

插入方法和插入分节符类似，在如图 3.96 下拉列表中选择"分页符"。由于需手工分页处较多，可利用组合键〈Ctrl＋Enter〉来实现更为快捷。

4）设置样式

样式是指字体、字号和缩进等格式设置特性的组合，将这一组合作为集合加以命名和存储。应用样式时，将同时应用该样式中所有的格式设置指令。需要一次改变多处文本，可选取后直接单击样式窗口中的格式，快速应用，比格式刷具有事半功倍的效果。通常情况下，用户只需使用 WPS 提供的预设样式就可以了，若预设的样式不能满足要求，只需略加修改即可。

　　根据学校"毕业论文格式"的要求,需要对正文章节分三级标题,这就说明对不同标题段落需要进行相同的排版工作,如果只是利用字体格式编排和段落格式编排功能,不但很费时间,而且还很难使文档格式一直保持一致。这时,就需要建立样式来实现这些功能。并能通过设置样式快速生成目录。

　　(1) 设置正文样式

　　此时文章没进行任何格式设定,所有文字都使用"正文"样式,根据要求,修改正文样式。步骤为:

　　第 1 步:插入点置于文中任意位置,单击最右边任务窗格上的"样式和格式"按钮，或在"开始"选项卡下,单击" "按钮右下角的"新样式"按钮,打开如图 3.97 所示的"样式和格式"任务窗格。

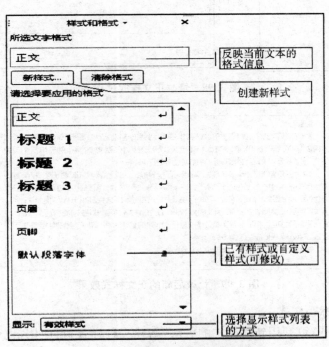

图 3.97　"样式和格式"任务窗格

　　第 2 步:选择当前"正文"样式下拉列表中的"修改",进入"修改样式"对话框,因正文字体符合要求,选择"格式"下拉列表中的"段落",设置"首行缩进:2 字符",操作过程如图 3.98 所示。

　　此时,文档中所有段落都自动"首行缩进"了 2 个汉字,所有文字字体为宋体,字号为五号字。修改后应用了新的正文样式效果,如图 3.99 所示。

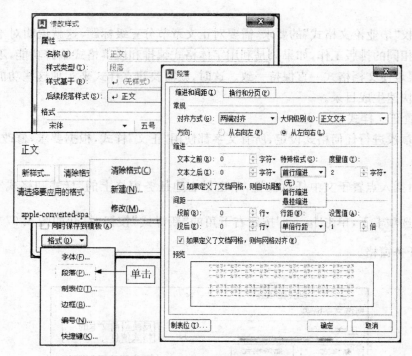

图 3.98　修改正文样式过程

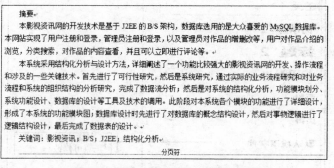

图 3.99　修改后新的正文样式效果

（2）设置三级标题样式

三级标题的样式，可利用新建样式的方法，新建三种样式，再应用，也可以在 WPS 预设的三级标题基础上进行修改。

本例切换到"大纲视图"下设置，可以迅速了解文档的结构和内容梗概。其中，文档标题和正文文字被分级显示出来，根据需要，一部分的标题和正文可以被暂时隐藏起来，以突出文档的总体结构。

启用大纲视图的方法：

• 在"视图"选项卡上的"文档视图"组中，单击"大纲"按钮 。

• 单击 WPS 文字界面右下角的"大纲"按钮 。

以设置一级标题为例，进入大纲视图后，弹出如图 3.100 所示"大纲"工具。

选择标题"摘要"，单击" 提升到标题 1"按钮，则此标题自动应用"WPS 标题 1"的样式,级别 1 级。如图 3.101 所示。利用 Ctrl＋选定大标题(即章名,最高一级),如法炮制,将所有章名设为标题 1。

　　设置完毕后,在如图 3.101 所示工具组中,选择"显示级别 1"，则文章内容只有标题 1(第一级)显示出来,如图 3.102 所示。

图 3.100　大纲工具组

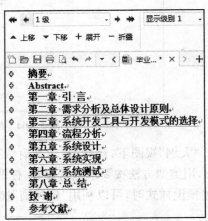

图 3.102　1 级标题显示及修改结果

图 3.101　提升到 1 级标题

　　同正文样式的修改方法,选定其中任意一标题 1 中文字,如"摘要"。此时样式自动显示为"标题 1",单击下拉列表框,选择"修改…",将标题 1 样式按要求改为"黑体,四号,加粗,颜色自动,居中",段落"特殊格式"设为"无特殊格式"(这是因为正文设置中,段落都首行缩进了 2 字符,而此时大标题如需"居中",再有首行缩进效果,实际就会靠右 2 字符,因此要取消特殊格式)。标题 1 修改样式对话框如图 3.103 所示。

图 3.103　标题 1 修改样式的设置

　　确定后,此时所有 1 级标题按新样式呈现。读者可以"预览"一下,对比正文样式修改后效果图,此时的大标题,统一应用了修改后新标题 1 样式。如图 3.104 所示。

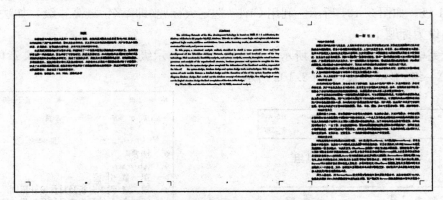

图 3.104　修改后的新标题 1 样式效果图

　　"大纲"视图下,选择"显示所有级别"后,节名 1.1 和小节名 1.1.1 等,对应标题 2 和标题 3,用类似方法按要求进行设置(标题 2 对齐方式为"两端对齐")。由于这部分内容较多,设置预设样式时,可以利用"格式刷"加快进度。

图 3.105　显示设置好的 3 级标题效果

　　最后,选择"显示级别 3",效果如图 3.105 所示。检查 3 级标题是否设置正确,若有错误或遗漏,可以利用大纲工具中的"提升"或"降低"级别按钮来设置。

　　回到页面视图,排版后局部效果如图 3.106 所示。

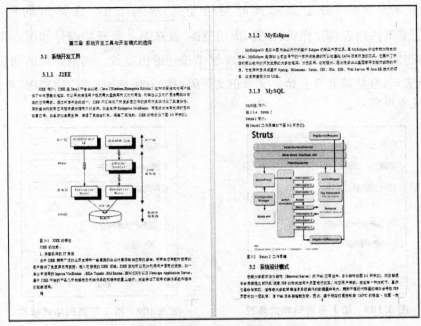

图 3.106　三级标题样式设置完毕效果图(局部)

5) 设置页码

通过设置页码可以对多页文档的每一页进行编号。用户可以手工插入分页符,设定不同的页码格式,还可以根据需要为当前文档指定起始页码。通过在页眉或页脚中插入页码,可以对文档中的各页进行编号。页码一般显示在页脚或页眉中,此例要求,"摘要、英文摘要和目录"页,要在"页脚"处使用"大写罗马字符"的页码,由于之前已经在此插入了分节符,因而可以分别进行设置。在插入页码时,可以选择页码的格式,具体操作步骤如下。

第 1 步:将插入点放置在第一节(此时只有中、英文摘要两页)任一页中,单击"插入"选项卡下的"页码" 下拉列表,选择"页脚中间"的样式。如图 3.107 所示。

图 3.107　插入页码下拉选项

第 2 步：在"页脚"处会显示此时是位于" 页脚 - 第1节 - "，在弹出的选项中选择
" 修改页码 "下拉列表，将"样式、位置、应用范围"及从第 2 页开始编号如图 3.108 所示进行设置。单击"页眉和页脚"选项下的"关闭 [图] "按钮退出设置。则第一节的两页此时用大写罗马字符表示，且从第 Ⅱ 页开始。文章正文页码设置方法相同。"应用范围"可选"本页及之后"如图 3.109 所示。

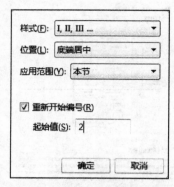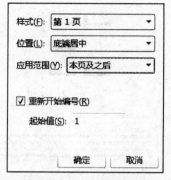

图 3.108　第 1 节页码样式修改　　　图 3.109　第 2 节页码格式修改

设置完毕后，这 2 节分别用不同的页码格式对页面进行编号了。设置效果如图 3.110 所示。

图 3.110　不同页码格式设置后效果

6）自动生成目录

目录是文档中标题的列表，可以通过目录来浏览文档中的所有主题，通常是一篇长文档中不可缺少的部分。有了目录，用户就能很容易地知道文档中有什么内容，文档的基本结构，如何查找定位内容等。使用自动目录的三大优点。

- 避免手工编制目录的繁琐和容易出错的缺陷。
- 当文档修改使得页码变动时，可以实现目录的自动更新。
- 用户可方便地链接跟踪定位。利用〈Ctrl＋鼠标左击〉。

生成目录的一般步骤如下。

步骤 1：设置好需要提取到目录中的标题样式。如前述，三级标题样式已设置，确定各章节的章节名称，以及该章节名称在此章中的样式标题级别。相应显示页码也已设置。

步骤 2：单击要插入目录的位置。此例为英文摘要页的"分节符"前，因为"目录"与其属同一节。

步骤 3：单击"引用"选项卡下的"插入目录"按钮，在弹出的如图 3.111 所示"目录"对话框，直接单击"确定"按钮，系统按三级标题建立了目录。如需做细节调整，可单击"选项"进行。

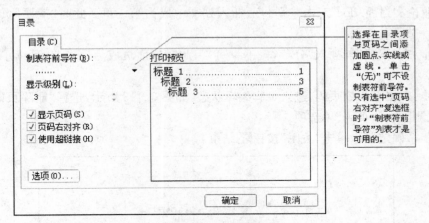

选择在目录项与页码之间添加圆点、实线或虚线。单击"(无)"可不设制表符前导符。只有选中"页码右对齐"复选框时，"制表符前导符"列表才是可用的。

图 3.111　创建目录对话框

步骤 4：在新生成的目录前按〈Ctrl＋Enter〉组合键，使目录另起一页，输入文本"目录"，并应用一级标题样式。选中整个目录文本，对其字体、字号按需设置。效果如图 3.112 所示。

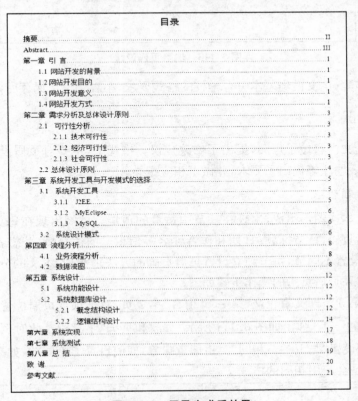

图 3.112　目录生成后效果

7）插入封面文件

此时文章大体编排已成,可将论文"封面"模板插入与其他部分合并。步骤为:

第 1 步:利用〈Ctrl＋Home〉组合键定位到文件头。

第 2 步:在左上角的"应用程序 W WPS 文字 ▾"菜单中,选择"插入│文件…",选择配套素材"WPS 毕业论文封面.doc"双击。则封面插入到文中成为第一页。此时"摘要"页和"封面"页共处同一节,同一页。

第 3 步:在"摘要"前插入"分节符(下一页)",此时封面页成为第 1 节,延续了第 2 节的页码格式。

第 4 步:双击页脚处页码,进入页脚编辑状态,如图 3.113 所示,选择"删除页码"下拉列表中的"仅删除本节页码"单选项。

第 5 步:"确定"后,单击"关闭"按钮 X 结束。

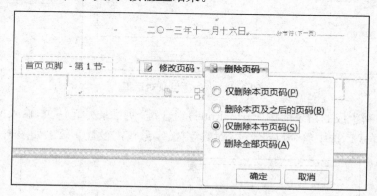

图 3.113　删除页码设置

通过上述步骤,论文已经基本符合学校的格式要求,小袁将论文保存后,发给了李老师。

▶▶▶ **相关知识**

李老师对论文内容做了审阅,提出了修改建议。格式上,主要对页眉设置、参考文献引用、文中引用图表题注等提出了要求,并做了相应指导。

1）页眉的制作

页眉可由文本或图形组成,出现在一节中每页的顶端。页脚出现在每页的底端。页眉和页脚经常包括页码、章节标题、日期和作者姓名等信息。前述分析,若想各章节页眉等版面不同,可通过设置不同节,每节独立设置页眉页脚的方法来实现,本文的分节任务已完成。分别设置不同效果页眉页脚的操作步骤如下。

第 1 步:在第 3 节即文章正文"第一章 引言"第 2 页,双击顶部页眉位置,或单击"插入│页眉和页脚"按钮 ▭。弹出如图 3.114 所示"页眉和页脚"工具栏。此时页眉右边显示,缺省页眉和页脚的设置"与上一节相同"。也即意味着,即使设置了不同节,如果用户不作细节设置,不同节还是会应用相同的格式。

　　　　　　　　　　　图 3.114　"页眉和页脚"工具栏

第 2 步：在图 3.114 中单击"同前节"，取消与上一节的链接，此时设置的页眉效果，将不会和上一节，即第 1,2 节的封面目录关联。

第 3 步：输入"论文名＋作者姓名"，文字格式设置为"字体：宋体，字号：5 号，对齐方式：居中"，单击"关闭"按钮，完成。

第 4 步：由于第一章第 1 页也无需页眉，可以单击工具栏上的"选项"按钮，在如图 3.115 所示"页眉/页脚设置"对话框设置"页面不同设置—首页不同"或进入"页面设置|版式"设置"页眉和页脚—首页不同"。

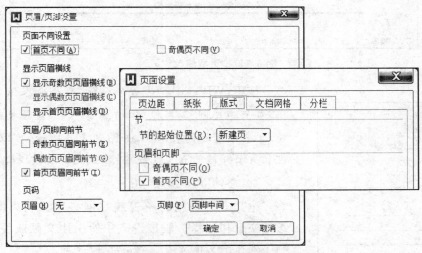

图 3.115　设置页眉和页脚"首页不同"

第 5 步：页眉文字下的水平线的设置和删除。此效果的要点在于，设置和取消段落的边框线。单击"WPS 文字|格式|边框和底纹"，在如图 3.116 所示"边框和底纹"对话框中，自定义线型、宽度后，在"预览"栏最下方单击。注意此时应用于"段落"。

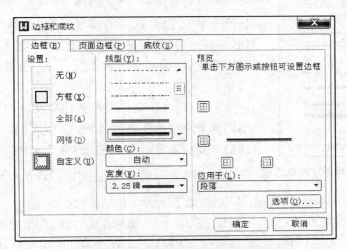

图 3.116　页眉文字下方水平线设置

第 6 步：单击"关闭"按钮退出。页眉修改效果如图 3.117 所示。

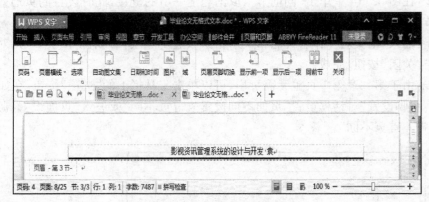

图 3.117   页眉修改效果

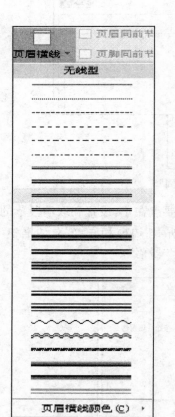

图 3.118   页眉横线下拉列表选项

技巧：WPS 2013 最新个人版，有个令人惊喜的改变，在"页眉和页脚"工具栏中，增加了一个"页眉横线" 功能，单击此下拉列表选项，如图 3.118 所示，可以很方便地设置页眉横线的有无及线型，甚至是页眉横线的颜色。

2）参考文献的引用

论文中所引用的图表或数据必须注明来源和出处。参考文献和注释一般按论文中所引用文献或注释编号的顺序列在论文正文之后，参考文献之前。

此例采用交叉引用的方法，具体操作步骤如下。

第 1 步：利用"项目符号和编号"为参考文献添加编号。选定需要添加编号的所有参考文献内容，单击"开始"选项卡下的"段落"组中"编号格式"按钮 下的"其他编号"，任选一种阿拉伯数字的编号类型后，单击"自定义…"按钮，在弹出的"自定义编号列表"对话框中进行如图 3.119 所示设置，将编号格式加上"[ ]"（一般参考文献的编号格式）。

第 2 步：在正文引用位置建立交叉引用。插入点放在引用参考文献的文字内容处，如"摘要"第 1 句"本影视资讯网的开发技术是基于 J2EE 的 B/S 架构"后，选择"引用|交叉引用"按钮 ，在"交叉引用"对话框中，选择"引用类型"为"编号项"，"引用内容"为"段落编号（无上下文）"。如图 3.120 所示。

第 3 步：此时文献引用已标注，且能利用〈Ctrl＋鼠标左击〉定位到对应参考文献编号。

第 4 步：将文中的引用编号如"[2]"等，设为上标。方法为选中编号后，单击"开始"选项卡下的"上标 "按钮，或是快捷键〈Ctrl＋Shift＋＝〉，效果如图 3.121 所示。

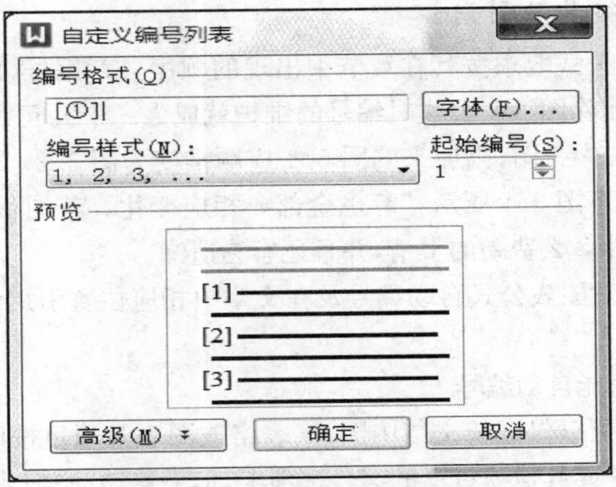

图 3.119　为参考文献添加编号

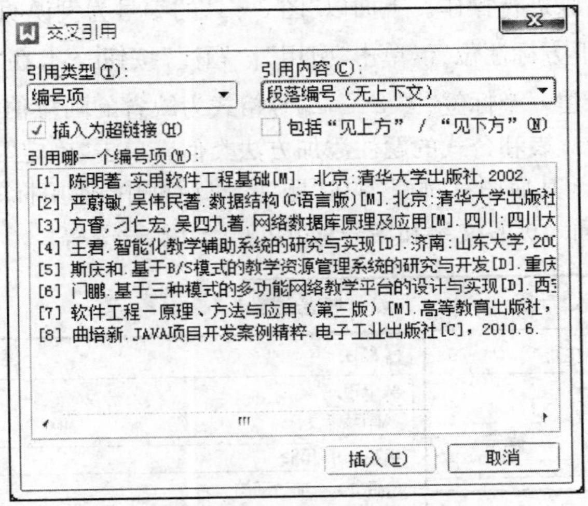

图 3.120　交叉引用参考文献

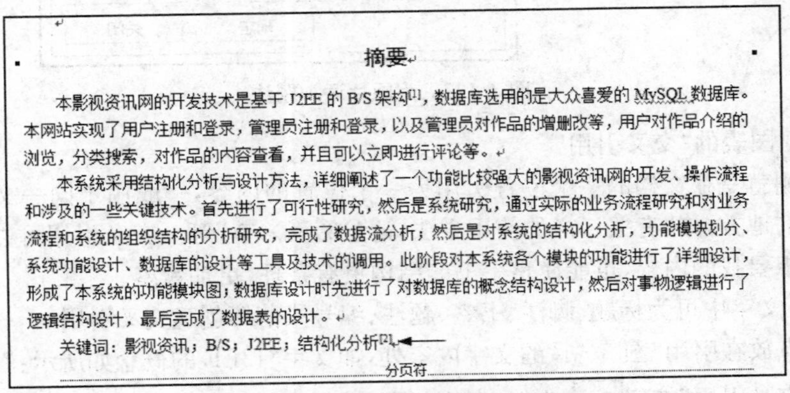

摘要

　　本影视资讯网的开发技术是基于 J2EE 的 B/S 架构[1]，数据库选用的是大众喜爱的 MySQL 数据库。本网站实现了用户注册和登录，管理员注册和登录，以及管理员对作品的增删改等，用户对作品介绍的浏览，分类搜索，对作品的内容查看，并且可以立即进行评论等。

　　本系统采用结构化分析与设计方法，详细阐述了一个功能比较强大的影视资讯网的开发、操作流程和涉及的一些关键技术。首先进行了可行性研究，然后是系统研究，通过实际的业务流程研究和对业务流程和系统的组织结构的分析研究，完成了数据流分析；然后是对系统的结构化分析，功能模块划分、系统功能设计、数据库的设计等工具及技术的调用。此阶段对本系统各个模块的功能进行了详细设计，形成了本系统的功能模块图；数据库设计时先进行了对数据库的概念结构设计，然后对事物逻辑进行了逻辑结构设计，最后完成了数据表的设计。

　　关键词：影视资讯；B/S；J2EE；结构化分析[1]　←——

分页符

图 3.121　参考文献文中引用效果

3) 图表的自动编号及引用

在论文中,图表和公式要求按其在章节中出现的顺序分章编号,例如图 1.1,表 3.1,公式 3.4 等。在插入或删除图、表、公式时编号的维护就成为一个大问题。如若在第二章的第一张图(图 3.1)前插入一张图,则原来的图 3.1 应顺推变为图 3.2,文档中对这些编号的引用,如"J2EE 的概念如下图 3.1 所示:"等也全部要相应变化。若图很多,引用也很多,手工修改这些编号将是一件多么费劲的事情,并且还容易遗漏。

WPS 能轻松实现对图表公式自动编号及在文章中相应位置引用,并在编号改变时能自动更新。

(1) 使用"题注"功能自动编号

使用"题注"功能,可以保证长文档中图片、表格或图表等项目按照顺序自动编号。"题注"是添加到表格、图片或其他项目上的编号选项卡,如果移动、添加或删除带题注的某个项目,则 WPS 文字将自动更新题注的编号。如果要为已有的表格、图表、公式或其他项目添加题注,可以按照下述步骤进行操作。下面以"图 3-1"的编号为例说明具体的做法。

选择第一张图片下方标注位置,单击"引用"|"题注"按钮,在"题注"对话框中,单击"新建标签…"按钮,新建一个标签"图 3-",编号格式为缺省的阿拉伯数字,位置为所选项目下方,如图 3.122 所示。表和公式的题注添加方法类似。单击"确定"按钮后,第一张图片下方就插入了"图 3-1"。其后图片都只需在"题注"对话框中,使用标签"图 3-",再单击"确定"按钮,则图片自动插入标签文字和序号,如图 3-2,图 3-3 等。

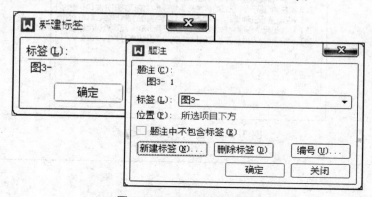

图 3.122　为图片添加题注

(2) 创建图表的"交叉引用"

交叉引用就是在文档的一个位置引用另一个位置的内容,一般用于同一文档中需要互相引用内容的地方,如"有关××的使用方法,请参阅第×节"等。交叉引用可以使用户能够尽快地找到想要找的内容,也能使整个书的结构更有条理,更加紧凑。

在 WPS 文字中可为标题、脚注、书签、题注、编号段落等创建交叉引用。

将插入点放在引用"图 3-1"的文字内容处,如文字"J2EE 的概念如所示:"的"如"字后,选择"引用|交叉引用"按钮,在"交叉引用"对话框中,选择"引用类型"为"图 3-1"标签,"引用内容"为"只有标签和编号"。如图 3.123 所示。此时,文字会变成"J2EE 的概念如图 3-1 所示:"同样的方法,将文中所有利用"题注"标记的图或表的编号插入文章中相应引

用位置。

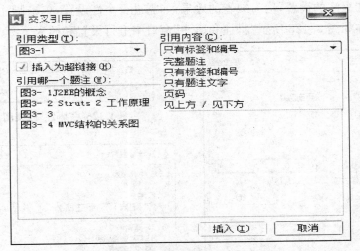

图 3.123　为图表题注建立交叉引用

（3）利用"样式"，将"题注"样式修改为"黑体，10 磅，居中对齐，无特殊格式，单倍行距"，则此后插入的所有图片自动使用这个样式。

（4）若有删除和插入新图，利用〈Ctrl＋A〉组合键选中全文，按 F9 键或右击选择"更新域"，在如图 3.124 所示"更新目录"对话框选择"只更新页码"，即可更新所有编号及其在文中的引用，也包括更新变动了的目录页码。

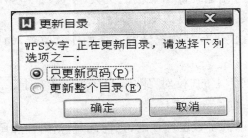

图 3.124　更新目录对话框

至此，小袁圆满完成了毕业论文的排版与设计。

▶▶▶ 技能提升

1）脚注与尾注的设置

脚注一般位于页面的底部，可作为文档某处内容的注释；尾注一般位于文档的末尾，列出引文的出处等。脚注由两个关联的部分组成，包括注释引用标记和其对应的注释文本。插入脚注的步骤如下：

步骤 1：选定论文"摘要"中文本"影视资讯网"，单击"引用|插入脚注"按钮 AB，光标自动跳至本页的最底端，等待用户输入脚注的内容。

输入脚注的内容"此影视网站网址为"，编号格式等均采用默认值。尾注的设置类似。

步骤2：光标停在注释引用标记处，则显示对应的注释文本，效果如图3.125所示。

此时脚注和尾注的设置，均为缺省的效果，如需进行个性设置，单击脚注尾注组中的"旧有工具"按钮，在如图3.126所示"脚注和尾注"窗口中进行设置和插入。

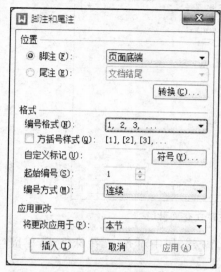

图3.125　"脚注"效果图

图3.126　"脚注和尾注"窗口

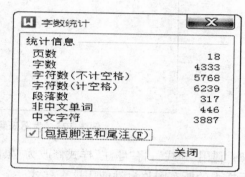

图3.127　字数统计

2）字数统计

统计字数功能可以很方便地统计出文档的页数、字数、计空格和不计空格的字符数、段落数、非中文单词数和中文字符数，具体操作步骤如下：

第1步：将光标定位在要进行字数统计的文档的任意位置，如果要统计某一段的字数，则选择该段。

第2步：在"审阅"选项卡上的"校对"组中，单击"字数统计 字数统计"按钮，在打开"字数统计"对话框，即可看到结果，如图3.127所示。

如果将"脚注"和"尾注"的字数也算在内，则勾选"包括脚注和尾注"复选框。

第3步：单击"关闭"按钮完成统计。

3）插入公式

为方便用户在编辑文字文档时进行简单的数据运算，利用简单的函数和计算公式快速实现数据统计和分析。WPS文字中添加了计算域，实现了在文档中快速批量添加计算公式，从而提高工作的效率。具体操作步骤如下。

第1步：将光标置于需要插入公式的位置。

第2步：在"插入"选项卡上的"符号"组中，单击"公式"按钮 π 公式，打开如图3.128所示的"公式编辑器"对话框。

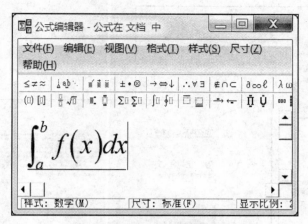

图 3.128　"公式编辑器"对话框

第 3 步：在公式编辑器中，输入相应的公式，即可在文档中插入复杂的数学公式和符号。此例使用"积分模板、围栏模板"就可制成，若字符间距不够，可利用"间距和省略号"插入间距。

4）插入水印

（1）利用页眉制作背景水印

类似论文，重要公文及用户需要制作像彩色信纸类的需求，或是类似制作录取通知书固定的模板部分时，往往需要在背景添加水印效果，WPS 之前版本并无插入"水印"功能，一般都是利用"页眉"制作背景的方式，巧妙实现水印功能。

利用页眉制的作背景，在其上可以随心所欲编辑，不会因为鼠标无意触及而移动对象布局版式。

以论文为例，操作步骤如下。

第 1 步："页面设置"中增加一项，"页眉"距边界"1 毫米"、"页脚"距边界"0 毫米"。

第 2 步：单击"插入"选项下的"页眉和页脚"，进入页眉编辑状态。

第 3 步：在此正常插入所有需要整合作为背景的项目，方法同前所述。

第 4 步：拖拽图片使之铺满整个页面。

第 5 步：关闭退出后，则刚才所有对象都成为了背景。不可随意移动和编辑，除非回到"页眉和页脚"编辑状态，比"组合"对象更适合此例。

（2）插入"水印"

最新版 WPS 个人版，新增了"水印"功能，单击"插入｜水印"下拉列表，WPS 提供了一些常见预设水印效果，选择"严禁复制"，则全文应用了"水印"效果，如图 3.129 所示。

WPS 插入"水印"功能，还允许设置图片作为水印，方法为，单击"插入｜水印｜插入水印…"命令，弹出如图 3.130 所示"水印"对话框，勾选"图片水印"，单击"选择图片"按钮，选择图片插入进来，此例使用素材中的"世界杯封面"，单击"确定"，则图片和文字的水印效果同时生效。

图 3.129　插入预设水印、"水印"效果示例

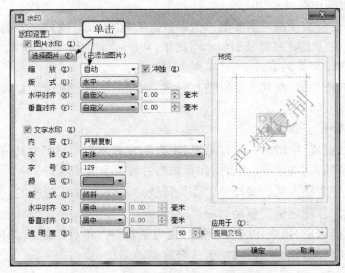

图 3.130　设置图片水印效果

3.6　出一张试卷

试卷，是老师、同学们接触最多的"文件"吧。下面我们以制作一张 8 开纸、4 个版面、双面打印的试卷为例，重点讲解一些需要注意的要点。

（1）试卷头和密封线

制作试卷首先要制作密封线。密封线一般在试卷的左侧，在密封线外侧是学校、班级、考号、姓名等信息。而内侧，就是试卷的题目了。

　　其实，密封线的制作非常简单，只要插入一个文本框，并在其中输入学校、班级、考号、姓名等考生信息，留出足够的空格，并为空格加上下划线，试卷头就算完成了。然后另起一行，输入适量的省略号，并在省略号之间输入"密封线"等字样，最后将文本框的边线设置为"无线条颜色"即可，如图 3.131 所示。

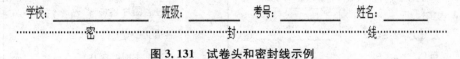

图 3.131　试卷头和密封线示例

　　在制作过程中，可能会出现考生信息不能居中的问题，即使将其设置为"居中对齐"了，可它还总是有些偏右，这是怎么回事呢？原来，在 WPS 文字中，是将空格（即使是全角空格）当做西文处理的，并且在排版的时候，连续的空格会自动被忽略掉，因此，在图 3.131 中，极有可能从"学校："到"姓名："这部分内容居中了，但"姓名："之后的空格被忽略掉了。解决此问题的办法是，选中考生信息部分右击，在快捷菜单中选择"段落"，弹出"段落"设置对话框，切换到"换行和分页"选项卡，选中"换行"选项组下的"允许西文在单词中间换行"即可，如图 3.132 所示。

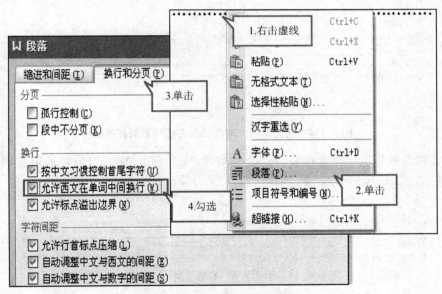

图 3.132　"段落"设置对话框

　　（2）试卷头做好了，但它是"横"着的，怎样才能把它"竖"起来呢？用鼠标右击该文本框，在快捷菜单中选择"设置对象格式"，在其对话框的"文本框"选项卡中勾选上"允许文字随对象旋转"，如图 3.133 所示。

　　这时，我们再次选中文本框，把光标放到文本框正上方的绿色调整点上，会发现光标变成一个旋转的形状，如图 3.134 所示。

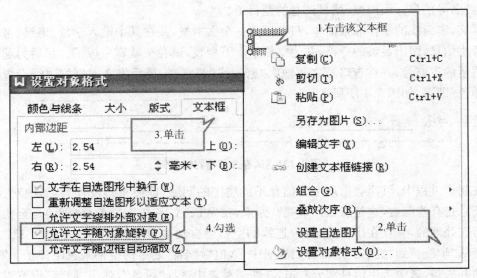

图 3.133　"文本框"选项卡

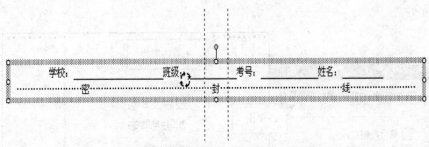

图 3.134　置光标到文本框正上方的绿色调整点上

(3) 此时调整好鼠标位置可旋转这个文本框,按下 Shift 键可以较好地定位到左旋 90°的位置(或右旋 270°),如图 3.135 所示。

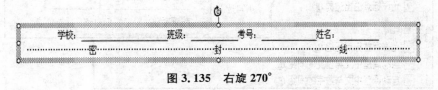

图 3.135　右旋 270°

放开鼠标右键,并用鼠标单击文本框之外的位置,这个文本框就"竖"起来了。用鼠标把它拖动到页面的左侧,即完成了试卷头的制作。

课后练习

1. 请建立如下所示学生信息表。

学生信息表

基本信息				
姓名		学号		相
性别		民族		
成分		出生日期		片
班级		联系方式		
家庭地址				
家庭信息				
关系	姓名	工作单位	职称	联系方式
个人简介				
特长				
职务能力				
获奖情况				
分数信息				

2. 请观察并练习素材库招投标文件对 WPS 的综合应用。

3. 请利用邮件合并功能批量制作邀请函。

4. 练习制作安卓机器人（选做）。

　　制作要点：利用文本框放置形状；主要用到的形状有矩形、圆、线。

　　插入的形状复制后，应选择性粘贴成 PNG 格式后的图片，才能进行剪切。

5. 复习本章"出一张试卷"，制作一张 8 开纸、4 个版面、双面打印的试卷（试卷内容自定），并经"打印预览" 后"打印" 出来。

第 4 章　WPS 电子表格的应用

WPS 表格是金山公司旗下的 WPS Office 办公系列软件中的电子表格处理软件,因其功能强,运行速度快,可以处理、分析、汇总复杂的数据,个人版免费使用等优势,使其被越来越多的人接受和使用。本章对 WPS 表格的基础、高级技巧、绘图、函数、图表、SQL 等方面进行全面的学习与应用,让数据处理工作变得更加轻松。

其中特别提供了大量的电子表格模板,使用这些模板可以快捷地创建各式表格,供数据处理、显示、打印或回复对方。

本章通过三个项目的实践详细讲解了 WPS 表格的基础知识与基本操作,包括 WPS 表格的认识、表格的数据录入、表格的数据处理以及 WPS 表格的高级应用、图表的制作与美化等。

4.1　采购计划表的制作

▶▶▶ 项目描述

康康(Koko)在某公司采购部上班,经理需要他提交一份 2015 年二季度采购计划表。在采购计划表中要求包括材料名称、规格、单位、预算分析(万元)、需用量、现有库存、采购量、采购报价、备注等,现在他需根据实际情况,设计并制作和录入相关数据,并将工作表命名为"二季度采购计划表",整个表格文件以"公司采购计划表. et"命名保存。

▶▶▶ 技术分析

• 本项目要求康康(Koko)在 WPS 表格中完成采购计划表的设计和相关数据的录入。

• 本项目主要涉及表格的基本操作,数据录入、编辑及格式设置,以及表格的美化

• 通过本项目的制作,可了解 WPS 表格窗口使用,掌握基本的数据录入技巧,学会表格设计和制作的基本操作,增强解决实际问题的能力。

▶▶▶ 基础知识

基础知识学习:① WPS 表格的基本操作,② 表格设计,③ 数据录入,④ 表格的美化,⑤ 工作表的重命名,⑥ 工作表的保存。

1) WPS 表格的基本操作

(1) 启动 WPS:双击桌面 WPS 表格快捷图标█,或者通过菜单"开始|程序|WPS Office

个人版|WPS 表格"启动 WPS 表格程序(注意启动后的界面首先进入在线模板界面,在此界面中,用户可选择相关在线模板),如图 4.1 所示。

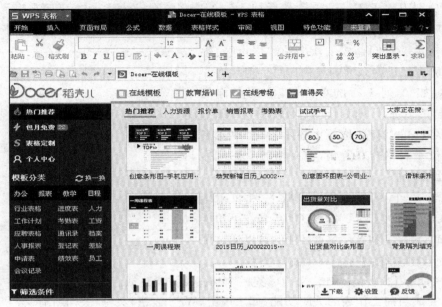

图 4.1　WPS 表格初始界面

(2) 新建表格:单击窗口右侧"新建空白文档"选项 新建空白文档 ,或者单击" WPS 表格 " 文件|新建"命令完成新建文档,如图 4.2 所示。

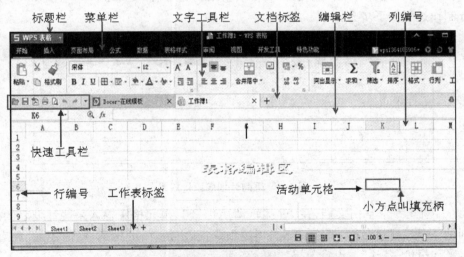

图 4.2　WPS 表格的工作界面(2013 素雅黑)

表格:一个 WPS 表格文件就像是一个账本,这个账本有 64 页厚,每页的页面上都是一张表格。这个表格有 65 536 行,256 列宽。我们就是在这些表格中录入数据,这些表格的大小不是固定不变的,而是可以调整的,它的行高与列宽都可以调整大小。另外,我们不仅可以在表格中录入数据,而且还可以进行复杂的计算、统计、汇总,甚至生成图表,然后打印输出。

单元格：窗口中最主要的部分就是表格了，它由很多的行与列组成，这些行与列构成了很多的格，在 WPS 表格里面称为"单元格"，如图 4.2 中的很多小格，这些小格都是单元格。表格的列分别用 A，B，C，D，…，Z，然后是 AA，AB，…，AZ，BA，BB，…，BZ 等来表示，表格的行分别用 1，2，3，4，…，来表示，这个表格共有 256 列，65 536 行，我们可以想象一下，这么大的一个表格足够我们存放下众多的数据，现实生活中我们哪里见过这么大的表格！每个单元格都有个名称，如 A 列 1 行的单元格，它的名称是"A1"，同样的道理，C 列 5 行的单元格称为"C5"。单元格的名称可以在名称框中显示出来，单元格的名称框位于表格的左上角，单元格的名称也称之为"单元格地址"。

图 4.3　插入工作表菜单

工作表：一个 WPS 表格可以放下 64 页工作表，新建文档默认为 3 个工作表，（即屏幕左下角显示的 Sheet1、Sheet2 和 Sheet3），其他的可以通过菜单插入工作表来实现，如图 4.3 所示。

（3）关闭 WPS 表格：单击"文档标签栏"中的关闭按钮，或者单击屏幕右上角"关闭"按钮▣即可完成当前工作表的关闭功能，如果单击"WPS 表格|文件|关闭所有文档"命令，则完成整个工作簿文件的关闭。

2）表格设计

采购计划表中包含的内容比较多，为使表格结构更清晰，设计了一个如图 4.4 所示的表格，设计制作过程如下步骤。

采购计划表

序号	材料名称	规格	单位	预算分析（万元）			需用量	现有库存	采购量	采购报价	备注
				年度预算	已用预算	可用预算					
1											
2											
3											
4											
5											
6											
7											
8											

填表人：　　　　　　　　　审批人：　　　　　　　　　采购员：

图 4.4　采购计划表设计效果

步骤 1：新建一个空白文档，在 A1：L1（即 A1～L1）单元格中输入采购计划表的标题明细，分别是"序号、材料名称、规格、单位、年度预算、已用预算、可用预算、需用量、现有库存、采购量、采购报价、备注"。设计效果如图 4.5 所示。

	A	B	C	D	E	F	G	H	I	J	K	L
1	序号	材料名称	规格	单位	年度预算	已用预算	可用预算	需用量	现有库存	采购量	采购报价	备注

图 4.5　采购计划表标题明细

步骤 2：鼠标左键单击行标号 1，选择第一行，右击所选行，从如图 4.6 所示弹出的快捷菜单中选择"插入"，在第一行之前插入新的一行。同样的方式，再在第一行前插入一行。

（也可选定前二行，右击"插入"，在第一行前面插入 2 行）。

图 4.6　快捷菜单示意图

步骤 3：选择 E2：G2 单元格（即用鼠标框选 E2、F2、G2 这三个单元格），单击"合并居中"按钮，将这三个单元格合并。

步骤 4：由于"年度预算、已用预算、可用预算"属于"预算分析（万元）"。因此，这三项可以用一个单元格标题进行管理，更能突出层次感。在合并后的单元格中输入标题内容"预算分析（万元）"。再将 A2：A3 同时选定，利用"合并居中"合并为一个单元格，同样分别合并 B2：B3、C2：C3、D2：D3、H2：H3、I2：I3、J2：J3、K2：K3、L2：L3。如图 4.7 所示。

图 4.7　合并单元格

步骤 5：单击 A1 单元格，输入"采购计划表"标题，合并 A1：L1 单元格，制作后的效果如图 4.8 所示。

图 4.8　采购计划表标题效果

3）数据录入

（1）自动填充

使用"自动填充"方法在"序号"列中输入序号。在 WPS 表格中有些数据可以利用填充柄来自动填充。具体操作如下。

步骤 1：在当前表格中，选中 A4 单元格（即单击 A4 单元格，它的四周呈黑色粗线条表示被选中），输入数字 1，如图 4.9 所示。

步骤 2：在自动填充中默认的为等差数列（即数与数之间步长相等），这样就需要有两个数据来体现出数值的变化规则，故在 A4 单元格输入数字 1 后，再在 A5 单元格输入数字 2，如图 4.10 所示。

	采购计划表						
序号	材料名称	规格	单位	预算分析（万元）			需用量
				年度预算	已用预算	可用预算	
1							

图 4.9 单元格内容输入

图 4.10 输入两个基本数　　　图 4.11 向下拖动填充柄

图 4.12 松开填充柄

步骤 3：同时选定 A4、A5 单元格，在 A5 单元格右下角有个黑色小方点为"填充柄"，将光标靠近"填充柄"，它会自动变为"十"字形，这时按住鼠标左键垂直往下拖动，拖动"填充柄"到哪里，序列号就出现到哪里，省时省力，如图 4.11 所示。松开"填充柄"自动填充完成，如图 4.12 所示。

技巧：使用自动填充功能可以完成智能复制，快速输入一部分数据，有效提高输入效率。在 WPS 表格中可自动填充的常用序列有两类。第一类是：年、月份、星期、季度等文本型序列，对于文本型序列，只需输入第 1 个值（如输入星期一），然后拖动填充柄就可以进行填充。例如要输入一周中的每一天，可如图 4.13 所示进行操作。第二类是：如 1、2、3、2、4、6 等数值型序列，对于数值型序列，需要输入两个数据，体现出数值的变化规则，再拖动填充柄即可按给定的规则进行填充。

对于非序列型文本（如"办公室、编号"）和单一未指定填充规则的数值（如 200），拖动填充柄时会对数据进行"复制"操作。

例：使用填充柄对非序列型文本"编号"或未指定填充规则的数值 200，进行复制操作。

第 1 步：在 A1 单元格输入汉字"编号"，B1 单元格输入数值"200"，如图 4.14 左图所示。

第 2 步：选中 A1：B1 单元格（即 A1～B1 单元格），然后将光标移到 B1 单元格的右下角，当光标变为"十"字形时，按住鼠标左键往下拖动填充柄，照例拖到哪里就复制到哪里，结果如图 4.14 右图所示。

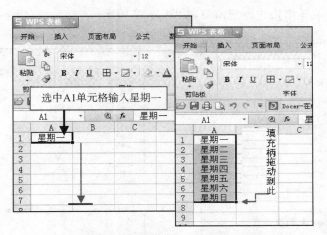

图 4.13　自动填充星期一到星期日的操作过程

图 4.14　"填充柄"的复制操作过程示意图

（2）输入数据

因所有材料的预算分析值相同，所以分别将各材料的"年度预算""已用预算""可用预算"单元格纵向合并，如图 4.15 所示，并按图示录入单元格内容。

A	B	C	D	E	F	G	H	I	J	K	L
				采购计划表							
序号	材料名称	规格	单位	预算分析（万元）			需用量	现有库存	采购量	采购报价	备注
				年度预算	已用预算	可用预算					
1	原材料1	100kg/袋	袋				50	24	100	￥120.00	
2	原材料2	100kg/袋	袋				40	15	80	￥140.00	
3	物料1	50斤/桶	桶				50	18	50	￥125.00	
4	物料2	50斤/桶	桶	100	55	45	30	20	100	￥135.00	
5	半成品1	50件/箱	箱				49	19	75	￥ 85.00	
6	半成品2	50件/箱	箱				45	31	120	￥115.00	
7	包装材料1	250件/箱	箱				20	14	100	￥ 75.00	
8	包装材料2	250件/箱	箱				25	18	100	￥125.00	
填表人：					审批人：				采购员：		

图 4.15　数据录入窗口

（3）更改数据类型

将"采购报价"数据类型改为"人民币"的货币类型。

步骤 1：选择 K4：K11 单元格，单击鼠标右键打开快捷菜单，选择"设置单元格格式"，如

图 4.16 所示,打开单元格格式设置窗口,如图 4.17 所示。

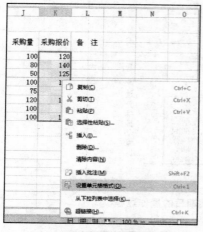

图 4.16　快捷菜单

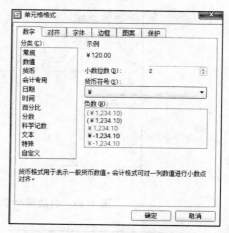

图 4.17　单元格格式设置窗口

步骤 2:如图 4.17 所示,在单元格格式设置窗口内选择货币类,小数位数:2,单击确定。更改数据类型后效果如图 4.18 所示。

F	G	H	I	J	K	L
采购计划表						
分析（万元）		需用量	现有库存	采购量	采购报价	备　注
已用预算	可用预算					
		50	24	100	￥120.00	
		40	15	80	￥140.00	
		50	18	50	￥125.00	
55	45	30	20	100	￥135.00	
		49	19	75	￥85.00	
		45	31	120	￥115.00	
		20	14	100	￥75.00	
		25	18	100	￥125.00	

图 4.18　更改数据类型后效果图

4）表格的美化

步骤 1:设置标题行(第一行)的行高为 30。选择第一行,单击鼠标右键,打开快捷菜单,选择"行高",如图 4.19 所示。打开"行高"设置窗口,在此窗口中输入 30,如图 4.20 所示。"确定"后完成标题行行高的设置。

步骤 2:设置其他行高:选择 2～12 行,按同样的方法设置其行高为 20。

步骤 3:设置表格列宽:选择 A～L 列,单击鼠标右键,打开快捷菜单,如图 4.21 所示。选择"列宽",打开列设置窗口,在此窗口中输入 10,"确定"后完成表格列宽的设置。

步骤 4:设置表格列为最合适的列宽:选择 A 列和 D 列(先选择 A 列后按下 Ctrl 键再选择 D 列,即可同时选定 A 列和 D 列这两列),单击"开始|行和列|最合适的列宽",如图 4.22 所示,还可以单击"WPS 表格|格式|列|最合适的列宽"命令,即可根据该列的文字内容自动调整列宽。

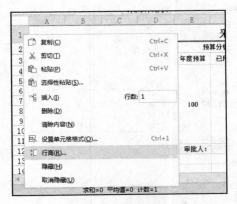

图 4.19　快捷菜单

图 4.20　行高设置窗口

图 4.21　快捷菜单

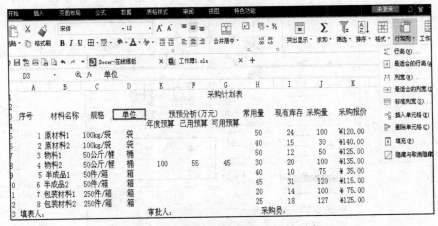

图 4.22　设置表格列为最合适的列宽

步骤 5：设置第一行的标题文字大小为 16、加粗、宋体、绿色；单击"开始|格式|单元格"，单击"字体"标签，进入图 4.23 所示的字体设置窗口。

图 4.23　字体设置窗口

步骤 6：同样的方式，设置第二、三行的标题文字大小为 11、加粗、宋体、深绿色；其余文字大小为 10、宋体、黑色。

步骤 7：设置单元格文字对齐方式。选择 A2：L12 单元格，单击工具栏水平居中按钮 三，设置选定单元格内文字左右居中对齐，单击工具栏垂直居中按钮 ≡≡≡，设置选定单元格内文字上下居中对齐。

步骤 8：为表格添加边框线：要求外边框为较粗的单实线、深绿色，内边框为细单实线、海绿色。选择 A2：L11 单元格，单击"开始|格式|单元格"，单击"边框"标签，进入图 4.24 所示设置窗口。

图 4.24　边框设置窗口

步骤 9：选择"样式"下的第二列第五行的线型样式，在"颜色"下拉列表中选择深绿色，单击窗口内右边的"外边框"，即可完成表格外边框的设置；然后再选择"样式"下的第一列最后一行的线型样式，在“颜色”下拉列表中选择海绿色，单击右边的“内部”，即可完成表格内边框的设置。查看内外边框设置的预览效果，单击“确定”按钮完成边框设置。设置后的效果如图 4.25 所示。

采购计划表

序号	材料名称	规格	单位	预算分析（万元） 年度预算	已用预算	可用预算	需用量	现有库存	采购量	采购报价	备　注
1	原材料1	100kg/袋	袋	100	55	45	50	24	100	¥　120.00	
2	原材料2	100kg/袋	袋				40	15	80	¥　140.00	
3	物料1	50斤/桶	桶				50	18	50	¥　125.00	
4	物料2	50斤/桶	桶				30	20	100	¥　135.00	
5	半成品1	50件/箱	箱				49	19	75	¥　85.00	
6	半成品2	50件/箱	箱				45	31	120	¥　115.00	
7	包装材料1	250件/箱	箱				20	14	100	¥　75.00	
8	包装材料2	250件/箱	箱				25	18	100	¥　125.00	
填表人:				审批人:				采购员:			

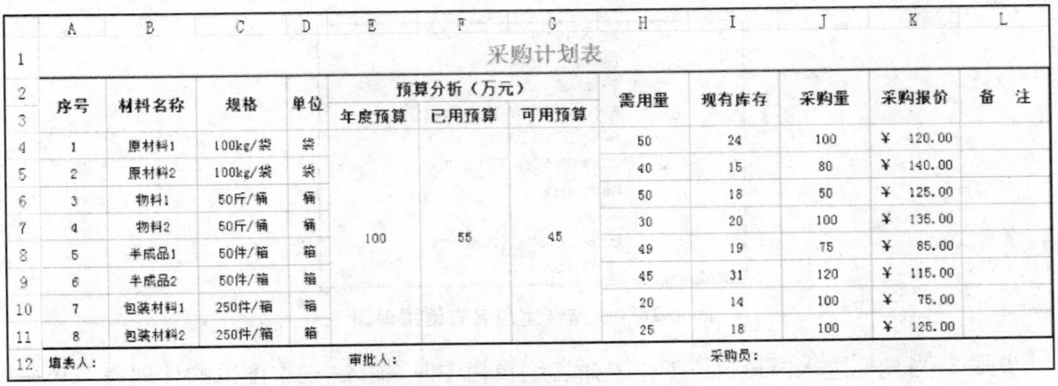

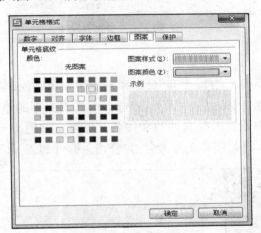

图 4.25　表格添加边框线效果图

步骤 10：设置第二、三行标题的背景颜色。选择 A2～L2 单元格，单击“开始|格式|单元格”，单击“图案”标签，进入图 4.26 所示设置窗口。

图 4.26　底纹设置窗口

选择单元格底纹“颜色”为“浅青绿”，右边的“图案样式”选择“25%灰色”，“图案颜色”设置为“黄色”。设置完毕后，单击“确定”按钮，即可完成第一行的底纹设置。完成效果如图 4.27 所示。

采购计划表

序号	材料名称	规格	单 位	预算分析（万元） 年度预算	已用预算	可用预算	需用量	现有库存	采购量	采购报价	备　注
1	原材料1	100kg/袋	袋	100	55	45	50	24	100	¥120.00	
2	原材料2	100kg/袋	袋				40	15	80	¥140.00	
3	物料1	50斤/桶	桶				50	18	50	¥125.00	
4	物料2	50斤/桶	桶				30	20	100	¥135.00	
5	半成品1	50件/箱	箱				49	19	75	¥85.00	
6	半成品2	50件/箱	箱				45	31	120	¥115.00	
7	包装材料1	250件/箱	箱				20	14	100	¥75.00	
8	包装材料2	250件/箱	箱				25	18	100	¥125.00	
填表人:				审批人:				采购员:			

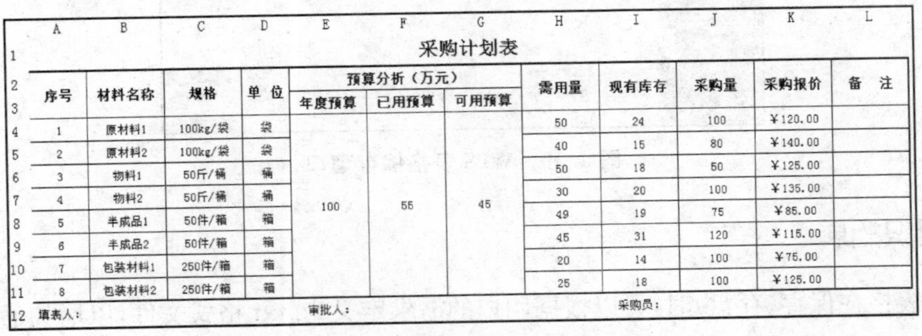

图 4.27　采购计划表设置效果图

5）工作表的重命名

步骤 1：右击表格左下方的工作表标签"Sheet1"，在弹出的如图 4.28 所示快捷菜单中选择"重命名"，即可对工资表的 Sheet1 进行重命名。双击工作表"Sheet1"亦可完成此步。

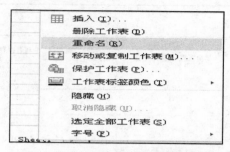

图 4.28　工作表重命名右键菜单图

步骤 2：当光标进入"Sheet1"工作表命名编辑栏中时，输入"三季度采购计划表"，再敲回车键，完成工作表的重命名，如图 4.29 所示。然后将"Sheet2"工作表重命名为"二季度采购计划表"，"Sheet3"工作表重命名为"一季度采购计划表"。

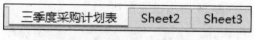

图 4.29　工作表重命名

6）工作表的保存

步骤 1：单击"WPS 表格|文件|保存"命令弹出如图 4.30 所示窗口。

步骤 2：在图 4.30 窗口中的上方"保存在"选择该文档保存的路径，如本项目保存在"新东南大学"文件夹中，下方设置保存文件的文件名及保存文件的类型。一般 WPS 表格的专用后缀名为"＊.et"类型，将此项目文件命名为"公司采购计划表.et"。

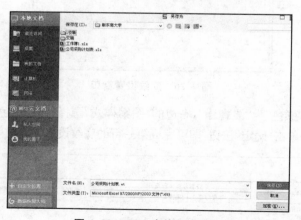

图 4.30　WPS 表格保存窗口

▶▶▶ 知识拓展

WPS 表格在保存（存盘）时，可以根据用户的需求定义为.txt 格式文件，以增加通用性。它与微软的电子表格(Excel)高度兼容(即在微软的系统中能顺利地打开 WPS 的电子表格)。

1) WPS 表格的功能和特点

(1) 支持长数字输入。WPS 表格新增长数字输入功能,身份证、学号、证件号等输入即可显示。

(2) 支持全屏显示。WPS 文字、WPS 表格新增全屏显示功能。

(3) 在线模版第三代 Docer,提供更多实用模板范文。

(4) WPS 表格,已设置超链接的单元格,支持鼠标单击该单元格的空白区域来选中单元格。

(5) 支持快速新建、关闭多个文档,在工具栏下方的"标签栏"会显示文档名标签,在标签栏空白处双击鼠标,则可以快速创建新的文档。在"标签栏"上某"文档标签"上单击鼠标右键,在系统弹出的快捷菜单中选择"关闭所有窗口"即可。

(6) 支持快捷切换工作簿和工作表。在 WPS 表格中,当按下⟨Ctrl+Tab⟩组合键时,即可实现多个工作簿之间的切换,而且当反复地按此组合键时,系统会在所有工作簿之间进行循环切换。

2) 数据输入技巧

在 WPS 表格中,将数据划分为两大类:一类是文本型(如纯文字"姓名"、文字与数字混合"2013 级 B 班"等);另一类是数值型,均由纯数值构成(如人民币、学生成绩等)。数值型数据可以用于计算。

注:默认(通常)情况下,WPS 表格将文本型数据(在单元格中)居左排列,数值型数据靠右排列(这是规定,希望读者能习惯,一看就懂,以提高效率)。

(1) 输入文本。

在 WPS 表格中,文本是指字符或数字和字符的组合。输入到单元格中的字符等,系统只要不解释成数字、公式、日期或者逻辑值,WPS 表格均视为文本。

在文本型数据中,有一类特殊的"数值"型文字,其形式上全部表现为数值,但不能也无须参与计算。如电话号码,全部为数字,但对其进行加减乘除则是毫无意义的。再如"010"这类序号,如果不将其定义为文本型,前面的占位 0 根本显示不出来,因为从数值的角度来讲,010 与 10 是完全相等的。

请记住:要想输入数值型文本数据,只需在数字前面输入西文的单撇号"'"即可完成定义。对于数值型文本,拖动填充柄就可进行序列填充,按下 Ctrl 键再拖动填充柄则可进行复制操作。

(2) 输入数字。

数字是由 0～9 以及特殊字符(如+、−、￥、&、%等)构成的。输入数字有以下几点说明:

① 输入正数时,不用在数字前加正号。即使加了,也被忽略了。

② 用括号将数字括起时,表示输入的是负数。如(456)表示−456。

③ 为了避免将分数当做日期,应该在分数的前面加 0。如要输入 1/2,应输入 0 1/2。0 与 1/2 之间要加一个空格。分数前不加 0 的话,则作为日期处理。如输入 1/2,将显示成 1

月 2 日。

④ 当输入的数值长度超过单元格宽度或超过 11 位时，自动以科学计数法显示。

(3) 输入日期和时间。

输入日期时，要用反斜杠(/)或连接符(—)隔开年、月、日。如“2015/8/29”或“2015-8-29”。输入时间时，要用冒号(:)隔开时、分、秒，如“9:30”和“10:30 AM”等(注：AM 表示上午，PM 表示下午)。

输入日期和时间有以下几点说明：

① 日期和时间在 WPS 表格中均按数字处理，因此可以进行各种运算。

② 要以 12 小时制输入时间，在时间后加一空格并输入“AM”或“PM”，否则将以 24 小时制来处理时间。

③ 如果要在某一单元格中同时输入日期和时间，则日期和时间要用空格隔开，如“2015-8-19　8:30”。

3) 快速查看数据的总和与平均值

快速查看数据也是 WPS 表格提供的一个非常高效的功能。通过选择待计算的数据，从表格的状态栏中查看对应的数据。

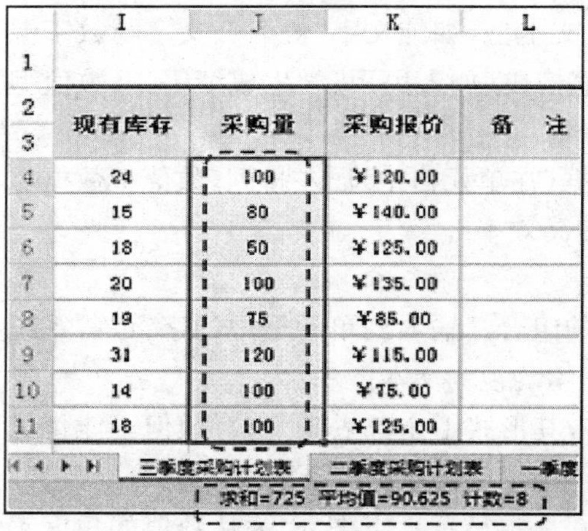

	I	J	K	L
1				
2 3	现有库存	采购量	采购报价	备　注
4	24	100	¥120.00	
5	15	80	¥140.00	
6	18	50	¥125.00	
7	20	100	¥135.00	
8	19	75	¥85.00	
9	31	120	¥115.00	
10	14	100	¥75.00	
11	18	100	¥125.00	

三季度采购计划表　二季度采购计划表　一季度

求和=725　平均值=90.625　计数=8

图 4.31　快速查看数据的求和与平均值

步骤 1：打开待计算的 WPS 表格，如项目一中的采购计划表。

步骤 2：选择“采购量”这一列中的相关单元格(即是 J4:J11)，查看状态栏中的相关数据，如图 4.31 所示。

从图 4.31 中可以看出选择的单元格数据之和为 725，平均值为 90.625，共有 8 个计数单元。

4) 增加、删除行列

表格的修改包含表格行列的增、删修改。WPS 表格中行或列的增、删，一般可通过右击，在快捷菜单中选择相应功能完成。

行或列的增、删操作一般步骤如下。

步骤 1：选择待增加或删除的行或列编号(可按下 Ctrl 键，选择不连续区域)。

步骤 2：在选中对象上右击，从弹出的快捷菜单中相应选择“插入”或“删除”命令即可。

5) 工作表的备份

工作表的备份主要是针对一个或某一些含有重要数据的工作表，建立备份后，即使工作表遭到破坏，仍可从备份工作表中恢复原始数据。建立工作表备份的具体操作过程如下。

第 1 步：选择待备份的工作表，如“三季度采购计划表”。

第 2 步：在工作表名称所在的位置右击，弹出快捷菜单，如图 4.32 所示。

第 3 步：从弹出的右键菜单中选择“移动或复制工作表”选项，弹出建立备份的设置窗口，如图 4.33 所示。

图 4.32　右键菜单示意图

图 4.33　建立备份窗口

第 4 步：选择"移至最后"，然后单击窗口中左下角的"建立副本"复选框，再单击"确定"按钮，即可完成该工作表的备份，形成一个新的工作表，并且工作表的名称为"三季度采购计划表（2）"，如图 4.34 所示。

图 4.34　工作表备份结果图

6）查找与替换

查找与替换是 WPS 办公软件中通用的操作，在 WPS 表格中的"查找与替换"操作与 WPS 文字的"查找与替换"类似，主要方便用户针对某些关键字或词快速查找与定位。具体操作如下。

第 1 步：打开"公司采购计划表.et"工作表，将光标放于表格内任意单元格，单击"开始丨查找"选项，从该选项的下拉对话框（如图 4.35 所示）中，选择"查找"命令。

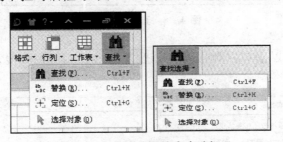

图 4.35　查找或替换命令选择

第 2 步：单击"查找"标签选项，弹出如图 4.36 所示的"查找"设置窗口，添加查找的内容，如本案例中，查找的内容为"半成品"。

图 4.36　"查找"窗口

第3步:单击"查找下一个"按钮,即可得到如图 4.37 所示查找结果。

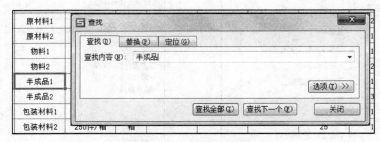

图 4.37 "查找"结果显示

第4步:继续单击"查找下一个"按钮,可查找到本工作表中下一个含有文字为"半成品"的单元格。

第5步:单击查找全部,可以找出当前工作表中所有含有文字"半成品"的单元格,如图 4.38 所示。

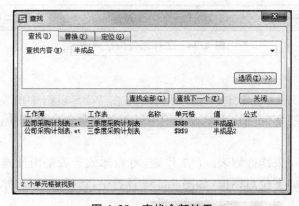

图 4.38 查找全部结果

第6步:单击"查找"窗口右侧的选项按钮 选项(T) ≪ ,打开高级搜索项,如图 4.39 所示。

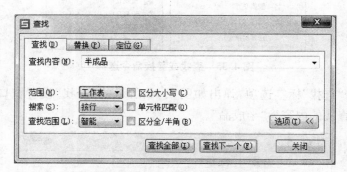

图 4.39 "查找"窗口高级搜索

第7步:单击"工作表"选项,将其换为"工作簿",再单击"查找全部"按钮,可以查出整个工作簿中所有工作表里含有文字的"半成品"的单元格。如图 4.40 所示。

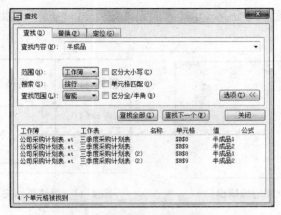

图 4.40 高级查找全部结果

第 8 步:选择"替换"标签,则进入替换操作的窗口,如图 4.41 所示。

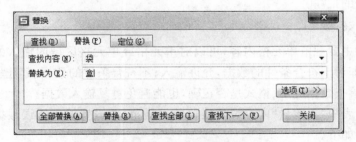

图 4.41 "替换"设置窗口

第 9 步:输入查找内容为"袋",替换为"盒",表示将工作表中文字"袋"替换为文字"盒"。

第 10 步:单击"全部替换"按钮,可将工作中所有的"袋"替换为"盒",而如果单击"替换",则一次只替换一个,用户需要单击多次"替换"才可将工作表中所有的"袋"全部替换为"盒"。

▷▷▷ 技能提升

1)添加批注

批注的作用主要是对某个单元格进行文字性的说明和注解,在 WPS 表格中,可以通过插入批注来对单元格添加注释。可以编辑批注中的文字,也可以删除不再需要的批注。

如为采购材料中的"原材料 1"添加批注,批注的内容为"产地:上海",操作步骤如下。

第 1 步:打开"公司采购计划表.et"文件,单击需要添加批注的单元格,也就是"原材料 1"所在的单元格 B4。

第 2 步:单击"审阅|新建批注"选项卡图标 ,弹出如图 4.42 所示新建批注内容编辑对话框。

第 3 步:在批注的编辑窗口中,输入批注的内容"产地:上海",然后单击右边的"确定"按钮,即可完成批注的添加。用同样的方式给"原材料 2"添加批注"产地:广州"。

第 4 步:当批注添加完成后,该单元格的右上角将出现一个红色的三角形图标 █ 原材料1,移动光标至该单元格,可以从弹出的提示窗口中,查看批注的内容,如图 4.43 所示。

图 4.42 新建批注的编辑窗口

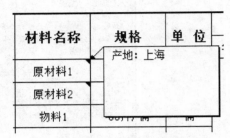

图 4.43 批注添加完毕的效果图

第 5 步:添加完的批注,如果需要修改,则可以通过右键"批注"所在单元格,单击"审阅|编辑批注"菜单项,即可对已经编辑好的批注进行修改。

第 6 步:选择需要删除批注的单元格,单击"审阅|删除批注"菜单项,则可以直接删除此单元格内编辑好的批注。

2) 数据有效性

数据有效性主要规范单元格内容,可以对单元格或单元格区域内输入的数据起到纠错和限制的作用,即对于符合条件的数据,允许输入;不符合条件的数据,禁止输入。设置数据有效性后,可以检查数据类型、格式是否正确,也能避免重复输入数据。

对采购计划表中"采购量"内容设置表格数据规范,并设置输入错误数据时的提示警示信息。操作步骤如下。

第 1 步:选择 J4:J11 单元格区域,选择"数据|有效性"菜单项,打开"数据有效性"对话框。

第 2 步:在"有效性条件"栏的"允许"下拉列表框中选择"整数"选项,在"数据"下拉列表框中选择"不等于"选项,在出现的"数值"文本框中输入"0",如图 4.44 所示。

第 3 步:单击"出错警告"选项卡,在"样式"下拉列表框中选择"停止"选项,在"标题"文本框中输入文字"输入数据错误",在"错误信息"文本框中输入文字"采购数量需为非 0 整数!",如图 4.45 所示,单击确定按钮完成设置。

图 4.44 设置数据有效性

图 4.45 设置停止警告

第 4 步:在 J4 单元格内输入 0 或小数或其他字符,按"回车"键后将打开提示对话框,显示设置的出错警告信息,单击"重试"按钮可重新输入数据,单击"取消"按钮可取消输入,如图 4.46 所示。

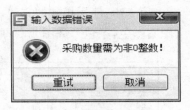

图 4.46　提示停止警告

3) 条件格式

工作表中的重要数据常需要突出显示。一般情况下,可通过设置单元格格式的方式实现,但此方法容易导致单元格漏选、错选,或为相同类型的数据设置不同类型的格式等情况,从而影响制表速度,使工作效率严重滞后。

利用条件格式功能,就可将满足条件的单元格以较醒目的方式显示。同一单元格或单元区域中,可设置多个条件格式,便于对不同价位的单价进行标记。

使用底纹颜色对采购计划表中"采购报价"标记不同价位的单价。操作步骤如下。

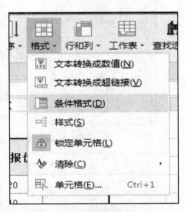

图 4.47　条件格式菜单

第 1 步:选择 K4:K11 单元格区域,选择"开始|格式|条件格式"菜单项,如图 4.47 所示,打开"条件格式"对话框。

第 2 步:设置条件(1)的条件为"单元格数值,小于,100",单击"格式"按钮,打开"单元格格式"对话框,单击"图案"选项卡,设置底纹颜色为"浅青绿",确认设置后返回"条件格式"对话框,如图 4.48 所示。

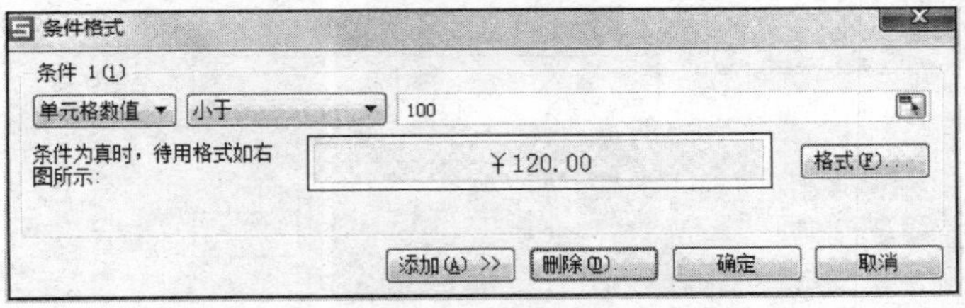

图 4.48　设置条件(1)

第 3 步:单击"添加"按钮,添加条件(2),设置条件(2)的条件为"单元格数值,介于,100,120",单击"格式"按钮,打开"单元格格式"对话框,使用相同的方法设置底纹颜色为"浅黄",确认设置后返回"条件格式"对话框,如图 4.49 所示。

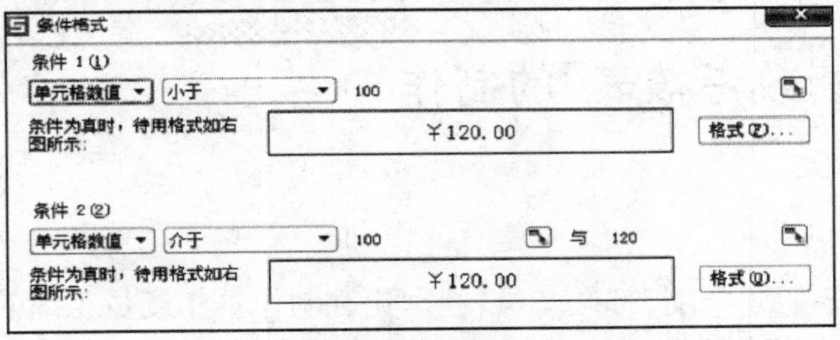

图 4.49　设置条件(2)

第 4 步:使用相同的方法,添加条件(3),设置条件为“单元格数值,大于,120”,格式为“图案颜色,茶色”,如图 4.50 所示。

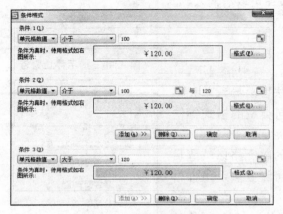

图 4.50　设置条件(3)

采购量	采购报价	备　注
100	¥120.00	
80	¥140.00	
50	¥125.00	
100	¥135.00	
75	¥85.00	
120	¥115.00	
100	¥75.00	
100	¥125.00	

图 4.51　设置多重条件格式后的效果

第 5 步:单击“确定”按钮确认设置,返回工作表,所选单元格区域中符合条件的单元格都将自动应用设置后的格式,效果如图 4.51 所示。

设置条件格式后,若不需要这种格式,可将其删除,在“条件格式”对话框中单击“删除”按钮,打开“删除条件格式”对话框,单击选中要删除的条件对应的复选框,然后选择“确定”按钮即可,如图 4.52 所示。

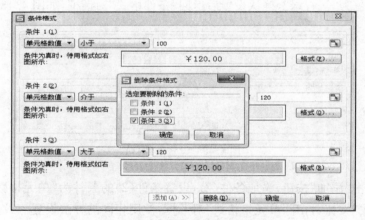

图 4.52　删除条件格式对话框

4.2　“员工绩效考核表”的制作

项目描述

Anne 被公司安排到了销售部做文员,经理让她制作本年度员工绩效考核表,要求做出公司员工本年的季度平均销售额、年度销售合计、销售任务完成率、工作态度评语、工作业绩评级以及员工销售排名。

1. 销售任务完成率是员工本年度总销售额与本年度任务额的一个完成比率,即:本年度总销售额/本年度任务额。

2. 工作态度评语:基于本年度销售业绩,按照销售任务完成情况,给出"优秀"和"一般"两种评语。

3. 工作业绩评级:是对业绩按完成比例给出 A、B、C 三种等级。

▶▶▶ 技术分析

本项目主要涉及 WPS 表格中公式与函数的应用,通过本项目的学习,了解公式与函数使用的基本操作,了解绝对地址与相对地址的区别,掌握 SUM()、AVERAGE()、IF()、MAX()、MIN()、SUMIF()、RANK()、COUNTIF()等函数的操作过程及相关参数的含义,能根据实际应用情况,合理地选择公式或函数解决实际问题。

▶▶▶ 项目实施

选择"WPS 表格|文件|打开",在文件打开对话框中找到"员工绩效考核表.et",或在文件窗口找到"员工绩效考核表.et"双击打开此文件。如图 4.53 所示。这里已经将员工本年度四个季度销售基本数据预录进去了。

编号	姓名	部 门	一季度销售额	二季度销售额	三季度销售额	四季度销售额	平均销售额	年度合计
					员工绩效考核表			
1	陈锐	营销一部	￥93,076.4	￥92,064.7	￥67,783.9	￥73,454.1	￥81,594.8	￥326,379.1
2	邓超	营销二部	￥70,819.0	￥64,748.8	￥83,971.1	￥56,655.2	￥69,048.5	￥276,194.1
3	杜海强	营销一部	￥88,678.6	￥91,596.7	￥83,971.1	￥88,897.9	￥88,286.1	￥353,144.3
4	郜星瑞	营销一部	￥73,854.1	￥54,631.8	￥83,971.1	￥83,974.1	￥74,107.8	￥296,431.1
5	李琼	营销一部	￥76,889.2	￥59,690.3	￥83,971.1	￥71,596.7	￥73,036.8	￥292,147.3
6	李全友	营销二部	￥88,017.9	￥56,655.2	￥83,971.1	￥68,748.8	￥74,348.3	￥297,393.0
7	林晓华	营销二部	￥59,690.3	￥98,134.9	￥83,971.1	￥70,819.0	￥78,153.8	￥312,615.3
8	刘红芳	营销二部	￥59,690.3	￥95,099.8	￥83,971.1	￥92,064.7	￥82,706.5	￥330,825.9
9	刘得	营销二部	￥91,053.0	￥79,100.9		￥100,170.0	￥88,573.8	￥354,295.0
10	罗玉林	营销二部	￥57,900.9	￥53,620.1	￥63,971.1	￥24,690.3	￥50,045.6	￥200,182.4
11	宋丹	营销一部	￥53,620.1	￥83,971.1	￥43,971.1	￥83,971.7	￥66,383.5	￥265,534.0
12	宋科	营销二部	￥90,041.3	￥75,877.5	￥83,971.1	￥83,971.1	￥83,465.3	￥333,861.0
13	宋万	营销一部	￥67,783.9	￥101,170.0	￥83,971.1	￥90,341.3	￥85,816.6	￥343,266.3
14	孙洪伟	营销二部	￥84,982.8	￥79,924.3	￥83,971.1	￥63,854.1	￥78,183.1	￥312,732.3
15	王超	营销一部	￥95,099.8	￥99,146.6	￥83,971.1	￥77,900.9	￥89,029.6	￥356,118.4

图 4.53　员工绩效考核表.et

1) 平均值及求和值的计算

在 WPS 表格中,函数是预设的公式,可以通过设置函数参数完成计算。在系统中提供了 AVERAGE()与 SUM()函数用于统计数据的平均值与合计值,这两个函数的使用格式如下。

格式:函数名(参数 1,参数 2,…)

步骤 1:单击 H3 单元格,然后在常用函数选择按钮中,选择"平均值"如图 4.54 所示,即可在所选单元格内调出求平均值函数 AVERAGE(),在函数括号内的参数默认"D3:G3"(即四个季度的数据值)为函数计算数据,此处可以不必修改,如图 4.55 所示。

图 4.54　常用函数

图 4.55　调用 AVERAGE 函数

按下回车键即可得到第一个人的"平均销售额"。抓住填充柄向下拖动至 H17,复制公式至其他单元格中,统计其他员工格的"平均销售额"。

步骤 2:单击 I3 单元格,然后在常用函数选择按钮中选择"求和"项,即可在所选单元格内调出求和函数 SUM(),在函数参数括号内默认"D3:H3"为函数计算数据,此处数据不是实际所需数据,只需将"D3:H3"改为"D3:G3",然后回车即可。向下拖动填充柄,复制公式至其他单元格中,统计其他员工的年度合计。其结果如图 4.56 所示。

	A	B	C	D	E	F	G	H	I
1						员工绩效考核表			
2	编号	姓名	部　门	一季度销售额	二季度销售额	三季度销售额	四季度销售额	平均销售额	年度合计
3	1	陈锐	营销一部	￥93,076.4	￥92,064.7	￥67,783.9	￥73,454.1	￥81,594.8	￥326,379.1
4	2	邓超	营销二部	￥70,819.0	￥64,748.8	￥83,971.1	￥56,655.2	￥69,048.5	￥276,194.1
5	3	杜海强	营销一部	￥88,678.6	￥91,596.7	￥83,971.1	￥88,897.9	￥88,286.1	￥353,144.3
6	4	郭呈瑞	营销一部	￥73,854.1	￥54,631.8	￥83,971.1	￥83,974.1	￥74,107.8	￥296,431.1
7	5	李琼	营销一部	￥76,889.2	￥59,690.3	￥83,971.1	￥71,596.7	￥73,036.8	￥292,147.3
8	6	李金友	营销二部	￥88,017.9	￥56,655.2	￥83,971.1	￥68,748.8	￥74,348.3	￥297,393.0
9	7	林晓华	营销二部	￥59,690.3	￥98,134.9	￥83,971.1	￥70,819.0	￥78,153.8	￥312,615.3
10	8	刘红芳	营销二部	￥59,690.3	￥95,099.8	￥83,971.1	￥92,064.7	￥82,706.5	￥330,825.9
11	9	刘梅	营销二部	￥91,053.0	￥79,100.9	￥83,971.1	￥100,170.0	￥88,573.8	￥354,295.0
12	10	罗玉林	营销二部	￥57,900.9	￥53,620.1	￥63,971.1	￥24,690.3	￥50,045.6	￥200,182.4
13	11	宋丹	营销一部	￥53,620.1	￥83,971.1	￥43,971.1	￥83,971.7	￥66,383.5	￥265,534.0
14	12	宋科	营销二部	￥90,041.3	￥75,877.5	￥83,971.1	￥83,971.1	￥83,465.3	￥333,861.0
15	13	宋万	营销一部	￥67,783.9	￥101,170.0	￥83,971.1	￥90,341.3	￥85,816.6	￥343,266.3
16	14	孙洪伟	营销一部	￥84,982.8	￥79,924.3	￥83,971.1	￥63,854.1	￥78,183.1	￥312,732.3
17	15	王超	营销一部	￥95,099.8	￥99,146.6	￥83,971.1	￥77,900.9	￥89,029.6	￥356,118.4

图 4.56　SUM( )、AVERAGE( )函数计算结果图

2)绝对引用和相对引用

单元格的引用分为相对引用和绝对引用。

相对引用:指公式所在单元格与引用单元格的相对位置。这种情况下,复制、填充公式和函数时,引用的单元格地址会相应地进行更新的。

绝对引用:在现有的情况下,复制和填充公式时,引用的单元格地址不能进行更新,必需使用原地址,即绝对地址。些时就要使用绝对引用,指公式所在单元格与引用单元格的绝对位置。只需将相对地址的行号或列号前加上"$"符号,即可使地址中的行号或列号不变,如"$A1"表示只有行号可变,"A$1"表示只有列号可变,"$A$1"表示行号列号都不可变。

"任务完成率"的计算:"任务完成率"是计算员工本年度是否完成指定的任务指标,公式为:本年度合计/本年度销售任务。利用绝对引用完成"任务完成率"的计算。

选择 J3 单元格,输入"＝I3/D18",按下回车得到第一个人的"任务完成率",如果其余的员工的"任务完成率"用填充柄来实现的话,就需要用绝对地址,不然计算就会出错,此时只需将刚才的公式改为"＝I3/＄D＄18",再使用填充柄向下填充就可以正确地计算出其他员工的"任务完成率",如图 4.57 所示。

员工绩效考核表.xls	×
fx = I3/D18	
I	
合计	任务完成率	评
379.1	94.2%	
194.1	79.7%	
144.3	101.9%	
431.1	85.6%	
147.3	84.3%	

图 4.57　绝对地址的使用

3) IF 函数的使用

• IF( )函数:执行真假值判断,根据逻辑计算的真假值,返回不同结果。语法为 IF(logical_test,value_if_true,value_if_false),其中 logical_test 表示计算结果为 true 或 false 的任意值或表达式。

本项目中,需针对公司员工的任务完成情况,对其工作态度给出"优秀"和"一般"两种评价,如果能完成或超出年度任务的,则给出"优秀"评语,不能完成年度任务的,则给出"一般"评语。这里可以利用 IF 函数来进行判断,以"任务完成率"是否大于 100％为判断条件,由条件的"真""假"给出"优秀"和"一般"两种结果。具体操作如下:

步骤 1:选择 K3 单元格,在编辑栏中单击"插入函数"按钮 fx ,打开"插入函数"对话框,从常用函数中选择 IF( )函数,弹出 IF( )函数的参数设置窗口,如图 4.58 所示。

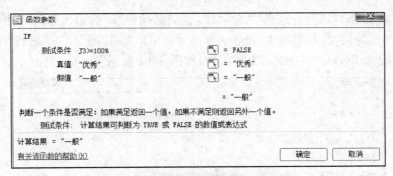

图 4.58　IF( )函数的参数添加窗口

步骤 2:在图 4.58 所示的对话框中,设置 IF( )函数的"测试条件"为"J3＞＝100％",判断该员工是否完成本年度任务,在"真值"栏中设置返回值为"优秀",在"假值"栏中设置返回值为"一般"。

步骤 3:单击"确定"按钮得到 IF( )函数的返回值,即在 K3 单元格内得到对第一个员工的工作态度的评语。得到 K3 单元格的公式为"＝IF(J3＞＝100％,"优秀","一般")"。

步骤 4:向下拖动填充柄,将 IF( )函数公式填充至其他单元格中,得到其他员工的工作态度的评语,结果如图 4.59 所示。

计	任务完成率	评 语	评 级
.1	94.2%	一般	
.1	79.7%	一般	
.3	101.9%	优秀	
.1	85.6%	一般	
.3	84.3%	一般	
.0	85.8%	一般	

图 4.59　调用 IF( )得到员工评语结果图

• IF( )函数嵌套

设置函数参数时,将参数设置为别一个函数,这样的函数称为嵌套函数。嵌套函数可以使当前单元格同时满足多个条件。

本项目中要求对员工工作业绩进行评级:按业绩按完成比例给出 A、B、C 三种等级,其中任务完成者为 A 级,任务完成不足 60% 的为 C 级,其他的为 B 级。这里存在多个条件,所以我们采用 IF( )函数嵌套来实现。操作如下:

步骤 1:首先选择 L3 单元格,按前面的方式用 IF( )函数对话框先完成"IF(J3＞＝100%,"A","B")",即测试条件为 J3＞＝100%,条件为"真"得出结果为"A",条件为"假"得出结果为"B",如图 4.60 所示。

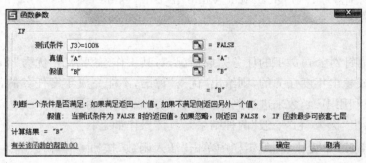

图 4.60　IF( )函数参数设置窗口

步骤 2:这时仅能判定两种结果"A"或"B",我们必须将"B"为再次分成两种结果,即测试条件 J3＞＝100% 为假时,再判断 J3 是否大于 60%,可以得出"B"和"C"两种结果。故我们将"假值"一栏改为 IF(J3＞＝60%,"B","C"),如图 4.61 所示

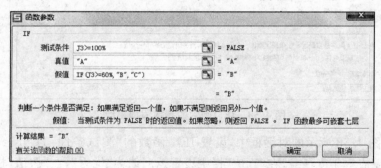

图 4.61　IF( )函数的嵌套

销售额	年度合计	任务完成率	评语	评级
,594.8	￥326,379.1	94.2%	一般	B
9,048.5	￥276,194.1	79.7%	一般	B
8,286.1	￥353,144.3	101.9%	优秀	A
4,107.8	￥296,431.1	85.6%	一般	B
3,036.8	￥292,147.3	84.3%	一般	B
4,348.3	￥297,393.0	85.8%	一般	B
3,153.8	￥312,615.3	90.2%	一般	B
2,706.5	￥330,825.9	95.5%	一般	B
8,573.8	￥354,295.0	102.2%	优秀	A
0,045.6	￥200,182.4	57.8%	一般	C
8,383.5	￥265,534.0	76.6%	一般	B

图 4.62　利用 IF( )嵌套得到员工业绩评组效果图

步骤 3:单击"确定"按钮得到 IF( )嵌套函数的返回值,即在 L3 单元格内得到对第一个员工的工作业绩的评级结果。

步骤 4:向下拖动填充柄,将 IF( )嵌套函数公式填充至其他单元格中,得到其他员工工作业绩的评级结果,结果如图 4.62 所示。

4）统计函数 COUNT（），COUNTIF（）

COUNT 函数和 COUNTIF 函数在数据汇总统计分析中是非常有用的函数。

COUNT（）：函数可以用来统计指定区域内单元格的个数，如果参数是一个数组或引用，那么只统计数组或引用中的数字；数组中或引用的空单元格、逻辑值、文字或错误值都将忽略。

公式为：＝COUNT（参数 1，参数 2，…，参数 N）

比如：在本项目中可以统计年度合计的个数，函数代码为 COUNT（I3：I17）

COUNTIF（）：函数的功能是计算给定区域内满足特定条件的单元格的数目。

公式为：＝ COUNTIF（range，criteria）

range——需要计算其中满足条件的单元格数目的单元格区域；

criteria——确定哪些单元格将被计算在内的条件，其形式可以为数字、表达式或文本。

本项目中我们用 COUNTIF（）来统计优秀员工数。具体操作如下：

步骤 1：首先选择 K18 单元格，在编辑栏中单击"插入函数"按钮，打开"插入函数"对话框，从常用函数中选择 COUNTIF（）函数，弹出 COUNTIF 函数的参数设置窗口，如图 4.63 所示。

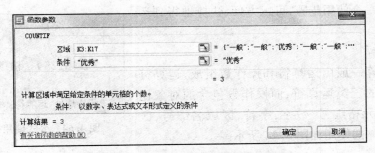

图 4.63 COUNTIF（）函数的参数设置窗口

步骤 2：在图 4.63 所示的对话框中，设置 COUNTIF（）函数的"区域"为"K3：K17"，设置需要统计个数的单元格区域，在"条件"栏中设置判断条件为"优秀"。

步骤 3：单击"确定"按钮得到 COUNTIF（）函数的返回值，即在 K18 单元格内统计出员工中评语被评定为"优秀"的员工的人数。

步骤 4：将完成的工作表以原文件名存盘。

▶▶▶ **知识拓展**

1）运算符的基础知识

WPS 表格中将运算符分为三类，分别为算术运算符、字符连接符和关系运算符，使用公式或函数运算时，一般通过这些运算符连接操作数或操作单元格编号进行运算。

• 算术运算符

算术运算符是用户平时使用最为广泛的一种运算符，这种运算符主要包含加、减、乘、除、取余数、指数幂运算及括号，即：＋，－，＊，／，％，^，（）。

· 字符连接符

字符连接符比较少，一般只通过"&"连接相关字符，如：＝A1&B1，表示连接 A1 单元格中的文字与 B1 单元格的文字。

· 关系运算符

关系运算符主要含有等于、不等于、大于、大于或等于、小于、小于或等于，即：＝、＜＞、＞、＞＝、＜、＜＝，用户在实际应用中，根据需要选择不同的运算符进行运算。

2）公式与函数使用注意事项

· 公式或函数的使用步骤

为了合理的应用，公式或函数在使用过程中，一般遵循如下步骤，具体如下：

（1）选择存放结果的单元格。

（2）输入等号。

（3）选函数。

（4）设置函数相应参数。

（5）单击"确定"。

（6）查看结果。

通过这样一个使用步骤，可以方便、快捷地得到运算后的结果。

· 公式运算

公式的运算一般由运算符和操作数组成，运算符就是上述提及的三类运算符，而操作数包含的对象比较广泛，如：单元格编号、数字、字符、区域名编号、区域、函数等，具体的使用如图 4.64 所示。

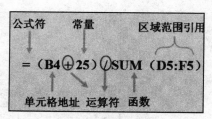

图 4.64　公式使用格式样例

3）最大值，最小值的计算

· 在 WPS 表格中，系统提供了 MAX()与 MIN()函数分别统计某数据区域的最大值与最小值，这两个函数的使用格式如下。

格式：函数名（数据范围）

在 N2 单元格内输入文字"年度合计最大值"，鼠标单击 N3 单元格，在编辑栏输入＝MAX(I3:I17)，按下回车键，在 N3 单元格内统计出年度合计最大值，如图 4.65 所示。

在 O2 单元格内输入文字"年度合计最小值"，鼠标单击 O3 单元格，在编辑栏输入＝MIN(I3:I17)，按下回车键，在 O3 单元格内统计出年度合计最小值，如图 4.65 所示。

	N3	▾	⊕ fx	=MAX(I3:I17)				
	I	J	K	L	M	N	O
1							
2	年度合计	任务完成率	评 语	评 级	排名	年度合计最大值	年度合计最小值
3	¥326,379.1	94.2%	一般	B	7	356118.4	200182.4
4	¥276,194.1	79.7%	一般	B	13		
5	¥353,144.3	101.9%	优秀	A	3		

图 4.65　MAX()与 MIN()函数效果图

• 函数的具体使用方法可参阅 WPS 的《工作手册》，易学好用。现以统计函数中的“大函数 LARGE(array,k)、小函数 SMALL(array,k)”为例，以其举一反三。

所谓大函数(LARGE)指的是它能从某一数列中找出其中最大的一个数；反之小函数(SMALL)指的是它能从某一数列中找出其中最小的一个数。

举例：学校举行演讲比赛，多位评委给选手打分，算平均分时先要去掉两个最高分和两个最低分，如何解决这一问题呢？打开 WPS 表格，实践一下吧！

第 1 步：录入各位选手的得分，如图 4.66 所示。

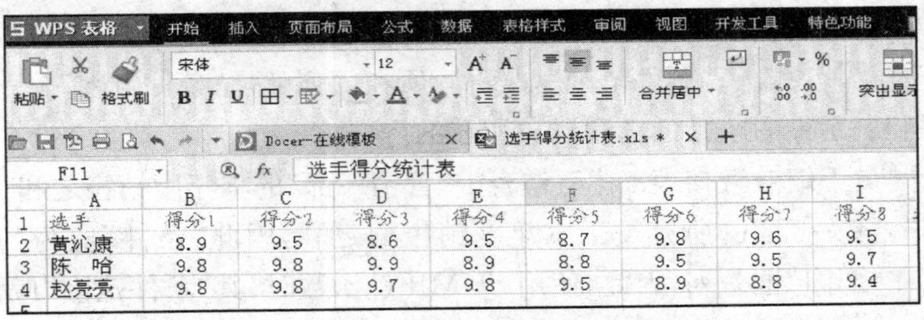

	A	B	C	D	E	F	G	H	I
1	选手	得分1	得分2	得分3	得分4	得分5	得分6	得分7	得分8
2	黄沁康	8.9	9.5	8.6	9.5	8.7	9.8	9.6	9.5
3	陈　哈	9.8	9.8	9.9	8.9	8.8	9.5	9.5	9.7
4	赵亮亮	9.8	9.8	9.7	9.8	9.5	8.9	8.8	9.4

图 4.66　各位选手的得分

第 2 步：计算各位选手的两个最高分和两个最低分，如图 4.67 所示。

① 在 J2 格输入：“＝LARGE(B2:I2,1)”，表示求 B2～I2 格中最大(参数“1”)的值。

② 在 K2 格输入：“＝LARGE(B2:I2,2)”，表示求 B2～I2 格中第二大(参数“2”)的值。

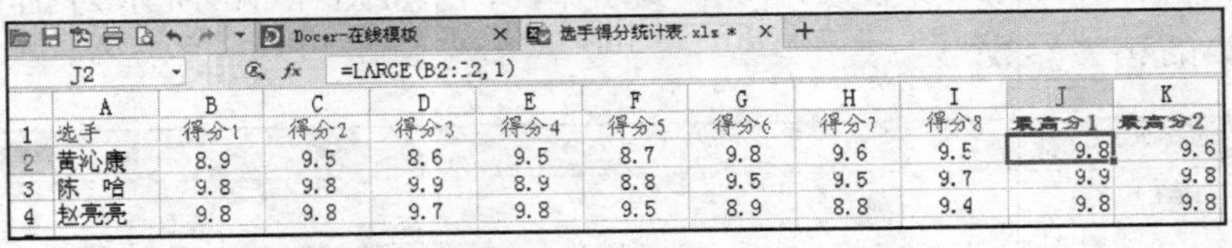

	A	B	C	D	E	F	G	H	I	J	K
1	选手	得分1	得分2	得分3	得分4	得分5	得分6	得分7	得分8	最高分1	最高分2
2	黄沁康	8.9	9.5	8.6	9.5	8.7	9.8	9.6	9.5	9.8	9.6
3	陈　哈	9.8	9.8	9.9	8.9	8.8	9.5	9.5	9.7	9.9	9.8
4	赵亮亮	9.8	9.8	9.7	9.8	9.5	8.9	8.8	9.4	9.8	9.8

图 4.67　各位选手的两个最高分

③ 在 L2 格输入：“＝SMALL(B2:I2,1)”，表示求 B2～I2 格中最小(参数“1”)的值。

④ 在 M2 格输入：“＝SMALL(B2:I2,2)”，表示求 B2～I2 格中第二小(参数“2”)的值。如图 4.68 所示。

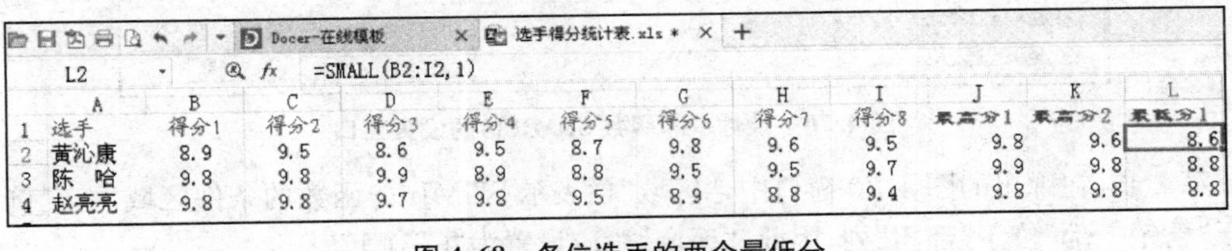

	A	B	C	D	E	F	G	H	I	J	K	L
1	选手	得分1	得分2	得分3	得分4	得分5	得分6	得分7	得分8	最高分1	最高分2	最低分1
2	黄沁康	8.9	9.5	8.6	9.5	8.7	9.8	9.6	9.5	9.8	9.6	8.6
3	陈　哈	9.8	9.8	9.9	8.9	8.8	9.5	9.5	9.7	9.9	9.8	8.8
4	赵亮亮	9.8	9.8	9.7	9.8	9.5	8.9	8.8	9.4	9.8	9.8	8.8

图 4.68　各位选手的两个最低分

⑤ 在 N2 格输入：“＝(SUM(B2:I2)－ SUM(J2:M2))/4”，表示用选手得分的和减去两个最高分、两个最低分，再除以 4，以得到相对合理的平均分。如图 4.69 所示。

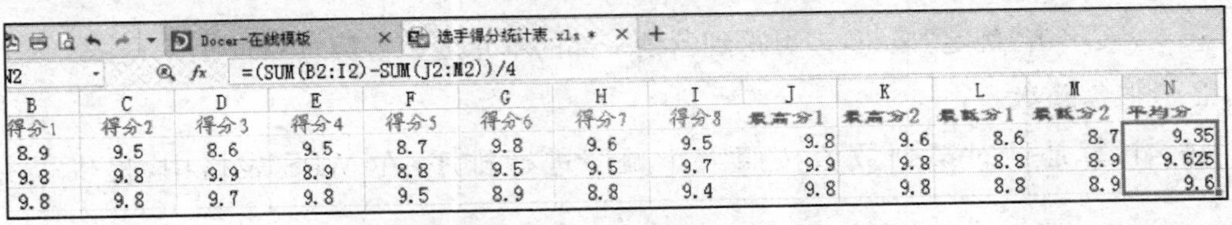

B	C	D	E	F	G	H	I	J	K	L	M	N
得分1	得分2	得分3	得分4	得分5	得分6	得分7	得分8	最高分1	最高分2	最低分1	最低分2	平均分
8.9	9.5	8.6	9.5	8.7	9.8	9.6	9.5	9.8	9.6	8.6	8.7	9.35
9.8	9.8	9.9	8.9	8.8	9.5	9.5	9.7	9.9	9.8	8.8	8.9	9.625
9.8	9.8	9.7	9.8	9.5	8.9	8.8	9.4	9.8	9.8	8.8	8.9	9.6

图 4.69　各位选手相对合理的平均分

⑥ 自动填充——即通过填充柄往下拉,求出所有的有用信息。

>>> 技能提升

1) 条件求和计算

条件求和是 WPS 表格提供的高级应用,该函数使用的时候相对较复杂、抽象,其使用格式如下:

格式:SUMIF(条件范围,条件,求和范围)

其中"条件"是限制要求,一般按照某一类进行限制求和。

由"条件"直接就决定了"条件范围","条件"所在的列就是"条件范围"。

"求和范围"表示最后统计的求和对象所在的行列。

例如:统计"员工绩效考核表.et"工作表中"营销一部"的本年度销售之和。

本例是求"营销一部"的所有员工本年度销售额之和,因此"条件"应为"营销一部",而"营销一部"是在"部门"这一列,因此,使用 SUMIF() 函数时,其"条件范围"应为"部门"这一列,即 C3:C17。由于是统计"年度合计"这一列的数据之和,所以,求和范围为"年度合计",即 I3:I17 单元格。具体操作过程如下。

第 1 步:在 P2 单元格输入"营销一部合计"文字内容,移动光标至 P3 单元格。单击编辑栏插入函数按钮,在"插入函数"窗口内的"查找函数"输入框中输入"SUMIF",然后在"选择函数"窗格内选择 SUMIF() 函数,单击"确定",弹出如图 4.70 所示对话框窗口,设置 SUMIF() 函数的相关参数。

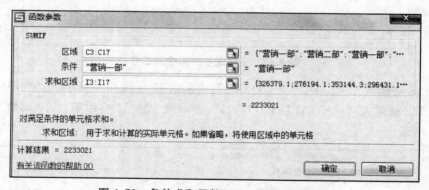

图 4.70 条件求和函数 SUMIF() 的设置窗口

第 2 步:在弹出的图 4.70 窗口中,"区域"栏表示 SUMIF() 函数的条件区域,本案例中,由于"营销一部"位于"部门"列,因此,"区域"栏应设置为"C3:C17"。

"条件"栏设置为"营销一部",因为统计的是营销一部的本年度销售额之和。

"求和区域"设置的是参加求和的范围,在本项目中,要求统计的是"年度合计",因此,求和范围为"I3:I17"。

第 3 步:单击"确定"按钮,即可得到营销一部的本年度销售额之和。

2) 排名函数

排名计算是针对某列数值按照大小顺序进行排序,在 WPS 表格中,提供了一个

RANK()函数可以完成相应的操作,其作用是返回一个数字在数字列表中相对于其他数值的大小排位。

在本例中,按年度销售额对员工业绩做个排名,具体操作过程如下。

步骤 1:在 M2 单元格中输入"排名"文字内容,选择 M3 单元格,单击编辑栏插入函数按钮,在"插入函数"窗口内的"查找函数"输入框中输入"RANK",然后在"选择函数"窗格内选择 RANK()函数,单击"确定",弹出如图 4.71 所示对话框窗口,设置 RANK()函数的相关参数。

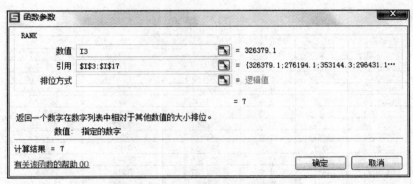

图 4.71　排名函数 Rank()设置窗口

"数值"表示参加排序的某个单元格数值,在本项目中,由于要求按年度销售额进行业绩排名,因此,实现排序依据为"年度合计"。故"数值"栏为员工"陈锐"的"年度合计"对应的单元格 I3。

"引用"栏表示排名的数值范围,也就是在针对哪一列数值进行排名,本项目的排名范围为 I3:I17。考虑到拖动填充柄时,引用范围会随着填充单元格的位置变化而相应的变化,而本例中该数值范围无需变化,因此需要在 I3:I17 前添加"$",使得该单元格地址变成绝对地址,所以"引用"栏的地址应为"＄I＄3：＄I＄17"(字母和数字前均要添加"＄"符号)。

"排位方式"分为升序和降序,其中 0 或缺省表示为降序,而非零值表示升序。在本项目中,设置为降序,因此排序方式的值为"0"。

步骤 2:单击"确定"按钮,即可得到当前单元格在此引用范围内的排名结果。

步骤 3:拖动填充柄,将 RANK()函数的使用复制到其他单元格中,得到其他员工的排名情况,结果如图 4.72 所示。

年度合计	任务完成率	评 语	评级	排名
326,379.1	94.2%	一般	B	7
276,194.1	79.7%	一般	B	13
353,144.3	101.9%	优秀	A	3
296,431.1	85.6%	一般	B	11
292,147.3	84.3%	一般	B	12
297,393.0	85.8%	一般	B	10
312,615.3	90.2%	一般	B	9
330,825.9	95.5%	一般	B	6
354,295.1	102.2%	优秀	A	2
200,182.4	57.8%	一般	C	15
265,534.0	76.6%	一般	B	14
333,861.0	96.4%	一般	B	5

图 4.72　按年度销售额排名情况

4.3 分析"客户订单表"

▶▶▶ 项目描述

经理找到销售部的 Anne,给了她一份"客户订单表",如图 4.73 所示,要求她以这份订单做一份分析报告。

客户订单表

订单编号	客户姓名	所在城市	订单总额（元）	其他费用（元）	预付（元）
tc05001	王文辉	杭州	67787.4	1674	33893.7
tc05003	张磊	上海	514414.9	2749	257207.45
tc05004	赵心怡	成都	70140.3	1203	35070.15
tc05006	王力	成都	96464.5	1445	48232.25
tc05008	孙芙	上海	111649.8	3498	55824.9
tc05011	张在旭	上海	77998.5	4785	38999.25
tc05014	金翔	杭州	394.7	3047	197.35
tc05016	扬海东	成都	145978.6	986	72989.3
tc05018	黄立	北京	373659.5	4195	186829.75
tc05019	王春晓	杭州	202569.8	2498	101284.9
tc05022	陈松	北京	119487.4	3574	59743.7
tc05024	姚林	上海	98987.5	3875	49493.75

图 4.73　客户订单表

Anne 觉得先要对这个"客户订单表"做一些详细的数据分析,才能写好这份分析报告,于是她决定对"客户订单表"做一些排序、分类汇总、创建图表、筛选等操作。

▶▶▶ 技术分析

本项目中主要涉及的内容是 WPS 表格中的数据管理和分析,主要用到排序、分类汇总、创建图表、筛选等功能。通过该项目的学习,熟悉这些操作的基本流程,掌握排序、分类汇总、图表创建及筛选等常用的数据管理和分析操作。深刻理解各操作的作用及含义,能根据实际应用,合理选择相关的数据管理相关操作,解决实际应用问题。

▶▶▶ 项目实施

数据的管理是 WPS 表格的重点,是对数据进行相关操作。排序、筛选、分类汇总等操作均是实际应用中常见的操作,可有效地帮助用户解决实际问题。

1) 排序

步骤 1:选择"客户订单表"中的 A2:F14 单元格(注意:要选择整个表格,包括表头,但标题文字不选)。

步骤 2:单击"开始|排序|自定义排序",弹出如图 4.74 所示的对话框,选择图中下方的"有标题行"方式。

步骤 3:在其中的"主关键字"下拉对话框中选择"所在城市"字段作为排序的主关键字。

步骤 4:在"次要关键字"下拉对话框中选择"订单总额"字段作为排序的次要关键字,再选择右边的排序方式为"降序"如图 4.75 所示。

图 4.74　自定义排序主关键字设置

图 4.75　自定义排序次关键字设置

实现了先以"所在城市"排序,然后同城市的订单再按"订单总额"从高到低排序。

步骤 5:设置完排序选项后,单击"确定"按钮,即可完成排序操作,效果如图 4.76 所示。

订单编号	客户姓名	所在城市	订单总额(元)	其他费用(元)	预付(元)
tc05018	黄立	北京	373659.5	4195	186829.75
tc05022	陈松	北京	119487.4	3574	59743.7
tc05016	扬海东	成都	145978.6	986	72989.3
tc05006	王力	成都	96464.5	1445	48232.25
tc05004	郝心怡	成都	70140.3	1203	35070.15
tc05019	王春晓	杭州	202569.8	2498	101284.9
tc05001	王文辉	杭州	67787.4	1674	33893.7
tc05014	金翔	杭州	394.7	3047	197.35
tc05003	张磊	上海	514414.9	2749	257207.45
tc05008	孙英	上海	111649.8	3498	55824.9
tc05024	姚林	上海	98987.5	3875	49493.75
tc05011	张在旭	上海	77998.5	4785	38999.25

图 4.76　按"部门"字段进行排序效果图

2)分类汇总管理数据

分类汇总:指将数据按设置的类别进行分类,同时对汇总的数据进行求和,计数或乘积等统计。使用分类汇总选项,不需要创建公式,系统将自动创建公式,并对数据清单的某个字段进行诸如"求和"、"计数"之类的汇总函数,实现对分类汇总值的计算,而且将计算结果分级显示出来。

注意:分类汇总前,必须对所选字段进行排序,否则将不能正确地进行分类汇总。

因为前面的操作已经对"客户订单表"进行了排序,故这里可以直接进行分类汇总操作。具体步骤如下。

步骤 1:选择"客户订单表"中的 A2:F14 单元格,单击"数据|分类汇总"弹出如图 4.77 所示对话框。

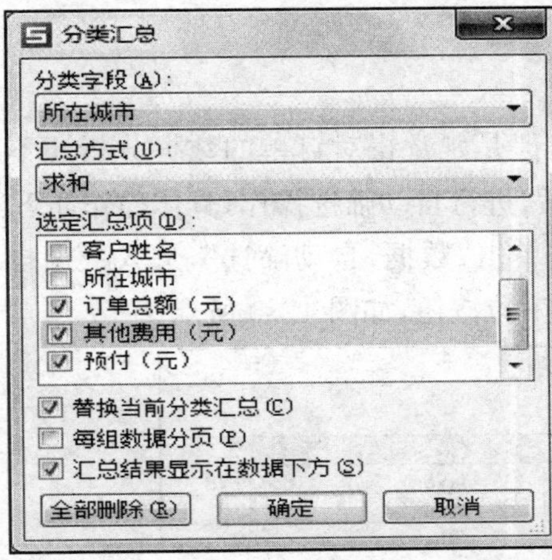

步骤 2:在图 4.77 所示对话框中,设置分类汇总的相关参数。分类字段表示按照那个字段进行分类汇总结果,本项目按照"所在城市"字段;汇总

图 4.77　分类汇总设置对话框

方式一般有求和、求平均值、最大值、最小值、计数等方式,本项目要求求和,因此,选择"求和"项;汇总项是选择针对哪些数据进行汇总,本项目主要针对"订单总额""其他费用""预付"进行汇总,故给这三项前打上钩。

步骤3:设置完毕后,单击"确定"按钮,即已完成分类汇总的操作,效果图如图4.78所示。

2	订单编号	客户姓名	所在城市	订单总额(元)	其他费用(元)	预付(元)
3	tc05018	黄立	北京	373659.5	4195	186829.75
4	tc05022	陈松	北京	119487.4	3574	59743.7
5			北京 汇总	493146.9	7769	246573.45
6	tc05016	扬海东	成都	145978.6	986	72989.3
7	tc05006	王力	成都	96464.5	1445	48232.25
8	tc05004	郝心怡	成都	70140.3	1203	35070.15
9			成都 汇总	312583.4	3634	156291.7
10	tc05019	王春晓	杭州	202569.8	2498	101284.9
11	tc05001	王文辉	杭州	67787.4	1674	33893.7
12	tc05014	金翔	杭州	394.7	3047	197.35
13			杭州 汇总	270751.9	7219	135375.95
14	tc05003	张磊	上海	514414.9	2749	257207.45
15	tc05008	孙英	上海	111649.8	3498	55824.9
16	tc05024	姚林	上海	98987.5	3875	49493.75
17	tc05011	张在旭	上海	77998.5	4785	38999.25
18			上海 汇总	803050.7	14907	401525.35
19			总计	1879532.9	33529	939766.45

图4.78 分类汇总效果图

说明:图4.78左上角的数字"1,2,3"表示汇总方式分为3级,分别为1级、2级与3级,用户可以单击左边的收缩按钮□将下方的明细数据进行隐藏,也就是只显示汇总后的结果值。如果单击左边的第2级下方的三个收缩按钮,则可把各城市的订单明细全部隐藏,同时左边的□变成了⊞,如图4.79所示。

1 2 3		A	B	C	D	E	F
	2	订单编号	客户姓名	所在城市	订单总额(元)	其他费用(元)	预付(元)
	5			北京 汇总	493146.9	7769	246573.45
	9			成都 汇总	312583.4	3634	156291.7
	13			杭州 汇总	270751.9	7219	135375.95
	18			上海 汇总	803050.7	14907	401525.35
	19			总计	1879532.9	33529	939766.45

图4.79 收缩明细效果图

移除分类汇总:如果不需要当前的分类汇总了,可以单击"数据|分类汇总",在弹出的如图4.77所示对话框中单击"全部删除"按钮即可。

3)自动筛选

在上面的操作中,Anne完成了排序和分类汇总,但是她觉得对订单的数据分析还不够透彻,于是她决定进一步分析数据,移除分类汇总值后,进行自动筛选操作,具体操作如下:

步骤1:选择"客户订单表"中的A2:F14单元格,单击"数据|自动筛选",进入数据自动筛选状态,这时表格表头行的所有单元格右侧均出现下拉按钮,如图4.80所示。

A	B	C	D	E	F
			客户订单表		
订单编号	客户姓名	所在城市	订单总额(元)	其他费用	预付(元)
tc05018	黄立	北京	373659.5	4195	186829.75
tc05022	陈松	北京	119487.4	3574	59743.7
tc05016	扬海东	成都	145978.6	986	72989.3

图4.80 自动筛选的下拉按钮

步骤 2：单击"所在城市"列的下拉按钮，弹出一个下拉窗口，将光标移到"北京"处，则"北京"右侧自动出现"仅筛选此项"，如图 4.81 所示，单击"仅筛选此项"，则自动筛选出北京的所有订单，其他城市数据则被暂时隐藏。筛选结果图如图 4.82 所示。

图 4.81　自动筛选设置窗口

客户订单表		
B	C	D
客户姓名	所在城市	订单总额（元）
黄立	北京	373659.5
陈松	北京	119487.4

图 4.82　筛选结果

如果想放弃当前筛选结果，只需单击菜单项"数据|全部显示"按钮 全部显示 即可。

步骤 3：如果想筛选出"订单总额"前五个最大值，则需要对"订单总额"设置自动筛选条件。单击"订单总额"列的下拉按钮，从弹出的下拉对话框的左下角，单击"前十项"即可弹出如图 4.83 所示的设置窗口，在此设置窗口中设置"显示"为："最大"，前"5 项"。

在此窗口中，也可设置显示方式为"最小"，那么显示的是最后 5 项最小值。当然也可以把最后的"项"改成"百分比"，则表示按照总数的百分比显示对应的结果。

步骤 4：单击图 4.83 的"确定"按钮后，即可得到筛选后的结果，如图 4.84 所示。

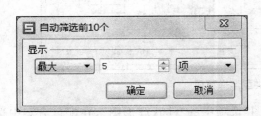

图 4.83　自动筛选前 5 项设置窗口

客户订单表		
B	C	D
客户姓名	所在城市	订单总额（元）
黄立	北京	373659.5
陈松	北京	119487.4
扬海东	成都	145978.6
王春晓	杭州	202569.8
张磊	上海	514414.9

图 4.84　自动筛选前 5 项效果图

步骤 5：还可以将"预付"款中的数据，筛选出 10 万以上的数据。清除前一次筛选结果后，单击"预付（元）"列的下拉按钮，从弹出的下拉对话框中右上角，选择"数字筛选|大于"，打开"自定义自动筛选方式"设置窗口，如图 4.85 所示，在"大于"后的文本框内输入"100000"即可得到 10 万以上的数据项，如图 4.86 所示。

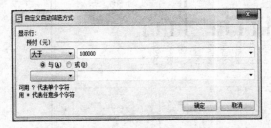

图 4.85　自定义自动筛选方式设置窗口

E	F
其他费用（元）	预付（元）
4195	186829.75
2498	101284.9
2749	257207.45

图 4.86　自动筛选 10 万以上数据效果图

如果不需要进行自动筛选时，可以关闭自动筛选功能，只需和打开此功能时一样操作，

单击"数据|自动筛选",即可关闭自动筛选功能。

4）图表的制作

图表的创建主要是为了更加形象化地比较变量或参数在整个表格中的数据变化趋势。通常创建图表的步骤如下。

步骤 1：选择需要制作图表的数据区：选择"客户订单表"中 A2：A14，再按下"Ctrl"键的同时选择 D2：F14 数据区域（按下"Ctrl"键的目的是为了选择不连续的单元格区域）。

步骤 2：单击"插入|图表"选项，弹出如图 4.87 所示对话框，在此对话框中设置创建图表的基本选项。

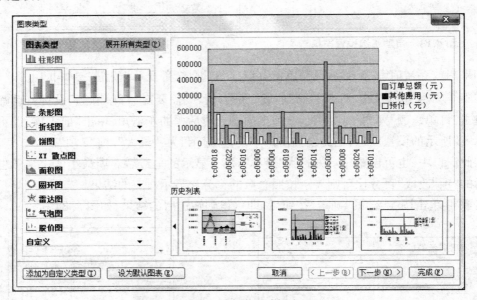

图 4.87　图表类型选择窗口

步骤 3：在"图表类型"列表框中选择"柱形图"选项中的"柱状簇形图"，在配色方案中选择第一行第一个，如图 4.88 所示。

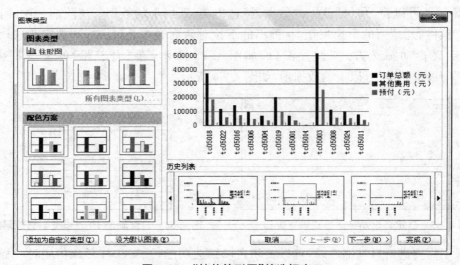

图 4.88　"柱状簇形图"的选择窗口

步骤 4：单击图 4.88 中的"下一步"按钮，进入数据源区域的选择窗口，如果开始用户选择数据区域有误，在此窗口中，可以重新修改数据源区域的选择。

步骤 5：数据选择无误后，单击"下一步"，进入图表选项的设置窗口，如图 4.89 所示。在此窗口，可以设置图表的标题、X 或 Y 轴标题、网格线、图例等选项。

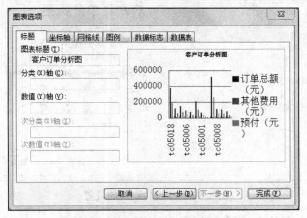

图 4.89　图表选项的设置窗口

步骤 6：单击"标题"标签，设置图表的标题为"客户订单分析图"。

步骤 7：单击"网格线"标签，添加 X 轴的主网格线，设置效果如图 4.90 所示。

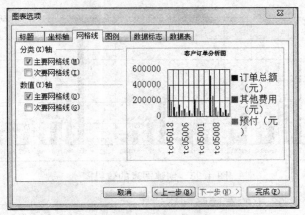

图 4.90　网格线的设置窗口

步骤 8：单击"图例"标签，设置图例"靠上"显示，效果如图 4.91 所示。

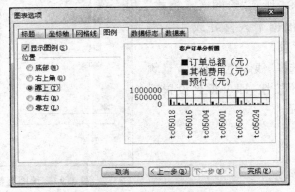

图 4.91　"图例"选项的设置

步骤 9：单击"数据标志"标签，勾选"值"选项，如图 4.92 所示。

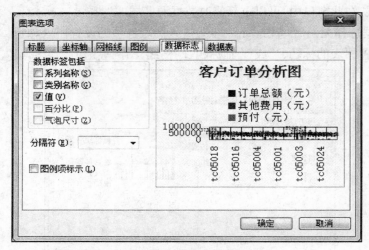

图 4.92 "数据标志"的设置

步骤 10：当所有选项均已设置完毕后，单击图 4.92 中的"确定"按钮，即可在工资表中显示创建后的图表结果，如图 4.93 所示。

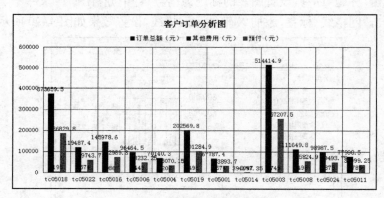

图 4.93 创建图表的效果图

步骤 11：双击图 4.93 中的有横竖网络线的背景区域（注意，不要点到线条上。也可通过右键菜单中的"绘图区　格式"菜单选择背景区域），弹出如图 4.94 所示"绘图区　格式"的设置窗口，用户可根据个人喜好或实际需要，设置不同颜色的背景。

步骤 12：本项目选择"浅绿色"填充背景颜色，选择后单击"确定"按钮，即可得到设置后的效果，如图 4.95 所示。

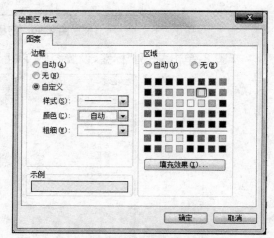

图 4.94 绘图区颜色设置窗口

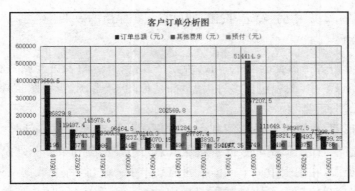

图 4.95　绘图区颜色改变效果图

▶▶▶ 知识拓展

1）排序技巧

WPS 表格中提供了多种数据排序功能，用户可以对表格中的数据进行各种排序，如对行排成升序或降序、对列排成升序或降序。也可设置行列排序的方式，按照字母、数值、笔画等方式升序、降序排列。

• 按照字母排序

WPS 表格提供的排序可以按照关键字发音的字母进行升降序排列，升序则表示按照 a、b、c、d……的顺序排列，而降序则反过来。

• 按照笔画排序

按照笔画排序也是排序操作的一个重要方式，这种排序方式主要针对汉字类的字段，如果是数值类的字段则不能达到预期效果。比如订单表中可以按照"客户姓名"或者"所在城市"字段进行笔画排序，而针对"订单总额"不能按照笔画排序，原因是"订单总额"列对应的是数值，数值不分笔画的。具体操作过程如下。

步骤 1：打开"客户订单表.et"，选择 A2:F14 单元格。

步骤 2：单击"开始|排序|自定义排序"，弹出排序对话框，如图 4.96 所示。

步骤 3：选择"有标题行"的列表方式，然后在主关键字下选择"客户姓名"字段，并设置为升序排列。

步骤 4：单击排序设置窗口中的"选项"按钮，在弹出的排序选项窗口中（如图 4.97 所示），设置排序方式为按照拼音排序，单击"确定"按钮。

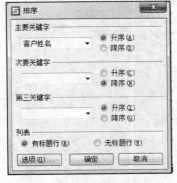

图 4.96　排序设置窗口

图 4.97　排序选项设置窗口

步骤 5：单击图 4.97 中的"确定"按钮，即可查看排序后的效果。

2）图表类型

图表是一种分析表格数据的图示，与二维表格数据相比，图表更能反映和判断不同数据之间的关系。在 WPS 中，图表包含多种类型，如柱形图、条形图、折线图、饼图、散点图等，下面介绍几种常用的图表类型。

柱形图和条形图：柱形图和条形图都由长方形的数据系列构成，不同之处在于：柱形图的数据系列是垂直的，而条形图的数据系列是水平的。柱形图和条形图是 WPS 图表中使用频率最高的图表类型，在图表中每个数据系列都紧挨在一起，且每个数据系列都用不同的颜色进行区分，能够直观地查看和比较数据。常用的柱形图和条形图中，簇状、三维簇状等子类型图表的使用率较高，如图 4.98 所示为柱形图中的簇状柱形图。

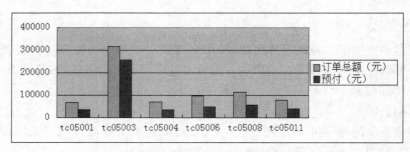

图 4.98　柱形图中的簇状柱形图

折线图：折线图主要由点和线构成。其中，点表示数据在图表中的位置（即在 y 轴对应的数值），线表示相邻两个数据之间的走向（即数据是涨幅还是跌幅）。折线图通常用于对不同期间某一种类型的数据大小进行比较。如图 4.99 所示为折线图中的"数据点折线图"。

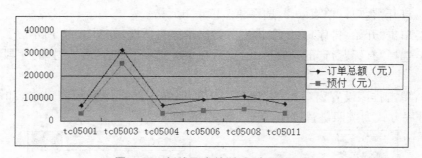

图 4.99　折线图中的"数据点折线图"

饼图：用于表示某部分的数额和在总数量中所占百分比，如图 4.100 所示。默认创建的饼图中，并不会包含各部分的值和所占百分比，必须在图表选项上选择"数据标志"，在"数据标志"选项卡中单击选中"值"和"百分比"复选框。

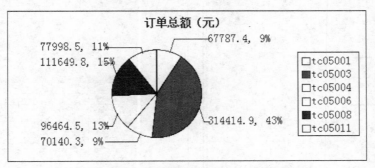

图 4.100　含有"值"和"百分比"的饼图

3）表格的打印页面设置

在 WPS 表格中，页面设置几乎是必用的一项功能，每次编辑完成后，都要进行页面设置，然后打印输出。

这里以"客户订单表"为例，介绍 WPS 表格如何进行打印页面设置，具体操作如下：

打印页面基本设置：

第 1 步：单击"WPS 表格|打印预览"，打开打印预览界面，如图 4.101 所示。在这里我们可以对打印样式进行设定。

第 2 步：单击打印菜单栏中的"横向"按钮，设置纸张打印方向为横向，如图 4.102 所示。

图 4.101　打印预览界面

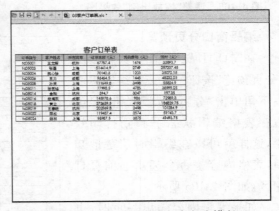

图 4.102　设置纸张打印方向为横向

第 3 步：在打印预览界面，单击"页面设置"按钮，打开页面设置窗口，单击"页边距"选项卡，将"居中方式"中的"水平"和"垂直"都打上钩，如图 4.103 所示，设置本表格为打印在纸张的正中间，如图 4.104 所示。

第 4 步：在页面设置窗口，单击"页面"选项卡，将"缩放比例"调整为 140%，单击"确定"按钮，效果如图 4.105 所示。

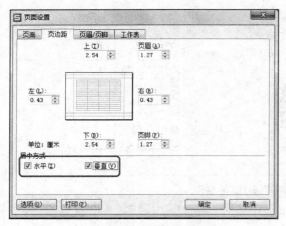

图 4.103 页面设置窗口

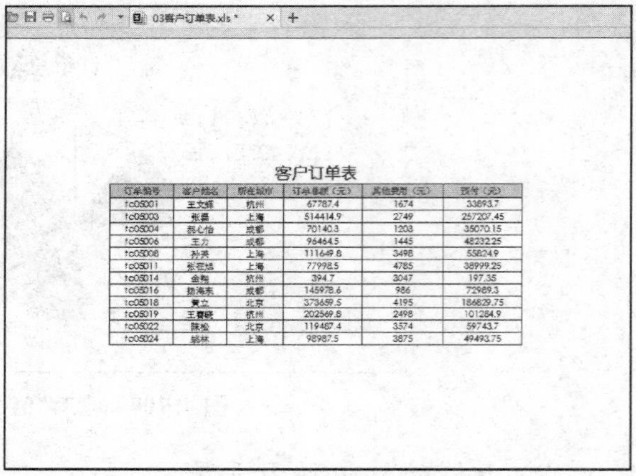

图 4.104 设置居中效果图

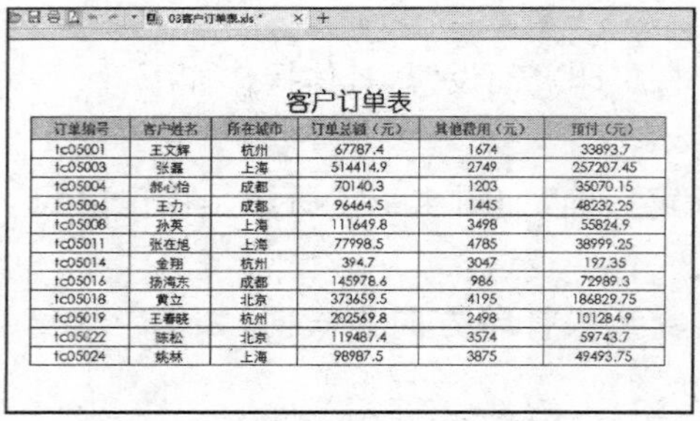

图 4.105 调整"缩放比例"效果图

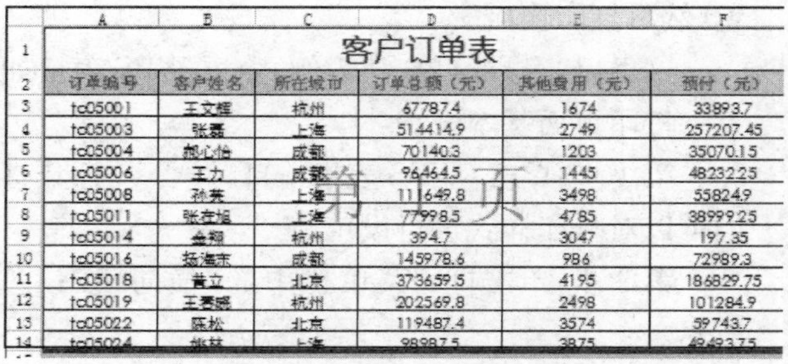

图 4.106 编辑窗口分页预览效果

编辑窗口分页预览：

在"打印预览"界面工具栏单击"分页预览"按钮，（或在编辑界面右下角单击"分页预览"按钮）可以在表格编辑状态下看到打印效果，这样就可以在编辑时清楚地知道，表格内容是否会超出当前页打印区，如图 4.106 所示。

如果编辑内容超出一页时，也可以清楚地从分页预览效果中看出当前表格内容有几页，如图 4.107所示。

多页表格打印时重复表格头：

如果表格有两页或以上，每页都需要打印表格头时，单击"WPS表格"侧面的下拉小三角选择"文件|页面设置"，打开"页面设置"窗口。

图 4.107 编辑窗口多页分页预览效果

单击"工作表"选项卡,设置"顶端标题行"为 $1:$2(单击"顶端标题行"右侧的区域选择按钮 ,用鼠标框选 A1:F2 标题行即可),如图 4.108 所示。确定后,单击打印预览即可看到效果。

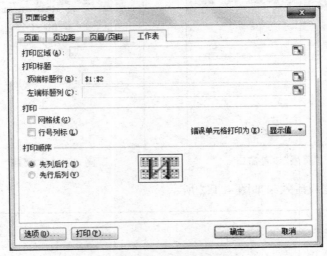

图 4.108　"页面设置"窗口

打印页眉页脚:

第 1 步:在打印预览页面单击"页眉和页脚"按钮 ,进入"页眉和页脚"设置窗口,如图 4.109 所示。

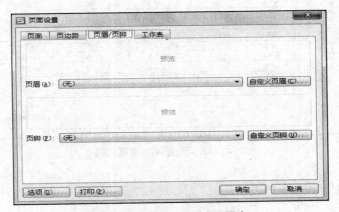

图 4.109　"页眉和页脚"设置窗口

第 2 步:设置页眉。单击"页眉和页脚"设置窗口内的"自定义页眉",打开"页眉"设置窗口,在"左"文本框输入"天天科技股份有限公司",然后选择文字"天天科技股份有限公司",单击字体按钮 ,设置为宋体 18 号字。再把光标放在"右"文本框,单击"日期"图标 ,设置页眉右则为表格打印日期,如图 4.110 所示。单击"确定"完成页眉设置。

第 3 步:设置页脚。单击图 4.109"自定义页脚",打开"页脚"设置窗口,把光标放在"右"文本框,单击"文件名"图标 ,设置页脚右则为当前表格文件的名称。如图 4.111 所示。单击"确定"完成页脚设置。

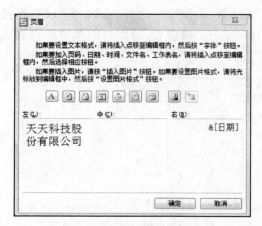

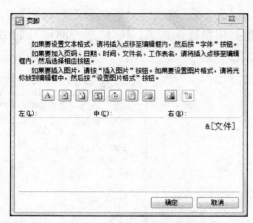

图 4.110 "页眉"设置窗口　　　　　　　　　图 4.111 "页脚"设置窗口

第 4 步:设置完成后效果如图 4.112 所示。

天天科技股份有限公司　　　　　　　　　　　2014/7/18

客户订单表

订单编号	客户姓名	所在城市	订单总额（元）	其他费用（元）	预付（元）
tc05001	王文辉	杭州	67787.4	1674	33893.7
tc05003	张磊	上海	514414.9	2749	257207.45
tc05004	郝心怡	成都	70140.3	1203	35070.15
tc05006	王力	成都	96464.5	1445	48232.25
tc05008	孙英	上海	111649.8	3498	55824.9
tc05011	张在旭	上海	77998.5	4785	38999.25
tc05014	金翔	杭州	394.7	3047	197.35
tc05016	扬海东	成都	145978.6	986	72989.3
tc05018	黄立	北京	373659.5	4195	186829.75
tc05019	王春晓	杭州	202569.8	2498	101284.9
tc05022	陈松	北京	119487.4	3574	59743.7
tc05024	姚林	上海	98987.5	3875	49493.75

客户订单表.et

图 4.112 页眉页脚设置效果

▷▷▷ 技能提升

在 WPS 表格中,筛选操作分为自动筛选与高级筛选,自动筛选比较简单、直观,操作相对较容易,学生易于掌握,而高级筛选由于需要自行设置筛选条件,理解相对较抽象,容易遗忘。筛选后的界面有所不同,高级筛选更能创造出简洁的界面而具有相对优势。

1) 高级筛选

高级筛选除了把筛选的结果保留在原有数据所在的位置外,还可以将筛选后的数据置于新的单元格位置,而原有的数据不受任何影响。

高级筛选的操作需要用户自己设置筛选条件,用户可以在表格的任何空白地方设置筛选条件,然后再通过"开始"选项卡中"自动筛选" 的下拉菜单,选择"高级筛选"完成整个操作。具体操作步骤如下。

操作一：筛选出所在城市为"上海"且订单总额大于 10 万的订单。

步骤 1：根据本任务的要求，在 H2:I3 单元格中输入筛选条件，如图 4.113 所示。

步骤 2：单击"开始|自动筛选|高级筛选"，弹出如图 4.114 所示对话框，在此窗口中设置高级筛选的参数选项。筛选方式选择"在原有区域显示筛选结果"，列表区域中设置参加筛选的数据，本任务为 A2:F14，条件区域就是刚才用户设置的 H2:I3。

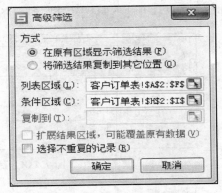

所在城市	订单总额（元）
上海	>100000

图 4.113　条件区域的添加窗口

图 4.114　高级筛选的参数设置

步骤 3：当所有的操作均设置完毕后，单击"确定"按钮，即可得到高级筛选后的结果，如图 4.115 所示。

	A	B	C	D	E	F
1				客户订单表		
2	订单编号	客户姓名	所在城市	订单总额（元）	其他费用（元）	预付（元）
4	tc05003	张磊	上海	514414.9	2749	257207.45
7	tc05008	孙英	上海	111649.8	3498	55824.9
15						

图 4.115　高级筛选后的结果图

步骤 4：高级筛选后，工作表中不符合条件的数据暂时隐藏，如果需要查看整个工作表中的所有数据，则可以通过"开始|自动筛选|全部显示"，显示所有的数据（即筛选前的数据）。

操作二：筛选出所在城市为"成都"或预付款大于 10 万的订单。

步骤 1：在 H6:I8 单元格中输入筛选条件，具体内容如图 4.116 所示。所在城市为"成都"或预付款大于 10 万的订单。

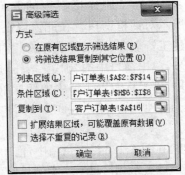

所在城市	预付（元）
成都	
	>100000

图 4.116　高级筛选条件设置图

图 4.117　高级筛选设置窗口

步骤 2：选择 A2：F14 单元格，单击"开始|自动筛选|高级筛选"，弹出如图 4.117 所示对话框，在此对话框中设置高级筛选的方式为"将筛选结果复制到其他位置"，该方式筛选后的结果单独显示，不影响筛选前的数据，方便用户比较。

步骤 3：分别设置筛选的列表区域为 A2：F14，也就是参加高级筛选的数据区域，条件区域为步骤 1 中设置的 H6：I8，而第三个参数"复制到"为 A16 单元格，该参数表示筛选后的结果显示位置，用户只需选择一个空白位置即可，注意只需选择一个单元格，无需匹配列表区域中的数据列数（因此实际无从知晓符合条件的记录数）。筛选后的结果如图 4.118 所示。

16	订单编号	客户姓名	所在城市	订单总额（元）	其他费用（元）	预付（元）
17	tc05003	张磊	上海	514414.9	2749	257207.45
18	tc05004	郝心怡	成都	70140.3	1203	35070.15
19	tc05006	王力	成都	96464.5	1445	48232.25
20	tc05016	扬海东	成都	145978.6	986	72989.3
21	tc05018	黄立	北京	373659.5	4195	186829.75
22	tc05019	王春晓	杭州	202569.8	2498	101284.9
23						

图 4.118　高级筛选后的结果图

2）制作数据透视表

数据透视表：是 WPS 进行数据分析和处理的重要工具。数据透视表是一种交互式报表，通过它可以快速计算和比较表格中的数据。

数据透视表有机地综合了数据排序、筛选、分类汇总等常用数据分析方法的优点，可方便地调整分类汇总的方式，灵活地以多种不同方式展示数据的特征。一张数据透视表仅靠鼠标移动字段位置，即可变换出各种类型的报表，同时，数据透视表也是解决公式计算速度瓶颈的主要的手段之一。因此，该工具是 WPS 表格中最常用、功能最全的数据分析工具之一。

例如，为"客户订单表"创建一个数据透视表，分别统计各城市的"订单总额"之和、"其他费用"的平均值，以及"预付"款的最大值和客户的个数，设计效果图如图 4.119 所示。

		所在城市				
数据		北京	成都	杭州	上海	总计
求和项:订单总额（元）		493146.9	312583.4	270751.9	803050.7	1879532.9
平均值项:其他费用（元）		3884.5	1211.333333	2406.333333	3726.75	2794.083333
最大值项:预付（元）		186829.75	72989.3	101284.9	257207.45	257207.45
计数项:客户姓名		2	3	3	4	12

图 4.119　数据透视表效果图

第 1 步：选择待制作透视表的客户订单表，单击"数据|数据透视表"选项，弹出如图 4.120 所示对话框窗口。在此窗口设置参加分析的数据为 A2：F14，同时，创建的数据透视表为新建工资表（与原工作表保持相对独立，减少对原数据的影响）。

第 2 步：单击窗口中的"确定"按钮，进入透视表的设置窗口，如图 4.121 所示。

第 3 步：将光标放置表格中的任意单元格，则在工作表的右边即可出现透视表的设置窗口，如图 4.122 所示。用户在此窗口，设置透视表的布局，如列的显示项、行的显示项以及统计的数据项。

第 4 步：在图 4.122 设置窗口中，拖动上方的字段分别至下方的透视表区域，如"页区域、行区域、列区域以及数据区域"，本案例只设置了列区域与数据区域，具体设置如图 4.123 所示。

图 4.120　透视表创建窗口

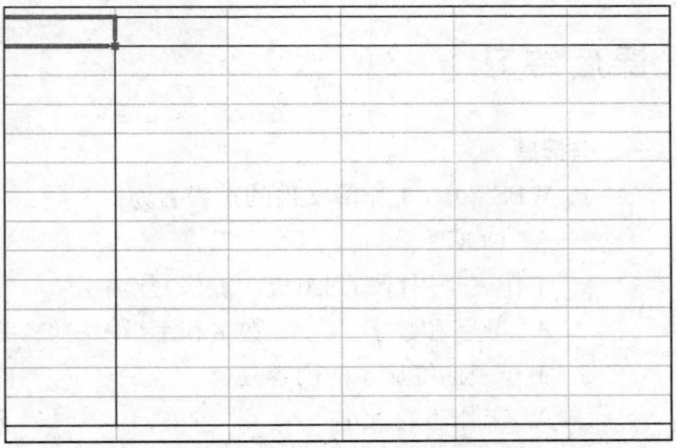

图 4.121　透视表设置区域

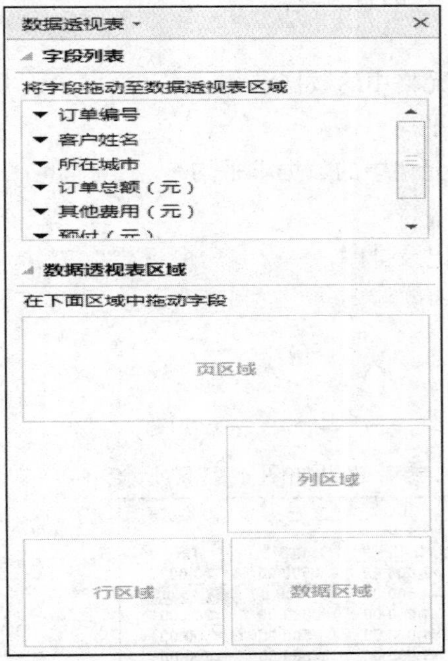

图 4.122　透视表设置窗口

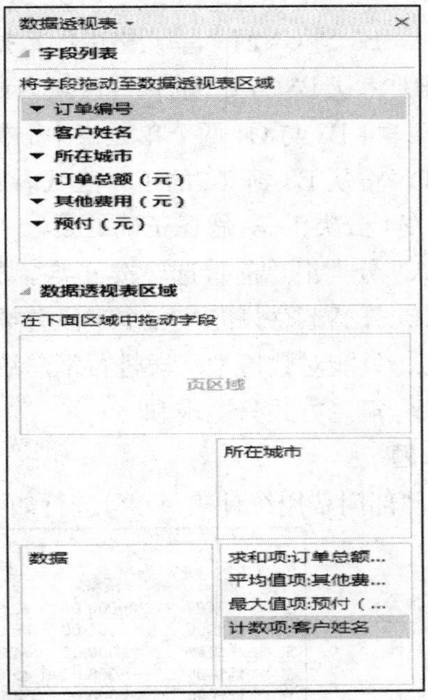

图 4.123　透视表的设置

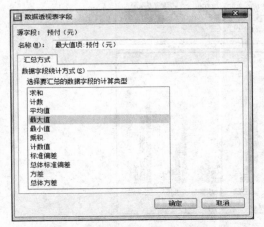

图 4.124　修改数据分析方式窗口

第 5 步：拖至数据区域的字段：在进行数据分析时，一般做求和项统计。为了设置符合题意的操作，双击"预付（元）"，弹出如图 4.124 所示的修改窗口，选择下方的统计方式为"最大值"即可统计出预付款的最大值。

第 6 步：同样的方式修改"其他费用的"的统计方式为"平均值项"。以及将"客户姓名"的统计方式改为"计数项"。

第 7 步：当所有设置完毕后，得到所需要的设置效果。

课后练习

一、选择题

1. WPS 2013 工作簿文件的扩展名为(　　)。

    A. DOC   B. TXT   C. XLS   D. ET

2. 工作表是用行和列组成的表格,分别用(　　)区别。

    A. 数字和数字   B. 数字和字母   C. 字母和字母   D. 字母和数字

3. 工作表标签显示的内容是(　　)。

    A. 工作表的大小   B. 工作表的属性

    C. 工作表的内容   D. 工作表名称

4. 在 WPS 工作表的公式中,"SUM(B3:C4)"的含义是(　　)。

    A. B3 与 C4 两个单元格中的数据求和

    B. 将从 B3 与 C4 的矩阵区域内所有单元格中的数据求和

    C. 将 B3 与 C4 两个单元格中的数据求平均

    D. 将从 B3 到 C4 的矩阵区域内所有单元格中的数据求平均

5. 关于分类汇总,叙述正确的是(　　)。

    A. 分类汇总前首选应按分类字段值对记录排序

    B. 分类汇总只能按一个字段分类

    C. 只能对数值型字段进行汇总统计

    D. 汇总方式只能求和

二、操作题

打开"部门费用统计表.xls",进行如下操作,参考效果如图 4.125 所示。

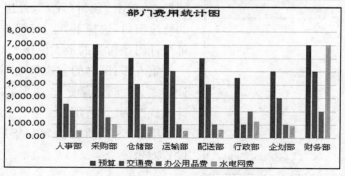

图 4.125　效果图

1. 启动 WPS 2013，打开提供的"部门费用统计表.et"，在右则增加"节余"列，计算节余费用（节余＝预算－交通费－办公用品费－水电网费）；增加"总计"行，用 SUM（）函数分别计算"预算"、"交通费"、"办公用品费"、"水电网费"的合计值；增加"部门平均值"行，用 AVERAGE（）函数分别计算"预算"、"交通费"、"办公用品费"、"水电网费"的部门平均值。

2. 设置表格边框为外面粗实线，里面细实线。合并居中 A1:F1 单元格，并设置字体为黑体 16 号褐色。设置表格标题行文字为褐色 11 号字，底纹为浅青绿，底纹图案为样式 25％灰、颜色白色。所有单元格文字中部居中（即水平居中且垂直居中）。表格内数字设置为货币格式，保留小数位数两位。

3. 利用条件格式，将"节余"中费用超支的数据标记出来。

4. 选择表格中"部门"、"交通费"、"办公用品费"、"水电网费"列（不包括总计和平均值）创建图表（簇状柱形图），设置图表标题为"部门费用统计图"。

5. 将工作表"sheet1"，改名为"部门费用表"，并保存文件。

第 5 章   WPS 演示的应用

WPS 演示主要用于设计、制作宣传、广告、演讲、电子政务公告及教学内容的提纲,是电子版的幻灯片。制作的演示文稿可以通过计算机屏幕或投影机播放。WPS 2013 演示个人版支持更多的动画效果并深度兼容 Microsoft PowerPoint,在多媒体支持也得到了改进,与 Microsoft Windows Media Player 的完美集成允许用户在幻灯片中播放音频流和视频流。

本章通过两个实例项目,详细介绍了 WPS 演示软件的基本知识及相关应用。主要包括 WPS 演示软件的基本框架、菜单设置、幻灯片的添加与删除、外观设计、动画的基本设置等操作。通过这些操作的实践练习,熟悉 WPS 演示软件的基本功能,能根据实际情况制作漂亮、动感的演示文稿。

5.1   制作古诗赏析演示文稿

▶▶▶ 项目描述

刘老师是一名小学六年级的优秀语文教师,接学校通知,一周后,区里将组织其他小学的语文教师来听她的公开课。查看教学进度,下周授课内容为古诗欣赏。接下来,刘老师就开始紧锣密鼓开始查找资料了,准备好相关文档、图片、声音等素材后,她开始认真琢磨 WPS 演示的用法。最终,刘老师制作出了公开课时所用的演示文稿文件,出色完成了此次公开课的讲授,情境交融的演示文稿,为她增色不少。项目效果如图 5.1 所示。

图 5.1   古诗赏析演示文稿效果图

▶▶▶ 项目分析

本项目充分利用 WPS 演示软件模板,修改配色方案等强大功能随心所欲地设置演示文稿的背景。演示文稿包含演讲者的演讲内容,如文字、声音、图片、表格、图表等内容。通过本项目的实践,用户应能掌握幻灯片的添加方法,幻灯片的调整换位,熟悉文字内容的增减,图片、艺术字、声音等对象的添加等操作,能使用 WPS 演示软件最基本方法,独立制作并演示精彩的幻灯片。

- 使用 WPS 演示的"Docer 在线模板"及自带"设计"选项下的模板制作演示文稿,可以制作出精美的幻灯片,而且可以节约大量的时间。
- 通过"新建幻灯片"下拉列表命令,可添加多种版式幻灯片。
- 通过使用含有内容占位符的幻灯片,或利用"插入"选项卡中的按钮,可以插入表格、图片、艺术字、音频或视频文件等。
- 利用"动画"选项卡,为幻灯片中的对象设置动画效果。
- 利用"切换"选项卡,在幻灯片之间设置切换。
- 通过"幻灯片放映"下拉列表命令,可以设置幻灯片的放映方式。
- 利用"视图"选项卡下的"幻灯片母版",可以制作风格统一的演示文稿。

1) WPS 演示的功能和特点

WPS 演示是一款非常好用的实用软件,在设计方面非常人性化,为了给用户的使用增加方便,提供了以下几种新特征。

(1) Docer 在线新增宽屏模板,为适应宽屏显示而设计。

(2) 在 WPS 演示中,增加了丰富便捷的表格样式功能。软件自带有数十种填充方案的表格样式,用户仅需根据表格内容在其中进行选择,便可瞬间完成表格的填充工作。根据选用表格样式的不同,填充后,表格中相应行列的字体粗细、边框粗细、底色浓度等属性会发生明显的改变,使幻灯制作更加轻松。

(3) 自定义动画的设定中增加了声音功能,利用该功能,演讲者可以在幻灯片中插入如鼓掌、锤打、爆炸等音响效果,以及其他各种自定义音效。

(4) WPS 演示提供了"荧光笔"功能,用户利用该功能,可以在幻灯片播放时,使用"荧光笔"在页面上进行勾画、圈点,对幻灯片的详细讲解起到更好的帮助。播放幻灯时,将鼠标移到画面左下角便可选用该功能。

(5) 双屏播放模式是指在选择"演讲者放映模式"后,演讲者播放幻灯时,可在一台显示屏上运行演示文稿而让观众在另一台显示屏上观看的演示模式。双屏播放的前提是当前计算机已经接入了两台(或两台以上)显示设备。

2) WPS 演示的启动和退出

(1) 启动——在屏幕上双击 WPS 演示图标 P(或者通过屏幕左下角单击"开始|程序|WPS Office|WPS 演示"菜单),系统弹出 WPS 演示工作界面,如图 5.2 所示。

WPS 演示启动后的初始界面(首页)同 WPS 文字的"首页"差不多,在"首页"中有标题栏、菜单选项卡、常用工具栏、文字工具栏、供用户调用的各式各样的演示模板文件以及建立空白文档的按钮等。

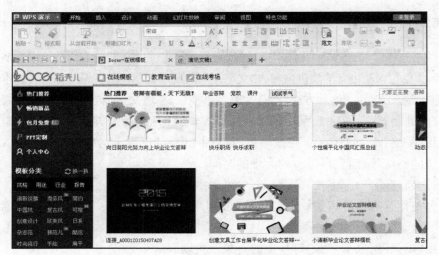

图 5.2　WPS 演示启动初始界面

（2）退出——单击 WPS 演示右上角的"关闭"按钮时，可以完成 WPS 演示窗口的关闭，并退出 WPS 演示软件的运行。也可通过 WPS 演示的相关菜单来关闭整个程序，具体的操作方法为单击窗口左上角的"WPS 演示｜文件｜退出"命令。

3）WPS 演示窗口介绍

启动 WPS 演示后，进入图 5.2 所示窗口，如果不需使用 WPS 演示提供的模板，则单击"WPS 演示｜文件｜新建"即可进入一个新演示文稿的创建窗口，也可单击 Docer 在线模板右侧"新建空白文档"按钮，WPS 演示窗口如图 5.3 所示。

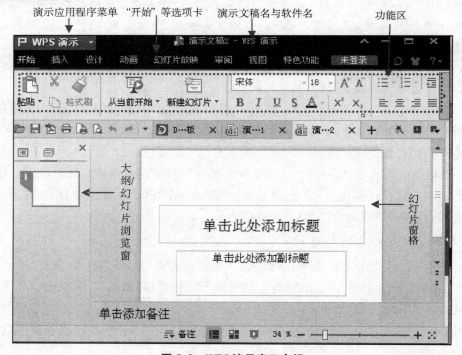

图 5.3　WPS 演示窗口介绍

在此窗口中,将待处理的幻灯片分为两个区域,左边是幻灯片的浏览窗口,右边是幻灯片的编辑窗口。当需要添加文字、图片、图表等内容时,一般在右边的编辑窗口中进行。左边浏览窗口主要供用户选择具体的幻灯片,同时在编辑区域的下方,还有一个添加备注的区域,用来解释当前幻灯片内容的含义。

4) 移动、复制、删除和增加幻灯片

(1) 增加幻灯片——单击"开始"选项卡下的"新建幻灯片"按钮，即可在光标所选的幻灯片位置后添加一张新的空白幻灯片。

(2) 复制幻灯片——选择待复制的幻灯片,右键点击该幻灯片,从快捷菜单中选择"复制",即可将当前选择的幻灯片复制进入剪贴板暂时保存,然后在合适的位置"粘贴"即可完成复制操作。

(3) 删除幻灯片——删除幻灯片比较简单,只需选择待删除的幻灯片,按下键盘上的"Delete"键,即可完成幻灯片的删除操作。

(4) 移动幻灯片——选择待移动的幻灯片,右键点击该幻灯片,从快捷菜单中选择"剪切"命令,即可将当前选择的幻灯片存入剪贴板暂时保存,这时待移动的幻灯片消失,然后选择合适的位置"粘贴"幻灯片即可完成幻灯片的"移动"操作。

项目实施

1) 演示文稿的简单制作

(1) 启动 WPS 演示程序:在屏幕上双击 WPS 演示图标打开 WPS 演示窗口,此时可以利用模板或新建空白演示文稿来创建演示文稿文件。

(2) 新建 WPS 演示文稿:单击窗口左上角应用程序菜单"WPS 演示|文件|新建",新建一个空白演示文稿,或者单击屏幕右上部的"新建空白文档"按钮，则更加便捷,此时屏幕上出现了一个如图 5.4 所示的空白幻灯片。

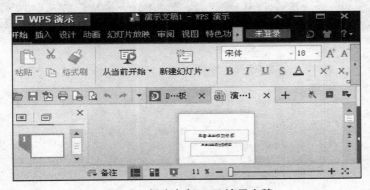

图 5.4　新建空白 WPS 演示文稿

(3) 为幻灯片添加文字:按照屏幕提示,单击添加标题框,输入文字"古诗赏析",单击添加副标题框,输入文字"K1502 班 黄沁康"。结果如图 5.5 所示。

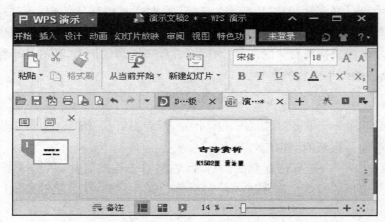

图 5.5　在幻灯片中输入文字

（4）添加幻灯片：一张幻灯片做完了，接下来要根据内容制作余下幻灯片。添加幻灯片的方法有如下几种。

方法一：单击"开始"选项卡下的"新建幻灯片"下拉列表下的"新建幻灯片"按钮，此时添加了一张幻灯片，这张幻灯片与第一张版式不同，由一个标题框和一个文本输入框组成，输入文字的方法同上。

方法二：使用〈Ctrl＋M〉快捷命令，也可插入新幻灯片。

方法三：在屏幕左侧幻灯片浏览窗格中，单击要插入幻灯片的位置，回车，同样可插入新幻灯片。

那么，回车 3 次，插入 3 张新幻灯片，并输入相应内容。第 2 张幻灯片作为"目录"页，第 3 张为"赠汪伦"古诗内容，第 4 张为"作者简介 李白"，相应内容可从配套素材"WPP 古诗原文本. doc"复制，效果如图 5.6 所示。

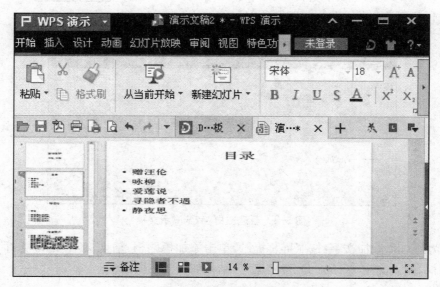

图 5.6　添加新幻灯片

（5）幻灯片中的文字编辑：如果对幻灯片中文本的字体、字号、字形和颜色以及特殊效果的设置，能够使文本的外观得到不同程度的提升。对文字进行格式编辑的方法同 WPS 文字及表格的操作如出一辙。

方法一：选择需要编辑的文字，如"李白的简介内容"，在"开始"选项卡中，设置字体为"幼圆"，字号为"24"。

方法二：右击需要编辑的文字，如"作者简介"，在弹出的快捷菜单中选择"字体"，设置字体为"微软雅黑"，字号为"40"。如果要更改颜色，则单击"颜色"下拉列表框，选择"其他颜色…"下"自定义"标签。将红色的值设为"255"，设置过程如图 5.7 所示。

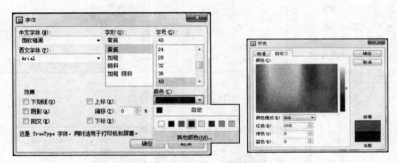

图 5.7　文字格式、颜色的设定

（6）演示文稿的保存：至此，一个简单的演示文稿文件已完成，单击"WPS 演示|文件|保存"，或者单击快捷工具栏中的"保存"按钮，从弹出的对话框中，选择保存文件的类型、设置保存路径及保存的文件名。本项目将文件命名为"WPP 古诗赏析.ppt"。

2）演示文稿的布局与修饰

（1）幻灯片版式的设置

幻灯片的版式主要用来改变幻灯片的版面格式，同时也可起到美化幻灯片的效果。设置的方法有两种，一种方式可以从右键菜单选择并设置，另一种方式就是通过窗口界面的工具按钮进行设置。

方法一：右键菜单。

在幻灯片的空白区域右击，如图 5.8（左）所示，在弹出的快捷菜单中，选择"幻灯片版式"菜单，即可进入如图 5.8（右）所示幻灯片版式的设置窗口。

方法二：版式工具按钮。

在"设计"选项卡下，有个"幻灯片版式"工具按钮，用户可通过该按钮进入版式的设置，单击该按钮进入如图 5.8（右）所示对话框，用户可根据需要选择合适的版式，如标题幻灯片、只有标题、标题和文本等版式。

此项目中，将"赠汪伦"所在幻灯片版式，改为"垂直排列标题与文本"，"作者简介"所在幻灯片版式，改为"标题，文本与内容"。修改后的幻灯片版式，自动发生了变化，效果如图 5.9 所示。

图 5.8　幻灯片版式设置窗口

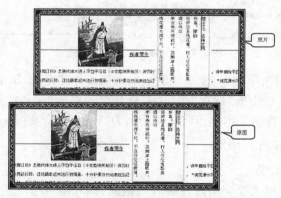

图 5.9　幻灯片版式修改效果图

（2）幻灯片模板的设置

白底黑字，没有任何装饰背景的演示文稿，过于呆板单调，此时模板就发挥作用了。

模板是一种常见美化幻灯片的操作，选择合适的模板可以快速制作出漂亮的与众不同的幻灯片。单击"设计"选项，即可看到模板的选择窗口，如图 5.10 所示。

图 5.10　幻灯片模板选择

此例中，选择"奔腾年代 PPT 模板"，瞬间，所有的幻灯片都套用了此种模板效果。应用模板后效果如图 5.11 所示。

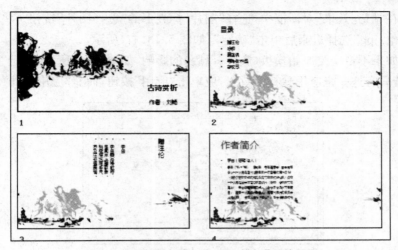

图 5.11　应用"奔腾年代 PPT 模板"后效果图

（3）幻灯片背景的修改

如果说套用模板是快速为演示文稿设定统一风格的幻灯片形式的话，那么如果需要进行个性化设置，就需要用到背景了。此例中，将"赠汪伦"那张幻灯片，使用配套的图片作为背景，更符合题意。操作的步骤如下。

第 1 步：右击第 3 张幻灯片空白处，在弹出的如图 5.12 所示菜单中选择"背景"命令。

图 5.12　"背景"的选择

第 2 步：在"背景"对话框下拉列表中选择"填充效果"，如图 5.13（左）所示。

图 5.13　"填充效果"选择与填充效果示例

第3步：在"填充效果"对话框中，选择"图片"标签下的"选择图片"按钮。将配套素材中的图片"赠汪伦.jpg"选择进来后单击"确定"，如图5.13（右）所示。

第4步：如果不希望受原始模板（底版、母版）的影响，如图5.14所示，勾选"忽略母版的背景图形"，若只有这一张应用独特的背景，应单击"应用"按钮，而非"应用全部"。

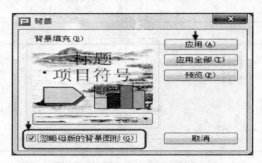

图5.14 忽略母版的背景图形

幻灯片更改后的效果如图5.15所示。

图5.15 背景更改后效果图

（4）文本框的操作

要在占位符之外的位置输入文本，需要在幻灯片中插入文本框。文本框可移动、可调整大小。此项目中，由于版式的变化，需要对文本的位置、格式等进行重新设置，可按如下步骤操作。

第1步：选择"插入"选项卡下的"文本框"下拉列表，这里选择"竖向文本框"，如图5.16所示。

图5.16 插入"竖向文本框"

第2步：此时出现一个"+"字光标，从左上至右下拖一个垂直文本框，将作者"李白"移到此文本框中。此时的文字是竖向的。

第 3 步：调整文本框的大小。单击"赠汪伦"主诗词部分，此时文本框四周出现 8 个控制柄（缩放点），利用控制柄调整文本框的大小，使之尽可能不遮挡背景图。

第 4 步：移动文本框。当光标移动到文本框的边框线上时，鼠标指针变为"⬦"，按住鼠标左键拖动，则文本框移动，选定合适位置，释放鼠标。

第 5 步：调整文本框的内容。单击"赠汪伦"主诗词部分选定文本框，在"绘图工具"下将"行距"下拉列表设置为"1.5"倍。此时整个文本框内文字的行距加宽了。同样，如果需要同时设置整个文本框内容，只需要选定文本框即可，无需单独选定里边文字内容。如将诗词字体设为"方正舒体"，字号设为"20"磅。双击文本框，打开"设置对象格式"对话框，将文本框的"填充颜色"设为"无填充颜色"。此时，文本框变为透明，完全无遮挡背景，文字内容和背景融为一体。文本框设置后效果如图 5.17 所示。

图 5.17　文本框设置后效果图

3）丰富演示文稿的内容

只有文本的幻灯片显得过于平淡，WPS 演示文稿可以在幻灯片中加入漂亮的图片、表格、图表、声音、视频等对象，使得演示文稿更加富有吸引力。插入方法和 WPS 文字中插入方法类似。

（1）在幻灯片中插入文件中的图片

在幻灯片中除了可以插入文本框外，还可以插入图形和图片，这样就可以制作出丰富生动的幻灯片。如果要插入文件中的图片，按照下述步骤操作。

第 1 步：在普通视图中，选中要插入图片的幻灯片，如"目录"幻灯片。

第 2 步：单击"插入"选项卡下的"图片"按钮，弹出"插入图片"对话框，在"查找范围"列表中选择要插入图片的路径，此处选择配套素材中的"静夜思小 1. jpg"单击"打开"按钮（或是直接双击图片文件），图片就被插入到幻灯片中，效果如图 5.18 所示。

第 3 步：单击幻灯片"作者简介"，由于之前已将该幻灯片版式，改为了"标题，文本与内容"，如图 5.19 所示，此时的右边"内容"栏，已经自动放置了可插入对象的命令按钮，如"文本、表格、图表、图片、素材库、媒体"等，单击插入"图片🖼"按钮，选择配套素材中的"李白图片. png"文件打开。

图 5.18　利用"插入"选项卡插入图片

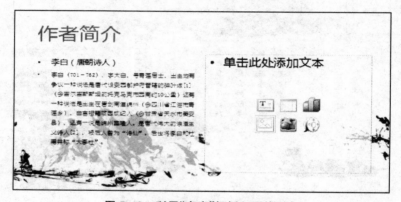

图 5.19　利用"内容"框插入图片对象

第 4 步:图片插入后,单击选中图片,在图片的四周出现控制柄,拖拉这些控制柄可以修改图片的大小或者旋转图片。

（2）在幻灯片中插入形状

幻灯片中允许插入各种形状。以第二张幻灯片为例,由于插入的图片,矩形的边框显得有些突兀,可以利用形状加以调节。

与第 2 章 WPS 文字中形状的插入和编辑方法相同。选择"插入"下的"形状"下拉列表,选择"椭圆"形状,当光标变成"十"字形时,按住鼠标左键拖出个椭圆,双击此椭圆,弹出"设置对象格式"对话框。

同前述操作,在"填充颜色"下拉列表中,选择"填充效果",选择"图片"为配套素材"静夜思小 1.jpg",确定后,回到格式设定对话框中,将线条的颜色、线型、粗细等相应设置。设置过程如图 5.20 所示。

此时,图片就依随着"椭圆"形状变化,变得圆润了。最后效果如图 5.21 所示。

（3）插入音频、视频文件

WPS 演示不仅支持动画的设置,对多媒体方面的支持也相当出色。它与 Microsoft Windows Media Player 的完美集成允许用户在幻灯片中播放音频流和视频流。具体操作方法如下。

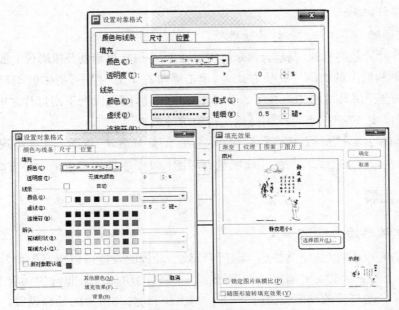

图 5.20　形状的设置过程

图 5.21　形状设置后效果

第 1 步：选择在第 3 张幻灯片（即"赠汪伦"那张）。

第 2 步：单击"插入"选项卡下的"声音"按钮，进入插入音频文件的选择窗口，选择配套素材中的"高山流水.wma"文件。

第 3 步：选择好文件后，单击"打开"按钮，进入音频文件播放方式的设置窗口，如图 5.22 所示。

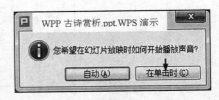

图 5.22　音频文件播放方式设置窗口

第 4 步：选择播放方式。一般有两种，一是自动播放，即当幻灯片切换到屏幕时，该音频文件就自动开始播放，此方式比较适合宣传演示等场景；另一方式是单击播放图标，音频文件才开始播放。用户可根据实际需要选择，此例选择"在单击时"。

第 5 步：设置成功后，幻灯片中会出现一个小喇叭状音频图标。

第 6 步：用类似的方法也可插入视频文件。

4）幻灯片放映

现在，来检验一下制作的幻灯片效果吧。

制作幻灯片的最终目的，就是为观众放映幻灯片，一般在显示器及投影仪上放映幻灯片。

比较常见和简单的幻灯片放映方式为，单击屏幕右下方"视图"组中的幻灯片放映按钮"□"，此时就会全屏幕放映幻灯片了。鼠标单击或滚动，则可以上下幻灯片之间跳转。

当然，直接按〈F5〉键，也可以快捷地进行幻灯片放映。

提示：所有的动画、视频、声音等效果，必须在"幻灯片放映"视图下才能呈现。

现在，单击第3张幻灯片中的小喇叭状音频图标，悠扬的音乐是不是流淌出来了？

▶▶▶ 知识拓展

1）制作动感活力的演示文稿

演示文稿完成了，但是完全静止，无任何特效。动画的设置可以提高幻灯片演示的灵活性，让原本静止的演示文稿更加生动。WPS演示提供的动画效果非常生动有趣，并且操作起来非常简单。幻灯片的动画设置分为幻灯片切换与幻灯片对象的动画设置。

（1）动画的设置

第1步：仍以第2张和第3张幻灯片为例，选择"目录"幻灯片，单击主标题文本框，选择"动画"选项卡的"自定义动画"按钮，或右键单击主标题文本框，在弹出的快捷菜单中选择"自定义动画"命令。幻灯片窗口右侧弹出动画设置的窗口，如图5.23所示，选择"添加效果"，进入"百叶窗"效果。此时主标题文本框会快速预览一下"百叶窗"动画效果。

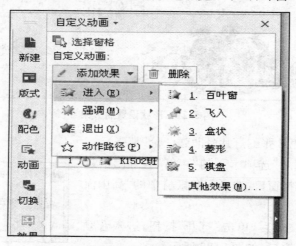

图5.23 添加动画效果

第2步：此时的动画，鼠标单击时才出现，因此会出现单击一个对象就出来一个动画效果。如果需要对动画效果进行更细致的设置，可以在如图5.24所示的修改动画效果对话框中进行。如"开始"设为"之后"，表示在上一个动画完成之后开始，"方向"设为"垂直"，出现速度也可以进行调整。

图 5.24　动画效果选项的修改

第 3 步：将目录下方文本框，设置为自底部飞入动画效果，且在上一事件之后马上开始。

第 4 步：选择"椭圆"图形，如需添加更多进入效果，选择"进入 | 其他效果 | 扇形展开"，如图 5.25 所示。

第 5 步：图 5.26，"自定义动画"任务窗格，显示所有设置了动画的对象，若需重新调整动画放映的先后顺序，可按向上或向下的"重新排序"按钮，也可以选定某一对象后，直接按住鼠标左键拖拽至需要放映的次序。

如需预览动画效果，单击"播放"按钮，如需进入幻灯片放映视图显示动画效果，单击"幻灯片播放"按钮，如图 5.26 所示。

图 5.25　动画效果设置

图 5.26　调整动画显示顺序

第 6 步：为了方便，选择第 3 张幻灯片（赠汪伦诗）中所有三个文本框（按下 Shift 键再分别选定），为三个文本框同时添加"进入 | 飞入"效果，且"方向"设为"自右侧"，"速度"设为"快速"。

（2）切换效果的设置

幻灯片切换效果，是指幻灯片与幻灯片之间的过渡效果，也就是从前一张幻灯片转至下一张幻灯片之间要呈现的效果。用户可以设置幻灯片之间的切换效果,使幻灯片以不同方式出现在屏幕上,且可在切换时添加声音。

设置幻灯片切换效果的步骤如下。

步骤1:在普通视图左侧"幻灯片"浏览窗口中,选择第一张幻灯片,单击"动画"选项卡,可在幻灯片切换效果中单击一个切换效果应用,如果要查看更多切换效果,单击"其他"按钮,进入如图5.27所示的对话窗口,设置幻灯片的切换效果为"随机"方式。

步骤2:可用同样的方式,分别设置其余幻灯片的切换方式。

步骤3:选择"动画"选项卡,单击"切换效果"按钮 ,此时右侧弹出"幻灯片切换"窗格,如图5.28所示,设置幻灯片的切换效果为"随机"方式,切换时伴有"微风"声音,将效果"应用于所有幻灯片",则全部幻灯片应用了"随机"出现的幻灯片切换效果。

设置完毕,此时应用了"幻灯片切换"效果的幻灯片左下角都会添加动画图标 。

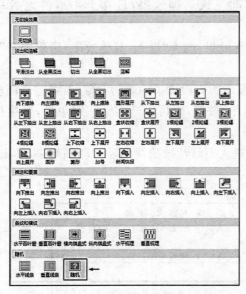

图 5.27 "幻灯片切换"效果选择

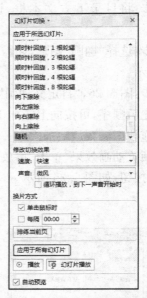

图 5.28 "幻灯片切换"任务窗格

2) 输出为 PDF 格式

PDF 格式已成为网络文件共享及传输的一种通用格式,为了适应用户保存 PDF 格式的需求,WPS Office 2013 提供了 PDF 文件输出功能。输出为 PDF 格式的操作步骤如下:

步骤1:在左上角的" WPS 演示 应用程序"下拉菜单中,单击"文件|输出为 PDF 格式",打开"输出 Adobe PDF 文件"对话框。

步骤2:单击"浏览"按钮,选择输出的 PDF 文档保存位置。

步骤3:输入文件名,选择输出为 PDF 文档的范围。用户可以选择输出全部幻灯片,也可以选择输出部分幻灯片,还能对输出选项进行更多详细的输出设置。

步骤4:可对输出权限进行设置。

单击"确定"按钮,完成 PDF 输出。

3) WPS 演示的视图方式

视图即为 WPS 演示中加工演示文稿的工作环境。WPS 演示能够以不同的视图方式显示演示文稿的内容,使演示文稿更易于浏览和编辑。WPS 演示提供了多种基本的视图方式,每种视图都有自己特定的显示方式和加工特色,并且在一种视图中对演示文稿的修改与加工会自动反映在该演示文稿的其他视图中。

(1) 普通视图

普通视图是进入 WPS 演示后的默认视图,普通视图将窗口分为三个工作区,也可称为三区式显示。在窗口的左侧包括"大纲"选项卡和"幻灯片"选项卡,使用它们,用户可以切换到大纲区和幻灯片缩略图区。

普通视图将幻灯片、大纲和备注页三个工作区集成到一个视图中,大纲区用于显示幻灯片的大纲内容。幻灯片区用于显示幻灯片的效果,对单张幻灯片的编辑主要在这里进行。备注区用于输入备注信息。

切换到普通视图主要通过如下方式实现:

- 在"视图"选项卡上,单击"普通"按钮▥。
- 在右屏幕下方视图栏上,单击"普通视图"按钮▥。

(2) 幻灯片浏览视图

在幻灯片浏览视图中,用户可以看到整个演示文稿的内容,而且可以了解整个演示文稿的大致外观,还可以轻松地按顺序组织幻灯片,插入、删除或移动幻灯片、设置幻灯片放映方式、设置动画特效等。

切换到幻灯片浏览视图请通过如下方式实现:

- 在"视图"选项卡上的"演示文稿视图"组中,单击"幻灯片浏览视图"按钮▦。
- 在操作窗口底部右侧,单击"幻灯片浏览"按钮▦。

4) 处理幻灯片

一个演示文稿通常会包含多张幻灯片,维护演示文稿的重要任务就是对幻灯片进行处理。在制作演示文稿的过程中,可以插入、移动、复制、删除幻灯片等。

(1) 选定幻灯片

处理幻灯片之前,必须先选定幻灯片,既可选定单张幻灯片,也可选定多张幻灯片。

在"普通视图"下选定单张幻灯片,可单击"大纲"选项卡中的幻灯片图标,或单击"幻灯片"选项卡中的幻灯片缩略图。

"幻灯片浏览视图"中幻灯片选定的方式和 Windows 文件选定的方式类似。利用 Shift 能选择多张连续幻灯片,利用 Ctrl 键可选择多张不连续的幻灯片。

(2) 复制幻灯片

在"幻灯片浏览视图"中,处理幻灯片更为方便。进入"幻灯片浏览视图",如图 5.29 所示。单击第 3 张,按下〈Ctrl〉键再选择第 4 张幻灯片,右击,在弹出的快捷菜单中选择"复制",再将光标定位至第 4 张后面,右击,在弹出的快捷菜单中选择"粘贴",则第 3、4 两张幻灯片被复制至第 4 张后面。效果如图 5.30 所示。

幻灯片的删除、移动等的操作和 Windows 下操作基本类似,请读者自行练习。将新插入的两张幻灯片,替换成"咏柳",作者换成"贺知章",内容在配套素材"WPP 古诗原文本.doc"中。

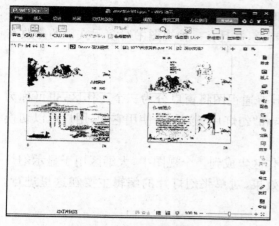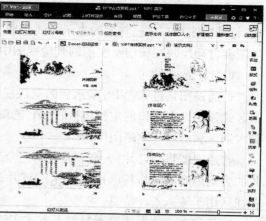

图 5.29　幻灯片选定　　　　　图 5.30　复制幻灯片

技能提升

插入超链接

用户可以在 WPS 演示中对对象设置超链接,以便建立文件与文件以及文件与网页的关联。WPS 演示通过在幻灯片中插入超链接,使用户直接跳转到其他幻灯片、其他文件或因特网上的页面中。

(1)创建超链接

以第 2 张幻灯片的"目录"内容为例,创建超链接可按如下步骤进行。

步骤 1:选中要设置超链接的对象,此例为文本"赠汪伦"。

步骤 2:单击"插入"选项卡下的"超链接"按钮，或右击,在弹出的快捷菜单中选择"超链接"命令。

步骤 3:此例由于链接对象是此演示文稿的不同幻灯片,因此单击"本文档中的位置",在这里选择"下一张幻灯片"如图 5.31 所示。

步骤 4:将目录中的"咏柳"的链接对象设置为第 5 张幻灯片。

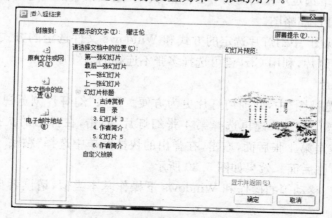

图 5.31　超链接的设置

步骤 5：进入幻灯片放映视图，将鼠标移动到超链接上时，鼠标变成手形，单击则跳转到了相应的链接位置。此例的效果是，单击"赠汪伦"，转到第 2 张古诗地，单击"咏柳"则链接到第 5 张幻灯片。效果如图 5.32 所示。

图 5.32 超链接效果

（2）利用动作设置超链接

利用动作设置也可设置超链接。如此例中，需要从最后一张幻灯片"咏柳"返回到"目录"幻灯片。可按如下步骤操作。

步骤 1：插入一个对象（需要为此动作设置链接），比如此处插入一个形状"虚尾箭头"，并将"填充颜色"设为灰色，添加文字"返回目录"。

步骤 2：单击"插入"选项卡下的"动作"按钮，或右击，在弹出的快捷菜单中选择"动作设置"命令。

步骤 3：打开如图 5.33 所示的"动作设置"对话框。此处选择"幻灯片…"。

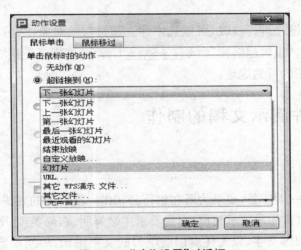

图 5.33 "动作设置"对话框

步骤 4：在接下来打开的如图 5.34 所示的"超链接到幻灯片"对话框中，选择"2.目录"，单击确定。

步骤 5：再次确定后，则此形状具有超链接功能，放映时单击，则回到目录页。

图 5.34 "超链接到幻灯片"对话框

当超链接设置完成后,在幻灯片上添加超链接的文本对象下,会自动添加下划线表明该对象上有超链接动作。在图像对象上添加的超链接,只有在演示文稿放映状态下,当鼠标移动到图片上时,鼠标的外形会改变成手形,表明此图片上已建有超链接,单击这些超链接对象就可以实现跳转动作。

提示:在"动作设置"对话框中可选择单击鼠标时和鼠标移过时该图形的动作为:

• 如果不需要图形做反应,选中"无动作"单选按钮。

• 如果需要插入链接,则选中"超链接到"单选按钮,并在"超链接到"下拉列表框中,选择链接位置。

• 如果需要单击图形运行程序,则选中"运行程序"单选按钮,并单击"浏览"按钮,选择程序。

• 如果需要播放声音,则可勾选"播放声音"复选框,并在下拉列表框中,选择需要设置的声音。

（3）修改超链接

如果要对已建超链接进行修改,可以选中建立超链接的对象,然后右击鼠标右键,在弹出的下拉菜单中,单击"编辑超链接"命令 编辑超链接(H)... ,弹出"编辑超链接"对话框,可以删除超链接,或者更改超链接的目的地址。

5.2 商务演讲演示文稿的制作

>>> 项目描述

小李最近接受了一项任务,要求为所在旅行公司做一期特别的宣讲。接到任务,小李很是重视,立即着手做宣讲用的演示文稿,自我要求主题鲜明、布局美观、图文并茂、别具一格。

小李曾经用过 WPS 文字,以为凭着以前学习的文字编辑,应当能圆满完成任务。但随着制作过程的深入,他发现并不像想象中的那么简单,很多效果制作不出来,如背景底版如何添加公司的 LOGO,如何让对象生动起来,怎样添加声音、视频等效果,怎样链接对象,等等。通过分析摸索,他最终成功地做出一份漂亮的"旅游商务演讲"的演示文稿。完成效果如图 5.35 所示。

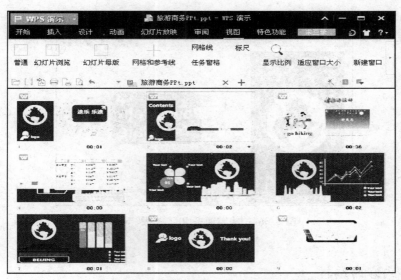

图 5.35　旅游商务演讲演示文稿效果图(浏览视图)

▶▶ 技术分析

本项目充分利用 WPS 演示软件模板,修改配色方案等强大功能随心所欲地设置演示文稿的背景。报告中主要包含演讲者的演讲内容,如文字、声音、图片、表格、图表等内容。通过本项目的实践,用户应能掌握幻灯片的添加方法,幻灯片的调整换位、熟悉文字内容的增减、图表的添加等操作,能使用 WPS 演示软件最基本方法,独立制作并演示精彩的幻灯片。

- 充分利用"Docer 在线模板"及"素材库"实现演示文稿的快速生成。
- 利用"母版"视图更改底版。
- 利用"插入"选项卡插入各种对象。
- 巧妙利用"幻灯片放映"控制各种放映效果。
- 通过对 WPS 演示文稿制作过程中,文本的字体、字形、字号、颜色以及特殊效果的设置,使得演示文稿更加美观大方。

▶▶ 项目实施

1) 新建 WPS 演示文档

在屏幕上双击 WPS 演示图标 打开 WPS 演示窗口,启动 WPS 演示程序。此时可以利用模板或新建空白演示文稿来创建演示文稿文件。

2) 套用相关模板

步骤 1:在 Docer 在线模板右侧搜索框中输入"旅游" 旅游 后,单击"放大镜"按钮 ,则窗口中出现许多与旅游相关的模板。

步骤 2:在模板选择窗口中,单击。这是互联网上提供的在线模板。

步骤 3:如图 5.36 所示,单击"立即下载",为本项目下载"旅游商务 PPT 模板"。

图 5.36 "旅游商务 PPT 模板"下载

3) 文字内容的编辑

步骤：在第一张幻灯片的主标题栏中输入"途乐 乐途"，第二张幻灯片相应位置输入"项目背景、项目计划、项目实施、项目进展"，并自行更改文字格式设置。设置后的效果如图 5.37 所示。

图 5.37 输入文字后效果

4) 母版的设置

母版幻灯片是幻灯片层次结构中的顶层幻灯片，用于存储有关演示文稿的主题和幻灯片版式的信息，包括背景、颜色、字体、效果、占位符大小和位置。

每个演示文稿至少提供了一个母版集合，包括幻灯片母版、标题母版等母版集合。修改幻灯片母版的效果，将统一应用于演示文稿的每张幻灯片中，包括以后添加到演示文稿中的幻灯片。使用幻灯片母版时，由于无需在多张幻灯片上输入相同的信息，因此节省了时间。如果演示文稿非常长，其中包含大量幻灯片，使用幻灯片母版就显得特别方便。

步骤 1：单击"视图"选项卡下的"幻灯片母版"图标 📄 即可进入幻灯片母版的设置窗口。

步骤 2：为了美化幻灯片，同时起到宣传公司的效果，在每张幻灯片的左上角添加公司的 Logo，此例单击"插入"选项卡下的"图片"，选择合适的公司 Logo（配套素材下的 WPS Logo1 和 WPS Logo2）插入，并调整图标的大小和位置。母版设置窗口如图 5.38 所示。

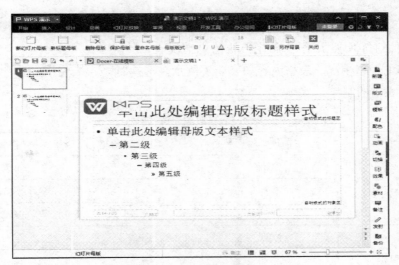

图 5.38　"母版"设置窗口

步骤 3：在如图 5.39"幻灯片母版"选项卡中，还有"新标题母版"等功能模板，用户可以根据需要进行设置。

图 5.39　"幻灯片母版"选项卡

步骤 4：母版设置完成后，单击"幻灯片母版"选项卡上的"关闭母版视图"按钮，即可退出母版的设置窗口。此时演示文稿中的每一张幻灯片都自动应用了统一的页面美化设置，此模板因为有些文本框对象遮盖，适当移动或删除左边灰色边框，以前两张为例，效果如图 5.40 所示。

图 5.40　幻灯片母版设置后效果图

5）插入新幻灯片

选择第二张幻灯片，单击"开始"选项卡下的"新建幻灯片"下拉列表中的"新建幻灯片"按钮，则添加了一张幻灯片作为第 3 张幻灯片，此幻灯片自动应用了母版效果。如图 5.41所示。

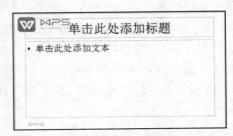

图 5.41　应用了"母版"效果的新幻灯片

6）幻灯片中插入表格

在第 4 张幻灯片插入公司旅游产品销售情况表，展示小李的销售情况。表格内容如表 5.1 所示。选择"插入｜表格"按钮⊞，编辑方法同 WPS 文字中表格的制作。

表 5.1　旅游产品情况表

销售时间	销售类型	销售平均价格	销售总额
第一季度	欧洲	￥3.58 万	￥90.96 万
	非洲	￥4.18 万	￥165.24 万
	亚洲	￥1.16 万	￥78.82 万
第二季度	欧洲	￥3.8 万	￥121.6 万
	非洲	￥4.58 万	￥195.72 万
	亚洲	￥1.8 万	￥147.16 万

插入表格后效果如图 5.42 所示。

图 5.42　幻灯片中插入表格

7）幻灯片中插入素材

选中第 3 张幻灯片，单击"插入｜素材库"按钮☆，在如图 5.43 所示"形状和素材"任务窗格搜索栏输入"旅行"，单击放大镜搜索，与之相关的素材就被搜索出来。点击喜欢的图片素材，选择"插入"，此时图片对象被插入到幻灯片中。利用海量的互联网资源，用户可以很方便地找到自己心仪的素材。

图 5.43　插入素材

8) 幻灯片中插入艺术字

所有的艺术字在办公软件中均被视为

图片,用户可根据需要合理地选择相关的艺术字并设置格式。插入艺术字的具体步骤同
WPS 文字一致。

第 1 步:选择第 3 张幻灯片,再单击"插入|艺术字"选项卡图标 A,弹出"艺术字库"的选择窗口,如图 5.44 所示。

第 2 步:选择一种合适的"艺术字"样式,如本例选择第 3 行第 2 列对应的样式,再单击"确定"按钮,进入艺术字的编辑窗口。

第 3 步:输入艺术字内容"精彩的旅行",设置字体为"华文行楷",字号为 24。单击"确定"按钮,即可得到艺术字的效果。

图 5.44 艺术字字库选择窗口

第 4 步:右键艺术字内容,弹出快捷菜单,如图 5.45 所示,可以通过"设置对象格式"修改艺术字的格式设置。

图 5.45 设置艺术字格式

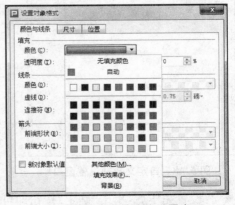

图 5.46 艺术字的格式设置窗口

第 5 步:在图 5.46 所示的设置窗口中,共有三个标签,分别为"颜色与线条、尺寸、位置",可以通过这三个标签修改艺术字。

9）保存文档

单击标题栏中的"WPS演示|文件|保存"，或者单击快捷工具栏中的"保存"按钮■，从弹出的对话框中，选择保存文件的类型、设置保存路径及保存的文件名。本项目中保存的文件名为"旅游商务PPT.PPT"

▶▶▶ 知识拓展

1）幻灯片的放映

幻灯片的放映方式可以决定幻灯片的播放顺序，一般放映方式有自定义放映、演讲者放映和展台放映等方式。

选择"幻灯片放映"下拉选项卡，显示如图5.47所示功能选项。可根据需要进行选择。

图5.47　"幻灯片放映"选项卡

（1）自定义放映

自定义放映是用户根据需要，可以自行调整幻灯片放映顺序。

步骤1：单击"幻灯片放映|自定义放映"按钮▤，弹出如图5.48所示对话框，第一次设置自定义，一般在此对话框中没有任何信息，因此用户需要新建一个放映方式。

步骤2：单击图5.48中"新建"按钮，进入图5.49所示的新建窗口，在此窗口中选择左边的幻灯片，双击依次添加到右边的放映窗口中。注意，此时的添加顺序决定了幻灯片的放映顺序，一般用户按照自己预定的顺序添加即可。如果添加的幻灯片放映顺序要调整，则可通过右边的上下键⇧⇩进行调整。

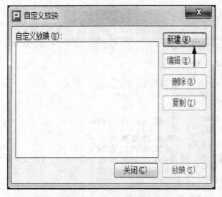

图5.48　自定义放映设置窗口

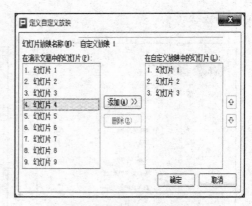

图5.49　新建自定义放映方式

步骤3：设置完毕后，单击"确定"按钮即可完成自定义放映设置，在图5.48窗口中即可出现一个"自定义放映1"的放映方式名称。

（2）放映方式选择

步骤1：单击"幻灯片放映|设置放映方式"，弹出如图5.50所示对话框。在此对话框中，

左边设置放映类型,如果选择"演讲者放映",则投影时,由演讲者控制幻灯片的切换时机与放映时长。如果选择"在展台浏览"方式,则幻灯片自动循环播放幻灯片中的内容。

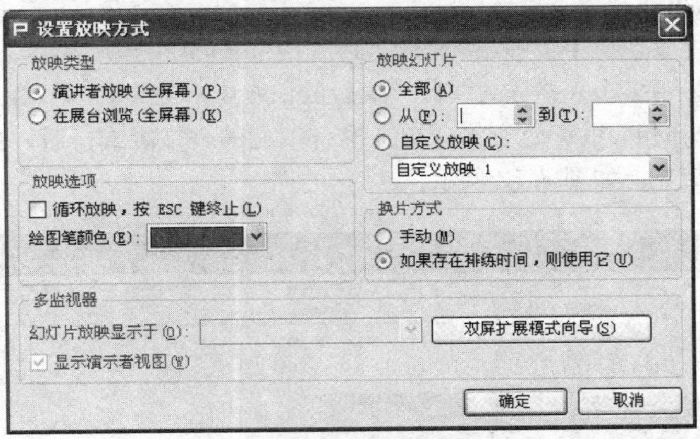

图 5.50　放映方式设置窗口

步骤 2:图 5.50 所示右边的"放映幻灯片"选项,用于设置播放哪些幻灯片。"全部"模式表示播放所有幻灯片;"从…到…"表示用户设置具体播放哪几张幻灯片,筛选出不需要播放的幻灯片;"自定义放映"则是按照自定义放映方式设置的顺序进行放映。

步骤 3:下方的"放映选项"与"换片方式"则用于设置放映幻灯片放映时,是否循环放映以及幻灯片切换的方式。

（3）排练计时

排练计时主要是方便用户在投影前,对每张幻灯片在演讲时播放的时长进行预演,通过预演效果,分析各幻灯片放映的时长。

步骤 1:单击"幻灯片放映|排练计时",进入幻灯片放映模式,每放映一张幻灯片,用户讲解该幻灯片中的内容,并可以通过录音的方式,保存讲解的过程,讲解完毕后,即可切换至下一张幻灯片。当所有的幻灯片均播放完毕后,自动弹出图 5.51 所示的窗口,如果用户对此次预演效果比较满意,则可单击"是"保存预演效果。

步骤 2:在"设置幻灯片放映"窗口中,设置"换片方式"为"如果存在排练时间,则使用它"。这样,幻灯片在投影时,即可按照排练计时的方式投影给观众。

图 5.51　排练计时询问窗口

步骤 3:单击"幻灯片放映|从头开始",即可进入幻灯片的放映模式,幻灯片即可投影到整个屏幕。

2）幻灯片中表格样式功能

在 WPS 演示 2013 中,增加了丰富便捷的表格样式功能。软件自带有数十种填充方案的表格样式,用户仅需根据表格内容在其中进行选择,便可瞬间完成表格的填充工作,令幻灯片制作更加轻松。

设置表格样式可执行以下操作。

单击表格,在主菜单栏中将弹出"表格工具"、"表格样式"选项,再单击"表格样式"选项卡,则屏幕将横向显示多个表格样式模版。模版的色彩风格分为淡、中、深三大类,用户可以根据表格内容来选择相应的配色方案。单击准备填充的表格版式模版,再单击表格样式模版,便可完成表格填充。如图 5.52 所示。

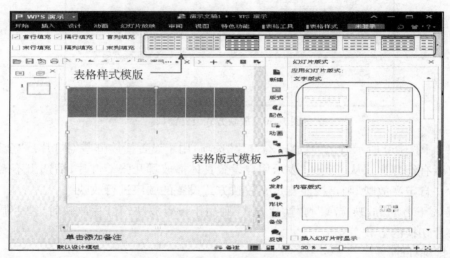

图 5.52 表格应用样式和版式

若觉得表格样式功能无法满足工作需要,或只想对原始表格做细微调整,那么还可以利用"表格工具"选项对表格进行加工。选中想要调整的单元格,页面上会弹出"表格和边框"浮动工具栏,利用此工具栏,可进行拆分、合并单元格,平均分布行、列间距、插入行列、色彩填充,以及表格边框风格等细节调整。如图 5.53 所示。

图 5.53 "表格工具"栏选项

3) 幻灯片的配色方案

配色方案是一组可用于演示文稿的预设颜色。整个幻灯片可以使用一个色彩方案,也可以分成若干个部分,每个部分使用不同的色彩方案。

配色方案由"背景""文本和线条""阴影""标题文本""填充""强调""强调文字和超链接"和"强调文字和已访问的超链接"八个颜色设置组成。方案中的每种颜色会自动应用于幻灯片上的不同组件。配色方案中的 8 种基本颜色的作用及其说明如下：

- 背景：背景色就是幻灯片的底色，幻灯片上的背景色出现在所有的对象目标之后，所以它对幻灯片的设计是至关重要的。
- 文本和线条：文本和线条色就是在幻灯片上输入文本和绘制图形时使用的颜色，所有用文本工具建立的文本对象，以及使用绘图工具绘制的图形都使用文本和线条色，而且文本和线条色与背景色形成强烈的对比。
- 阴影：在幻灯片上使用"阴影"命令加强物体的显示效果时，使用的颜色就是阴影色。在通常的情况下，阴影色比背景色还要暗一些，这样才可以突出阴影的效果。
- 标题文本：为了使幻灯片的标题更加醒目，而且也为了突出主题，可以在幻灯片的配色方案中设置用于幻灯片标题的标题文本色。
- 填充：用来填充基本图形目标和其他绘图工具所绘制的图形目标的颜色。
- 强调：可以用来加强某些重点或者需要着重指出的文字。
- 强调文字和超链接：可以用来突出超链接的一种颜色。
- 强调文字和已访问超链接：可以用来突出已访问超链接的一种颜色。

4）背景设置

如果对现有模板上的背景不满意，WPS 演示 2013 提供了几十种背景填充效果，将其进行不同搭配，可产生风格各异的背景效果。同一演示文稿文件，既可使用相同背景设置，也可使用多种不同的背景设置风格美化幻灯片。

步骤 1：在幻灯片的空白区域右击，从弹出的快捷菜单中选择"背景"，进入背景的设置窗口，如图 5.54 所示。

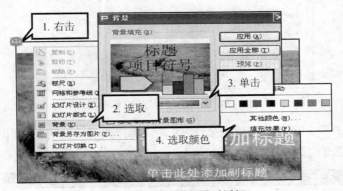

图 5.54　"背景"设置对话框

步骤 2：单击图 5.54 中的下拉列表框，选择"其他颜色"菜单，使用单色来填充背景颜色，从弹出的对话框（如图 5.55 所示）中选择"自定义"标签，设置颜色的 RGB 值依次为：100，120，80，单击"确定"，回到图 5.54 界面，单击"应用"按钮。

说明："应用"按钮只是将用户的设置应用于当前幻灯片，而"全部应用"按钮则将用户设置应用到所有的幻灯片。

步骤 3：选择第二张幻灯片，单击图 5.54 中的下拉列表框，选择"填充效果"，弹出如图 5.56 所示的"填充效果"对话框，在此对话框窗口中，用户可以通过渐变颜色、纹理、图案或图片来填充背景颜色。

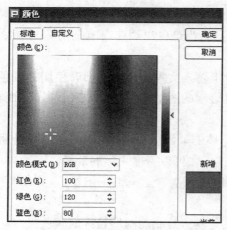

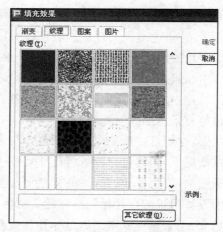

| 图 5.55 背景颜色的设置 | 图 5.56 "填充效果"对话框 |

步骤 4：以"渐变填充"为例，单击"渐变"标签，在此标签中可以通过"单色、双色或预设"三种方式设置背景颜色，选择"预设"方式，在右边的"预设颜色"下拉对话框中选择"雨后初晴"效果，再设置"底纹式样"为"斜下"，变形式样为第二行第一个，如图 5.57 所示。

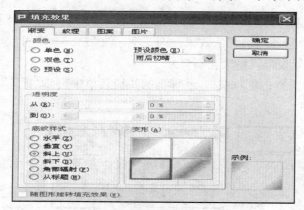

图 5.57 "预设颜色"的设置窗口

步骤 5：单击图 5.54 中的"应用全部"按钮，则可将此"雨后初晴"的预设颜色效果应用到整个演示文稿的所有幻灯片，如图 5.58 所示。

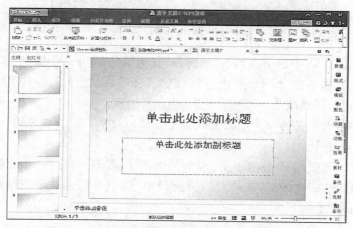

图 5.58 背景颜色设置效果图示意

>>>　技能提升

1）插入 Flash 文件

Flash 文件在目前计算机应用领域内发展非常迅猛，在应用方面有其自身独有的特征。

首先，使用 Flash 创建的元素是用矢量来描述的。与位图图形不同的是，矢量图形可以任意缩放尺寸而不影响图形的质量。其次，流式播放技术使得动画可以边下载边播放，即使后面的内容还没有下载到硬盘，用户也可以开始欣赏动画。还可以将 MP3 音频压缩格式的文件直接导入 Flash 中，使得音乐、动画、图像等融为一体。

为了给演示文稿增加灵活性和漂亮的动画效果，WPS 演示还支持 Flash 文档的插入与演示。

第 1 步：选择 5.2 节项目的第 3 张幻灯片，单击"插入|Flash"选项卡按钮，弹出如图5.59 所示对话框。

图 5.59　Flash 文件选择窗口

第 2 步：从上述窗口中选择文件类型为"Flash 文件（*.swf）"，然后选择需打开的 Flash文件，如配套素材"静夜思.swf"，单击右下角的"打开"按钮，即可插入对应的 Flash 文件。进入放映视图，如图 5.60 所示，flash 文件效果起作用了。

图 5.60　Flash 文件插入效果图

2) 设置动画的运动方向

"添加动画"效果菜单包括"进入""强调""退出"和"动作路径"4 个选项。"动作路径"选项是用于指定相关内容放映时动画所通过的运动路径。

"动作路径"的设置可以使得幻灯片在播放的时候更加具有灵活性,给人耳目一新的感觉。在 WPS 演示软件中,幻灯片中的对象可根据用户事先定义的路径进行流动播放。例如 5.2 节项目的第 2 张幻灯片,要设置"动作路径",具体效果如图 5.61 所示,制作步骤如下。

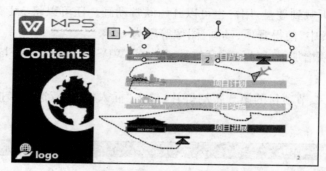

图 5.61　利用"动作路径"对象动画运动方向

第 1 步:选定 5.2 节项目的第 2 张幻灯片,从第一张幻灯片中复制图片"飞机"过来,适当调整大小方向。以便利用此飞机的运动轨迹来阐述展示的顺序。

第 2 步:选择"飞机"图片,单击"动画|自定义动画"选项卡,进入如图 5.62 所示自定义动画设置窗口。

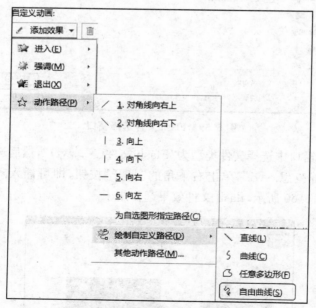

图 5.62　自定义动作路径

第 3 步:单击"添加效果|动作路径|绘制自定义路径|自由曲线",这时光标转换成实心的十字架,设置第一个"飞机"图片的动作起始点与结束点。一般可根据实际需要选择合适的路

径。其中绿色的三角形▷表示"飞机"图片的起始点,而红色的三角形◣表示动作的结束点。

　　第 4 步:复制第一个"飞机"图片至第一个动作结束点,旋转方向,再选择第二个"飞机"图片对象,用同样的方式设置后续的运动路径。

　　第 5 步:当所有对象均已设置完毕后,在幻灯片界面将出现如图 5.61 所示窗口,图中的虚线分别表示各对象的运动轨迹。

　　此时右侧"自定义动画"设置任务窗口下方会出现各对象的设置效果名,如图 5.63 所示。

图 5.63　动作设置效果的修改

　　第 6 步:上述步骤设置完毕后,则可通过幻灯片的放映查看设置的效果。此时的"飞机"图片会按用户设置的方向,速度运动。

课后练习

一、新建一个 WPS 演示文档,做一个个人简历。相关要求如下。

　　1. 应用模板。选择一种合适的模板应用于整个幻灯片,同时设置主题的文字颜色、字体、字号等。

　　2. 应用幻灯片板式。

　　　　❖ 将第 1 张幻灯片的版式设计为"标题幻灯片";

　　　　❖ 将第 2～5 张幻灯片的版式设置为"标题与文本";

　　　　❖ 最后一张幻灯片的版式设置为空白幻灯片。

　　3. 修改幻灯片母版。

　　　　❖ 修改图中所示设计所有幻灯片的第一、二级项目符号;

　　　　❖ 为所有幻灯片的顶部添加一行文本,文本的内容为"个人简历制作实例"。

　　4. 修改背景颜色。

❖ 将第 5 张幻灯片的背景设置为填充预设"麦浪滚滚";

❖ 为第 6 张幻灯片添加图片背景。

5. 添加幻灯片编号。

❖ 为每张幻灯片添加编号。

二、公司中的"产品推介"常用于新产品的宣传,因此制作的宣传演示文稿既要充分渲染主题,又要精彩引人,要求制作者在制作前充分了解产品功能、特点,做好产品文字资料和图片资料收集,请根据提供的素材,制作一个产品推荐的宣传演示文稿,要求如下。

1. 添加宣传材料的主副标题。

2. 请根据素材增、减幻灯片,设置合适的幻灯片版式。

3. 在合适的幻灯片添加文字、图片或影片等对象内容。

4. 设置幻灯片的切换效果为扇形打开。

5. 设置幻灯片中各对象的动画效果为"依次渐变、上升、下降"等效果。

6. 通过排练计时的方式播放依次幻灯片,查看各幻灯片的播放时间,并保存排练计时的预演效果。

第6章 考试策略及试题精解

全国计算机等级考试(简称 NCRE)是面向全社会的计算机应用能力的水平考试,目前已成为国内参加人数最多、影响最大的计算机水平考试。该考试的目的在于适应社会主义市场经济建设的需要,一方面是为了促进计算机知识的普及和计算机应用技术的推广,另一方面是为劳动(就业)人员提供其计算机应用知识与能力的证明,为用人部门录用和考核工作人员提供一个统一、客观、公正的评价标准。

日前,教育部考试中心下发通知,对全国计算机等级考试体系进行重大调整改革,新的考试体系于 2013 年下半年开始实施。为了让读者能在短时间内适应考试、突破过关,在本章,配合新大纲,提出了一些应试策略,解析了 2013 年 9 月最新版 WPS Office 考试的真题。

6.1 考试策略

本节分析了考试大纲、考试内容,提出了应试的秘籍,列举了考试过程。

1) 2013 考试新政解读

全国计算机等级考试(National Computer Rank Examination,简称 NCRE),是经原国家教育委员会(现教育部)批准,由教育部考试中心主办,面向社会,用于考查应试人员计算机应用知识与技能的全国性计算机水平考试体系。进一步适应新时期计算机应用技术的发展和人才市场需求的变化,教育部考试中心对 NCRE 考试体系进行调整,改革考试科目、考核内容和考试形式。从 2013 年下半年考试开始,实施 2013 版考试大纲,并按新体系开考各个考试级别。本模块主要介绍 WPS Office 考试相关的所有内容。

一级定位操作技能级。考核计算机基础知识及计算机基本操作能力,包括 Office 办公软件、图形图像软件。一级证书表明持有人具有计算机的基础知识和初步应用能力,掌握 Office 办公自动化软件的使用及因特网应用,或掌握基本图形图像工具软件(Photoshop)的基本技能,可以从事政府机关、企事业单位文秘和办公信息化工作。一级 WPS Office 科目更名为"计算机基础及 WPS Office 应用",系统环境方面,操作系统升级为 Windows 7,WPS Office 版本升级为 2012。调整后的新内容如表 6.1 所示。

表 6.1 计算机基础及 WPS Office 应用调整内容

级别	科目名称	科目代码	考试方式	考试时间	考核课程代码
一级	计算机基础及 WPS Office 应用	14	无纸化	90 分钟	114

2) 考试大纲

全国计算机等级考试一级 WPS Office 考试大纲(2013 年版)

（1）基本要求

① 具有使用微型计算机的基础知识(包括计算机病毒的防治常识)。

② 了解微型计算机系统的组成和各组成部分的功能。

③ 了解操作系统的基本功能和作用,掌握 Windows 的基本操作和应用。

④ 了解文字处理的基本知识,掌握文字处理 WPS 文字的基本操作和应用,熟练掌握一种汉字(键盘)输入方法。

⑤ 了解电子表格软件的基本知识,掌握 WPS 表格的基本操作和应用。

⑥ 了解多媒体演示软件的基本知识,掌握演示文稿制作软件 WPS 演示的基本操作和应用。

⑦ 了解计算机网络的基本概念和因特网(Internet)的初步知识,掌握 IE 浏览器软件和(Outlook Express)软件的基本操作和使用。

（2）考试内容

一、计算机基础知识

1. 计算机的发展、类型及其应用领域。

2. 计算机中数据的表示、存储与处理。

3. 多媒体技术的概念与应用。

4. 计算机病毒的概念、特征、分类与防治。

5. 计算机网络的概念、组成和分类;计算机与网络信息安全的概念和防控。

6. 因特网网络服务的概念、原理和应用。

二、操作系统的功能和使用

1. 计算机软、硬件系统的组成及主要技术指标。

2. 操作系统的基本概念、功能、组成及分类。

3. Windows 操作系统的基本概念和常用术语,文件、文件夹、库等。

4. Windows 操作系统的基本操作和应用:

（1）桌面外观的设置,基本的网络配置。

（2）熟练掌握资源管理器的操作与应用。

（3）掌握文件、磁盘、显示属性的查看、设置等操作。

（4）中文输入法的安装、删除和选用。

（5）掌握检索文件、查询程序的方法。

（6）了解软、硬件的基本系统工具。

三、WPS 文字处理软件的功能和使用

1. 文字处理软件的基本概念,WPS 文字的基本功能、运行环境、启动和退出。

2. 文档的创建、打开和基本编辑操作,文本的查找与替换,多窗口和多文档的编辑。

3. 文档的保存、保护、复制、删除和插入。

4. 字体格式、段落格式和页面格式设置等基本操作,页面设置和打印预览。

5. WPS 文字的图形功能,图形、图片对象的编辑及文本框的使用。

6. WPS 文字表格制作功能,表格结构、表格创建、表格中数据的输入与编辑及表格样式的使用。

四、WPS 表格软件的功能和使用

1. 电子表格的基本概念,WPS 表格的功能、运行环境、启动和退出。

2. 工作簿和工作表的基本概念,工作表的创建、数据输入、编辑和排版。

3. 工作表的插入、复制、移动、更名、保存和保护等基本操作。

4. 工作表中公式的输入与常用函数的使用。

5. 工作表数据的处理,数据的排序、筛选、查找和分类汇总,数据合并。

6. 图表的创建和格式设置。

7. 工作表的页面设置、打印预览和打印。

8. 工作簿和工作表数据安全、保护及隐藏操作。

五、WPS 演示软件的功能和使用

1. 演示文稿的基本概念,WPS 演示的功能、运行环境、启动与退出。

2. 演示文稿的创建、打开和保存。

3. 演示文稿视图的使用,演示页的文字编排、图片和图表等对象的插入,演示页的插入、删除、复制以及演示页顺序的调整。

4. 演示页版式的设置、模板与配色方案的套用、母版的使用。

5. 演示页放映效果的设置、换页方式及对象动画的选用,演示文稿的播放与打印。

六、因特网(Internet)的初步知识和应用

1. 了解计算机网络的基本概念和因特网的基础知识,主要包括网络硬件和软件,TCP/IP 协议的工作原理,以及网络应用中常见的概念,如域名、IP 地址、DNS 服务等。

2. 能够熟练掌握浏览器、电子邮件的使用和操作。

3)考试系统使用说明

一、采用无纸化考试,上机操作。考试时间:90 分钟。

二、软件环境,操作系统 Windows 7,办公软件,WPS Office 2012。

三、考试题型及分值。

1. 选择题(计算机基础知识和计算机网络的基本知识)。(20 分)

2. Windows 操作系统的使用。(10 分)

3. WPS 文字的操作。(25 分)

4. WPS 表格的操作。(20 分)

5. WPS 演示软件的操作。(15 分)

6. 浏览器(IE)的简单使用和电子邮件收发。(10 分)

4)应试秘籍

对于基础较差或者对考试准备不够充分的应试者,应该对考试大纲中要求的每个知识点进行了解,同时配合考试系统上机进行充分练习,也可利用本章节中提供的部分真题试卷素材进行操作。

总体来说,一级考试的难度不大,选择题虽然涉及面较宽,但选项设计得比较直观,如果灵活地应用排除法,可能会收到意想不到的效果。

　　全国计算机等级考试一级 WPS 考试时间为 90 分钟。考试时由考试系统自动进行计时，提前 5 分钟自动报警来提醒考生及时存盘，时间用完，考试系统将自动锁定计算机，考生将不能再继续考试。考试试卷满分为 100 分，共有 6 种类型考题，即选择题、中文版 Windows 基本操作、金山 WPS 文字操作、金山 WPS 表格操作、金山 WPS 演示操作、IE 的简单使用和邮件 E-mail 收发。考试系统专用软件（以下简称"考试系统"）提供了开放式的考试环境，具有自动计时、断点保护、自动阅卷和回收等功能。考试合格由教育部考试中心颁发统一印制的一级合格证书。

　　提示：一级 WPS 考试的所有答题操作都应该单击"答题"菜单进入。"选择题"和"基本操作"完成后可直接退出。"WPS 文字""WPS 表格"和"WPS 演示"操作完毕时，单击"保存"键保存后关闭文件。2013 年 9 月开始，"选择题"退出后不能再次进入！作答"选择题"时键盘无效，只能用鼠标答题。

　　操作题中基本操作、上网操作只要细心，一般都能得到较高分。

　　WPS 文字处理、WPS 电子表格、WPS 演示操作题所涉及的都是一些常用的基本操作，难度也不大。操作中一定要注意看清题目要求，正确选择操作对象及命令。

　　操作考试之前可做好如下准备工作：

　　1. "资源管理器"中对文件夹属性的设置。

　　操作步骤为单击"我的电脑|工具|文件夹选项"命令，在"文件夹选项"对话框中，将"查看"标签下"高级设置"部分的"隐藏文件和文件夹"项设置为"显示隐藏的文件、文件夹和驱动器"。"隐藏已知文件类型的扩展名"选项不要选中对钩。设置效果如图 6.1"文件夹选项"对话框设置所示。

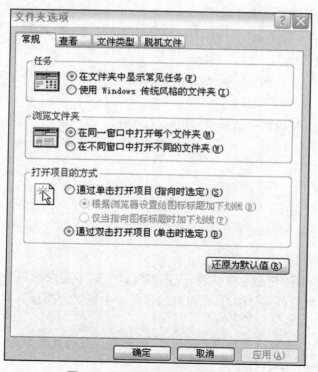

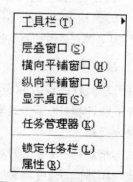

图 6.1　"文件夹选项"对话框设置　　　　　　**图 6.2　设置窗口显示方式**

如此设置以后所有文件或文件夹均可见,包括隐藏属性的,不会因为对象的隐藏而无法找到及进行操作。所有文件的扩展名均显示,文件的重命名便能正常进行,网络题之类的涉及的文件保存,也不会因为扩展名的改变而产生困扰。此步骤也可在考试系统中,单击"答题|基本操作",在做基本操作题之前进行设置。

2. 做题时,不要抄题,正确的做法是将试题窗口缩小,另开一个窗口进行操作。方法为,右击"任务栏",在弹出的快捷菜单中选择"堆叠显示窗口"或"并排显示窗口",如图 6.2 所示,题目和操作窗口就同时可见了。此外,可利用〈Win＋→〉组合键将窗口占用右半幅,〈Win＋←〉组合键将窗口占用左半幅。

5）上机考试过程

上机考试系统的操作步骤如下。

步骤 1:首先开机,启动 Windows 7,然后双击全国计算机等级一级(WPS Office)登录图标,考试系统将显示登录画面。如图 6.3 所示。

图 6.3　NCRE 考试登录界面

步骤 2:单击"开始登录"按钮,系统将进入考生准考证号登录验证状态,输入 16 位的准考证号,单击"登录",屏幕显示登录窗口画面如图 6.4 所示。

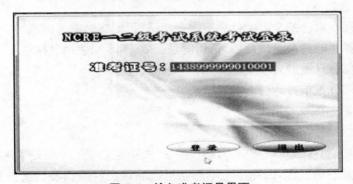

图 6.4　输入准考证号界面

如果输入的准考证号不存在,则考试系统会显示登录提示信息窗口,并提示考生所输入的准考证号不存在,是否要退出考试登录系统。如果选择"是(Y)"按钮,则退出考试登录系统;如果选择"否(N)"按钮,则请考生重新输入准考证号,直至输入正确或退出考试登录系统为止。

如果准考证号输入为空,则考试系统会显示登录提示信息窗口,并提示考生单击"确定"按钮重新输入准考证号。

步骤3:接着考试系统开始对所输入的准考证号进行合法性检查。如果输入的准考证号存在,则屏幕显示此准考证号所对应的姓名和身份证号,并提示考生所输入的准考证号是否正确。此时由考生核对自己的姓名和身份证号,如果发现不符合,则请选择"重输考号"按钮重新输入准考证号,考试系统最多允许考生输入准考证号三次,如果均不符合,则请主考或监考人员帮助查找原因,给予更正。如果输入的准考证号经核对后相符,则请考生选择"开始考试"按钮,接着考试系统进行一系列处理后将随机生成一份一级(WPS Office)考试的试卷。如图 6.5 所示。

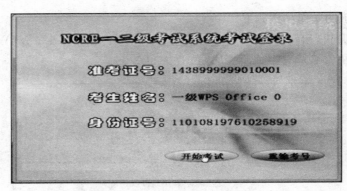

图 6.5　考号验证

如果考试系统在抽取试题过程中产生错误并显示相应的错误提示信息,则考生应重新进行登录直至试题抽取成功为止。

步骤4:在考试系统抽取试题成功之后,屏幕上就会显示一级(WPS Office)考试系统考生须知,勾选"已阅读",并请考生单击"开始考试并计时"按钮开始考试。此时,系统开始进行计时,考生所有的答题过程应在考生文件夹下完成。

考试须知内容如下:

(1)考生必须在自己的考生文件夹下进行考试,否则将影响考试成绩。

(2)作答选择题时键盘将被封锁,使用键盘无效,考生须使用鼠标答题。

(3)选择题部分只能进入一次,退出后不能再次进入。

(4)选择题部分不单独计时。

考试须知界面如图 6.6 所示。

说明:考生文件夹

考生登录成功后,考试系统将会自动产生一个"考生文件夹",该文件夹将存放该考试所有的考试内容以及答题过程,因此考生不能随意删除该文件夹以及该文件夹下与考试内容无关的文件及文件夹,避免在考试评分时产生错误,从而导致影响考生的考试成绩!

假设考生登录的准考证号为 1438999999010001。如果在单机上考试,则考试系统生成的考生文件夹将存放在 C 盘根目录下的 WEXAM 文件夹下,即考生文件夹为"C:\WEXAM\14010001"。如果在网络上考试,则考试系统生成的考生文件夹将存放到 K 盘根目录下的用户目录文件夹下,即考生文件夹为"K:\用户目录文件夹\14010001"。考生在考试过程中所操作的文件和文件夹都不能脱离考生文件夹,否则将会直接影响考生的考试成绩。

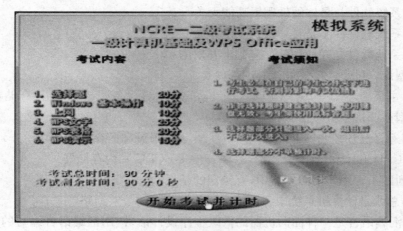

图 6.6 考试须知界面

如图 6.7 所示考试界面中,箭头所指即本例"考生文件夹"位置。

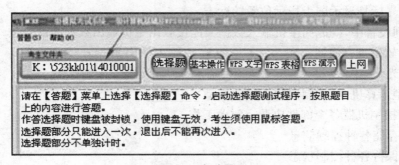

图 6.7 考试界面

6.2 全真考试题解

本节共收录 2013 年 9 月最新版《一级计算机基础及 WPS Office 应用》考试的三套全真题。本次考试因新版第一次使用,题库内题目相对简单,重叠处也较多。软件配合大纲使用 WPS Office 2013 版的 2012 风格界面。

1) 全真考试题解(1)

一级计算机基础及 WPS Office 应用

(考试时间 90 分钟,满分 100 分)

一、选择题(1~20,每小题 1 分,共 20 分)

请在"答题"菜单上选择"选择题"命令,启动选择题测试程序,按照题目上的内容用鼠标进行答题,下列 A、B、C、D 四个选项中,只有一个选项是正确的。

(1) 下列关于系统软件的四条叙述中,正确的一条是_____。

A) 系统软件与具体应用领域无关

B) 系统软件与具体硬件逻辑功能无关

C) 系统软件并不是具体提供人机界面

D) 系统软件是在应用软件基础上开发的

(2) 微型计算机硬件系统最核心的部件是_____。

    A) 主板   B) CPU   C) I/O 设备   D) 内存储器

(3) 微型计算机主机包括_____。

    A) 运算器和控制器存储器   B) UPS 和内存储器

    C) CPU 和 UPS   D) CPU 和内存储器

(4) 下列四条常用述语的叙述中,有错误的是_____。

    A) 总线是计算机系统中各部件之间传输信息的公共通路

    B) 汇编语言是一种面向机器的低级程序设计语言,用汇编语言编写的程序计算机
能直接执行

    C) 读写磁头是既能从磁表面存储器读出信息又能把信息写入磁表面存储器的装置

    D) 光标是显示屏上指示位置的标志

(5) 下列设备中,既能向主机输入数据又能接收由主机输出数据的设备是_____。

    A) 软磁盘存储器   B) CD-ROM

    C) 光笔   D) 显示器

(6) 微型计算机中,控制器的基本功能是_____。

    A) 控制机器各个部件协调一致地工作

    B) 存储各种控制信息

    C) 保持各种控制状态

    D) 进行计算运算和逻辑运算

(7) 下列字符中,其 ASCII 码值最大的一个是_____。

    A) 9   B) y   C) a   D) D

(8) 计算机能直接识别和执行语言是_____。

    A) 汇编语言   B) 机器语言

    C) 数据库语言   D) 高级语言

(9) 下列几种存储器中,存取周期最短的是_____。

    A) 内存储器   B) 硬盘存储器

    C) 软盘存储器   D) 光盘存储器

(10) 与十进制数 254 等值的二进制数是_____。

    A) 11111011   B) 11101110

    C) 1110111   D) 11111110

(11) 下列术语中,属于显示器性能指标的是_____。

    A) 精度   B) 可靠性

    C) 分辨率   D) 速度

(12) 微型计算机存储系统中，PROM 是_____。

　　A）可编程只读存储器　　　　　　　B）只读存储器

　　C）动态随机存取存储器　　　　　　D）可读写存储器

(13) 与十六进制数 CD 等值的十进制数是_____。

　　A）204　　　　　　B）205　　　　　　C）203　　　　　　D）206

(14) CPU 中有一个程序计数器（又称指令计数器），它用于存储_____。

　　A）正在执行的指令的内容

　　B）下一条要执行的指令的内存地址

　　C）正在执行的指令的内存地址

　　D）下一条要执行的指令的内容

(15) 计算机病毒是指_____。

　　A）设计不完善的计算机程序

　　B）以危害系统为目的的特殊计算机程序

　　C）已被破坏的计算机程序

　　D）编制有错误的的计算机程序

(16) 下列四个无符号十进制整数中，能用八个二进制位表示的是_____。

　　A）257　　　　　　B）313　　　　　　C）201　　　　　　D）296

(17) 执行二进制逻辑乘运算（即逻辑与运算）01011001∧10100111 其运算结果是_____。

　　A）11111110　　　　　　　　　　　B）00000000

　　C）00000001　　　　　　　　　　　D）11111111

(18) 执行二进制算术加运算 11001001＋00100111 其运算结果是_____。

　　A）11101111　　　　　　　　　　　B）10100010

　　C）00000001　　　　　　　　　　　D）11110000

(19) 在微型计算机内存储器中不能用指令修改其存储内容的部分是_____。

　　A）DRAM　　　　B）RAM　　　　C）ROM　　　　D）SRAM

(20) 下列四条叙述中，正确的一条是_____。

　　A）外存储器中的信息可以直接被 CPU 处理

　　B）PC 机在使用过程中突然断电，SRAM 中存储的信息不会丢失

　　C）假若 CPU 向外输出 20 位地址，则它能直接访问的存储空间可达 1 MB

　　D）PC 机在使用过程中突然断电，DRAM 中存储的信息不会丢失

二、Windows 的基本操作（10 分）

Windows 基本操作题，不限制操作的方式。

＊＊＊＊＊＊＊本题型共有 5 小题＊＊＊＊＊＊＊

(1) 将考生文件夹下 COFF\JIN 文件夹中的文件 MONEY. TXT 设置成隐藏和只读属性。

(2) 将考生文件夹下 DOSION 文件夹中的文件 HDLS. SEL 复制到同一文件夹中，文件命名为 AEUT. BAS。

（3）在考生文件夹下 SORRY 文件夹中新建一个文件夹 WINBJ。

（4）将考生文件夹下 WORD2 文件夹中的文件 A－EXCEL. MAP 删除。

（5）将考生文件夹下 STORY 文件夹中的文件夹 ENGLISH 重命名为 CHUN。

三、WPS 文字操作题（25 分）

请在"答题"菜单上选择"WPS 文字"命令，然后按照题目要求再打开相应的命令，完成下面的内容。

请用金山文字对考生文件夹下的文档 WPS. WPS 进行编辑、排版和保存，具体要求如下：

初中学龄人口高峰到来

由于人口波动原因，2000 年前后我国将出现初中入学高峰。根据教育部教育管理信息中心汇总的数据，1999—2003 年，小学毕业生出现明显高峰期。初中在校生随之大幅度增加，峰值为 2002 年。以 1998 年小学毕业生升学率 92.63％计，2002 年初中在校生达到 7005 万，比 1998 年增长 30.63％。

初中教育发展面临学龄人口激增和提高普及程度的双重压力。教育需求和供给矛盾将进一步尖锐。

初中学龄人口高峰问题已引起教育部高度重视。1999 年下半年，基础教育司义务教育处曾就此问题对河南、河北、四川、山东四个人口大省进行了调查。情况表明，全国及四省几年来初中入学人数激增，2001—2002 年将达到峰值，由此将引发一系列问题，其中最关键的是校舍和师资的不足。初中适龄人口高峰的到来，给全国"普九"工作和"普九"验收后的巩固提高工作带来很大压力，各种矛盾非常突出，非下大决心、花大力气、用硬措施解决不可。

全国 4 省 1999—2003 年初中在校生情况表（单位：万人）

省名	1999 年	2000 年	2001 年	2002 年
河南	5843	6313	6690	7005
河北	532	620	669	743
四川	367	393	427	461
山东	606	678	695	975

（1）将文中"在校生"替换为"在校学生"，并改为斜体加下划线（实线）。

（2）第一段（标题："初中学龄……到来"）文字设置为小三号黑体、黄色、居中。

（3）全文（除标题段外）用五号黑体字，各段落的左、右各缩进 2 字符，首行缩进 2 字符。并将第二段中的"峰值"二字设置为小四号黑体加粗。

（4）将倒数第六行统计表标题（"全国 4 省 1999—2003 年初中在校生情况表 单位：万人"）设置为小四号宋体字、居中。

（5）将表格列宽设置为 1.6 厘米，表格中的文字设置为五号宋体、第一行和第一列中的文字居中，其他各行各列中的文字右对齐。

四、WPS 表格操作题（20 分）

请在"答题"菜单上选择"WPS 表格"，完成下面的内容。

	A	B	C	D
1	某书店图书销售情况表			
2	图书编号	销售数量	单价	销售额
3	123	256	11.62	
4	1098	298	19.84	
5	2134	467	36.56	

打开考生目录下的 Book1. et,按下列要求完成操作,并同名保存结果。

(1) 将标题"某书店图书销售情况表"的字体设置为黑体,字号设置为 16 磅,标题区域选定为 A1:D1,并跨列居中对齐。

(2) 根据公式"销售额＝销售数量×单价"计算"销售额"列的值(必须运用公式计算),并设定其数据显示格式为数值,保留 1 位小数。

(3) 用"图书编号"列和"销售额"列实现一个"簇状柱形图"图表,其数据系列名称为"销售额",系列的数据为每个人的"销售额"的值,以"图书编号"为分类 X 轴标志,图表标题是"某书店图书销售情况图",并将生成的图表放置到 A7:D17 区域中(提示:移动和适当调整图表大小)。

五、WPS 演示操作题(15 分)

请在"答题"菜单上选择"WPS 演示",完成下面的内容。

打开考生文件夹下的演示文稿 ys. dps,按要求完成对文档的修改,并进行保存。

(1) 将页版式"标题和竖排文字",应用到第二页和第三页演示页。

(2) 为演示文稿应用外观模板"政务_欢庆. dpt";将所有演示页的切换方式设定为"横向棋盘式"。

六、上网操作题(10 分)

请在"答题"菜单上选择相应的命令,完成下面的内容:

接收并阅读由 djks@mail. edu. cn 发来的 E-mail,然后转发给张强。张强的 E-mail 地址为:zhangq@pc. home. cn

某模拟网站的主页地址是:HTTP://LOCALHOST/index. htm,打开此主页,浏览"电大考试"页面,查找"中央电大概况"的页面内容并将它以文本文件的格式保存到考生文件夹下,命名为"ZYDD. txt"。

试卷一参考答案及评析

一、选择题

(1) A	(6) A	(11) C	(16) C
(2) B	(7) B	(12) A	(17) C
(3) D	(8) B	(13) B	(18) D
(4) B	(9) A	(14) B	(19) C
(5) A	(10) D	(15) B	(20) C

答题过程如下。

（1）在"答题"菜单上选择"选择题"命令，如图 6.8 所示。启动选择题测试程序。

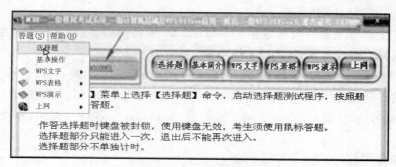

图 6.8　进入选择题答题

（2）在如图 6.9 所示"选择题"测试界面，按照题目上的内容用鼠标进行答题，A、B、C、D 四个选项中，只有一个选项是正确的。新版"选择题"做了很大改变，整个界面只允许利用鼠标进行答题，通过单击"上一题"、"下一题"及单选"A、B、C、D"选项答题，已答题目，最下方题卡用"蓝色"表示，未答题用"红色"表示。因为键盘操作已被锁死，用键盘组合键切换至别的应用程序查询资料变为不可能。例如，进制转换及计算题，必须手工计算，利用系统的"计算器"程序进行将不被允许，增加了选择题的难度。

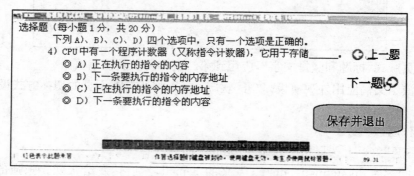

图 6.9　"选择题"测试界面

（3）将 20 道选择题逐一做完，此时只能利用鼠标选择，观察最下方答题卡，全部变为"蓝色"则无遗漏。新版"选择题"不限时间，但只允许进入一次，所以，应当认真检查一下答案是否正确，再单击"保存并退出" 保存并退出 按钮，系统会弹出如图 6.10 所示确认对话框，单击"确认"，保存并退出，单击"取消"，继续答题。新版的只准进入一次的要求，亦增大了考试难度，即使考生以其他外部方式获取了选择题答案，由于不能再次进入，对答题也无济于事。

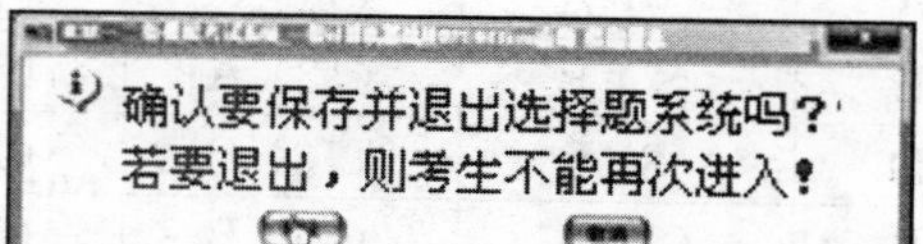

图 6.10　"退出确认"对话框

二、Windows 的基本操作（10 分）

Windows 基本操作题，不限制操作的方式。请先按前述注意事项，请参阅图 6.1、图 6.2 所示对考试环境进行设置。

在"答题"菜单上选择"基本操作"命令，自动进入如图 6.11 所示资源管理器中"考生文件夹"界面。此例"考生文件夹"为"K:\523ks07\14010001"。可打开 1～2 个这样的界面，便于进行复制移动等操作。

图 6.11　考生文件夹

答题方法及知识点解析如下。

（1）设置文件或文件夹属性

进入到 COFF\JIN 文件夹中，鼠标右击要设置的文件或文件夹（此例为文件 MONEY.TXT），从弹出的快捷菜单中单击"属性"命令，在出现的"属性"对话框中可以勾选文件属性为"隐藏"和"只读"，如图 6.12 所示，单击"确定"按钮退出设置。

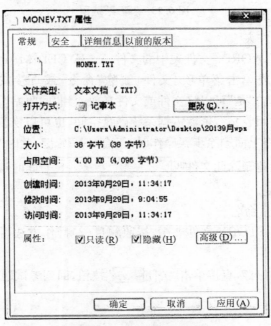

图 6.12　属性设置对话框

（2）复制及重命名文件或文件夹

利用 按钮回到考生文件夹下（或利用前面另外打开的考生文件夹窗口），双击打开 DOSION 文件夹，右击文件 HDLS. SEL，从弹出的快捷菜单中选择"复制"命令，由于此题复制的目标地点就在同一文件夹，因此，直接在空白处右击，从弹出的快捷菜单中选择"粘贴"命令，此时同一文件夹下出现了"HDLS-副本"文件（因为同一文件夹下不允许存在同名文件）。这一步，利用单击"编辑 | 复制"命令，打开要存放副本的文件夹或磁盘，单击"编辑 | 粘贴"命令也可实现。当然组合键〈CTRL＋C〉复制，〈CTRL＋V〉粘贴亦可。最为方便快捷的是，直接按住 CTRL＋鼠标拖拽 HDLS. SEL 文件实现复制。

右击"HDLS－副本. SEL"，从弹出的快捷菜单中选择"重命名"命令，将文件名改为"AEUT. BAS"（文件及文件夹名不区分大小写）。"重命名"还可利用按功能键 F2 或是单击一次，再单击一次（中间有间隔，不是双击），直接修改文件名实现。

（3）创建文件夹

进入考生文件夹下 SORRY 文件夹，右击工作区空白处，从弹出的快捷菜单中选择"新建 | 文件夹"命令，或单击菜单项"文件 | 新建 | 文件夹"命令，如图 6.13 所示。并将其名字改为新文件夹的名称 WINBJ。

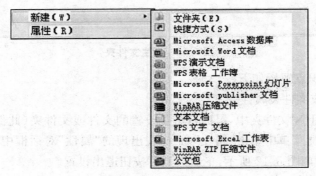

图 6.13　"新建"选项

（4）删除文件或文件夹

选中考生文件夹下 WORD2 文件夹中的文件 A－EXCEL. MAP，右击，从弹出的快捷菜单中选择"删除"命令，或单击菜单项"文件 | 删除"命令，或直接按"Delete"键，均弹出如图 6.14 所示对话框，单击"是"可以将文件或文件夹放入到"回收站"。此时被删除的文件或文件夹，只是移动到了"回收站"，依然占据系统磁盘空间，也可以恢复。如果需要彻底删除，不放入"回收站"中，可将上面删除步骤操作时，组合〈Shift〉键，此时"删除"对话框发生了变化，显示"确实要永久性地删除此文件吗 确定要永久性地删除此文件吗？"此时选择"是"，将彻底从磁盘上清除此文件，不可恢复。

（5）文件与文件夹重命名

进入考生文件夹下 STORY 文件夹中，按照题目（2）操作方法，将文件夹 ENGLISH 重命名为 CHUN。

"基本操作"题无需保存，直接单击"关闭 　Ｘ　"按钮，回到考试题界面。

图 6.14　删除文件到回收站对话框

三、WPS 文字操作题（25 分）

请在"答题"菜单上选择"WPS 文字"命令，然后按照题目要求再打开相应的命令，完成下面的内容。

答题方法及知识点解析。

如图 6.15 所示，打开考生文件夹下的文档 WPS. WPS 进行编辑、排版和保存。

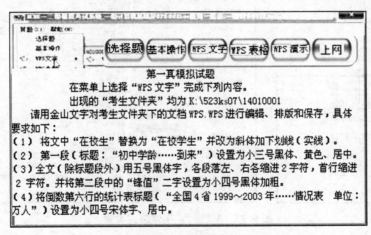

图 6.15　WPS 文字题

（1）测试点：文本的查找与替换

步骤 1：单击"开始"选项卡下的"编辑"组中｜"查找替换 "选项下的"替换"命令，打开"查找和替换"对话框。

步骤 2：在"查找内容"对话框中输入要查找的内容"在校生"，在"替换为"对话框中输入要替换的内容"在校学生"。单击按钮展开"　高级搜索 (M) ▼　"，如图 6.16 所示。

步骤 3：查找/替换的高级操作。当替换字符格式时（文字不变），插入点需要在"替换为"文本框中（此例为"在校学生"后），设置文字、段落格式。因此例只需修改字体，单击"格式｜字体"，如图 6.17 所示，按题目要求将替换为内容"在校学生"改为"斜体"加"下划线（实线）"。

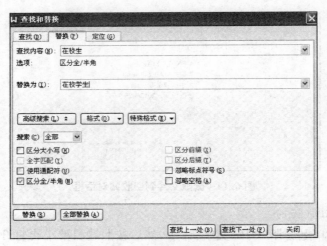

图 6.16　查找和替换对话框

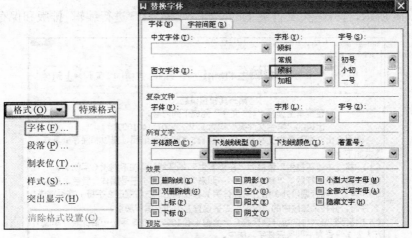

图 6.17　"替换为"字体格式设置

步骤 4：如图 6.18 所示，"替换为"内容"在校学生"带上了格式效果，"字体：倾斜，下划线"，单击"全部替换"按钮完成此题。

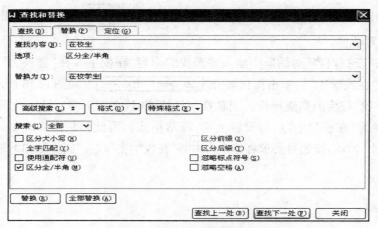

　　　　　　　　　　　图 6.18　替换的高级应用

（2）测试点：利用功能按钮设置文字的字体及对齐方式

步骤 1：选定要编辑的文字第一段（标题："初中学龄……到来"）使之反显。

步骤 2：在"开始"选项卡中"字体"功能组，选择字体为"黑体"，字号为"小三"号颜色为"黄色"，"段落"功能组中选择"居中"按钮，如图 6.19 所示。

图 6.19　字体和段落功能组

（3）测试点：段落设置

步骤 1：选中要设置的段落使之反显（正文第一个字"由……"前面单击，插入点定位，将光标移到正文最后"……解决不可。"，按 Shift＋单击）。

步骤 2：如上题设置字体为"黑体"，字号为"五号"，单击鼠标右键，从弹出的快捷菜单中选择"段落"命令，或者单击"段落"功能组中"打开旧式工具"按钮，打开"段落"对话框。

步骤 3：在"段落"对话框中设置缩进量、间距、行距、对齐方式等，如图 6.20 所示，将段落缩进"文本之前"和"文本之后"设置为"2 字符"，"特殊格式"选择"首行缩进"，度量值为"2 字符"。

步骤 4：双击第二段"峰值"两字使其反显选中，在"字体"功能组中，设置字号为"小四"号，选中"加粗"**B**按钮。

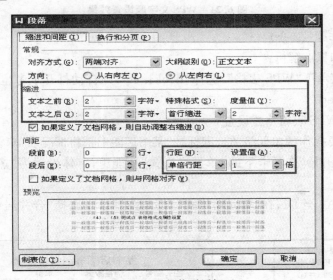

图 6.20　段落对话框

（4）测试点：标题设置

步骤：选定倒数第六行统计表标题（"全国 4 省 1999—2003 年初中在校生情况表 单位：万人"）使其反显，同（1）题，将其"字体"设置为"宋体"，设置字号为"小四"号，单击"段落"组"居中"按钮。

（5）测试点：表格格式及属性设置

步骤1：单击表格左上角"⊞"图标，选择整张表格，右击，在弹出的快捷菜单中选择"表格属性"命令。或单击"表格工具"选项下的"表格"功能组中的"表格属性"命令，弹出"表格属性"对话框。单击"列"标签，度量单位选择"厘米"，宽度设置为"1.6"，单击"确定"。

步骤2：选择整表内容，设置"字体"为"宋体"，设置字号为"五号"。选择表格第一行，单击"段落"组"居中 ▤"按钮。选择表格第一列，单击"段落"组"居中 ▤"按钮。选择余下各行各列中的文字，单击"段落"组"右对齐 ▤"按钮。

WPS文字设置完毕效果如图6.21所示。单击"关闭"按钮，保存文件退出。

初中学龄人口高峰到来

由于人口波动原因，2000年前后我国将出现初中入学高峰。根据教育部教育管理信息中心汇总的数据，1999—2003年，小学毕业生出现明显高峰期。初中在校学生随之大幅度增加，峰值为2002年。以1998年小学毕业生升学率92.63%计，2002年初中在校学生达到7005万，比1998年增长30.63%。

初中教育发展面临学龄人口激增和提高普及程度的双重压力。教育需求和供给矛盾将进一步尖锐。

初中学龄人口高峰问题已引起教育部高度重视。1999年下半年，基础教育司义务教育处曾就此问题对河南、河北、四川、山东四个人口大省进行了调查。情况表明，全国及四省几年来初中入学人数激增，2001—2002年将达到峰值，由此将引发一系列问题，其中最关键的是校舍和师资的不足。

初中适龄人口高峰的到来，给全国"普九"工作和"普九"验收后的巩固提高工作带来很大压力，各种矛盾非常突出，非下大决心、花大力气、用硬措施解决不可。

全国4省1999—2003年初中在校学生情况表（单位：万人）

省名	1999年	2000年	2001年	2002年
河南	5843	6313	6690	7005
河北	532	620	669	743
四川	357	393	427	461
山东	606	678	695	975

图6.21 WPS文字题设置效果

四、WPS表格操作题（20分）

答题步骤及知识点解析：

单击"答题"菜单下"WPS表格"，选择"Book1.et"，则自动打开了考生文件夹下的WPS表格文件"Book1.et"。

（1）测试点：WPS表格格式设置

步骤1：选定要操作的单元格A1（即标题"某书店图书销售情况表"）。

步骤2：选择"开始"选项卡下的"单元格格式"功能组，字体设置为"黑体"，字号设置为"16"磅。

步骤3：选择A1至D1，在"单元格格式：对齐方式"组中选择"合并居中－跨列居中"如图6.22所示。

▣	合并居中(C)		
▭	跨列合并(A)		
▭	合并单元格(M)		
▭	跨列居中(U)		
▭	取消合并单元格(U)		

图6.22 单元格对齐方式设置

	A	B	C	D
1	某书店图书销售情况表			
2	图书编号	销售数量	单价	销售额
3	123	256	11.62	2974.7
4	1098	298	19.84	5912.3
5	2134	467	36.56	17073.5

图6.23 公式运算结果

（2）测试点：WPS 表格公式计算

步骤 1：选择要输入公式的单元格 D3（即销售额列第一个空白处）。

步骤 2：在 D3 单元格或在"编辑栏"中，输入"＝"，根据题目公式要求"销售额＝销售数量×单价"输入公式内容，即单击"销售数量"所在单元格"B3"，输入"＊"代表乘以，再单击"单价"所在单元格"C3"。

步骤 3：按 Enter 键或单击编辑栏上的☑按钮确定输入的公式。则 D3 单元格显示出了"图书编号为 123"的"销售额"结果。而编辑栏里则是 D3 单元格输入的公式"＝B3 ＊ C3"。如果要取消输入内容，可以单击编辑栏☒按钮。

步骤 4：将鼠标移动到 D3 右下角，鼠标指针变成十字星，按下鼠标左键，并向下拖拽鼠标至填充的最后一个单元格 D5 后，释放鼠标左键，此时自动填充了公式计算结果。

步骤 5：选中 D3 至 D5 单元格，单击"单元格格式：数字"组中"减少小数位数"按钮，使其保留 1 位小数。结果如图 6.23 所示。

（3）测试点：设置图表

步骤 1：选定要操作的数据范围（此例为 A2 到 A5"图书编号"列，再按 Ctrl 键选择 D3 到 D5"销售额"列）。

步骤 2：在"插入"选项卡上的"图表"组中，单击"图表"，打开如图 6.24 所示的"图表类型"对话框。单击所需要的"图表类型"和"子图表类型"，这里选择"柱形图"的"簇状柱形图"。

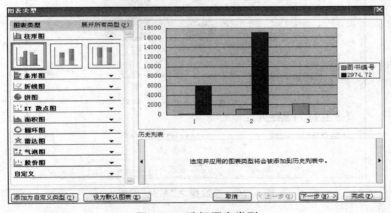

图 6.24　选择图表类型

步骤 3：单击"下一步"按钮，打开如图 6.25 所示的"源数据"对话框。该对话框中有"数据区域"和"系列"两个选项卡。"数据区域"选项卡中的选项用于修改创建图表的数据区域；"系列"选项卡中的选项用于修改数据系列的名称、数值以及分类轴标志。

步骤 4：单击"系列"标签，根据题目要求将"系列"中的"图书编号"删除，数据系列名称为"销售额"，系列的数据为每个人的"销售额"的值，此时缺省都是正确的，无需设置。单击"分类 X 轴标志"旁边的""按钮，选择作为"X 轴标志的"A3 到 A5 单元格，单击""按钮返回"源数据"对话框，系列设置效果如图 6.26 所示。

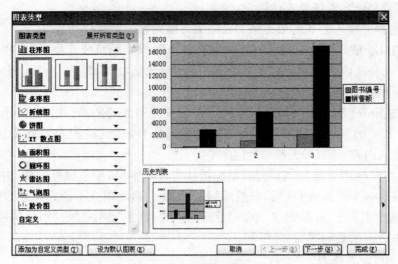

图 6.25 设置数据区域

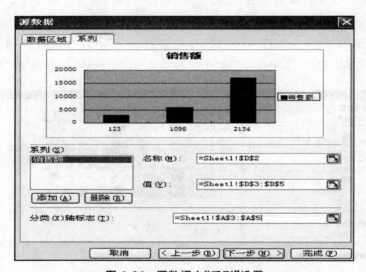

图 6.26 源数据之"系列"设置

步骤 5：单击"下一步"按钮，打开如图 6.27 所示的"图表选项"对话框。该对话框中有"标题"、"坐标轴"、"网格线"、"图例"、"数据标志"和"数据表"6 个选项卡。通过对相应选项卡中的选项设置可以改变图表中的对象。在"标题"选项卡中的"图表标题"文本框中输入"某书店图书销售情况图"。

步骤 6：单击"完成"按钮，即可在当前工作表中插入一个图表。

步骤 7：光标放在"图表区"空白处，鼠标变为""，按住左键拖至左上角为"A7"单元格，拖右下角句柄使其缩至"D17"单元格内。最终效果如图 6.28 所示。单击"关闭"按钮保存退出。

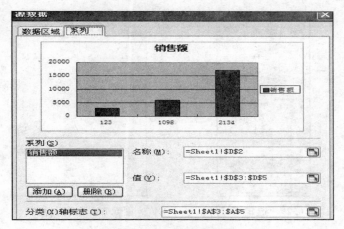

图 6.27　设置图表选项

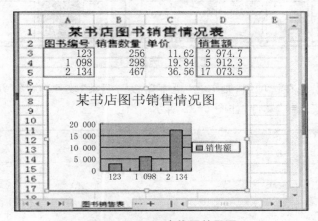

图 6.28　WPS 表格题效果图

五、WPS 演示操作题(15 分)

答题步骤及测试点解析:

单击"答题"菜单,选择"WPS 演示",打开演示文稿 ys. dps。

(1) 测试点:版面或版式的设置

步骤 1:在幻灯片浏览视图中,鼠标单击选择要操作的幻灯片,即"第 2 页"再按住 Ctrl 键选择"第 3 页"幻灯片,则两张幻灯片同时选中。如图 6.29 所示。

步骤 2:单击右侧任务窗格中的"版式 [ ]"按钮,或是单击"设计"选项卡下的"幻灯片版式 [ ]"按钮。进入"幻灯片版式"设置,如题,选择"文字版式"下的"标题和竖排文字"效果。如图 6.30 所示。

(2) 测试点 1:演示文稿外观模板的设置

步骤 1:任选一张幻灯片(因模板效果将应用到所有幻灯片)。

步骤 2:单击右侧任务窗格中的"模板"按钮 [ ],或是在"设计"选项卡下的"幻灯片模板"组中选择"政务_欢庆. dpt"效果。如图 6.31 所示。

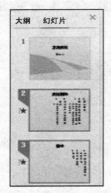

图 6.29 选定幻灯片

图 6.30 幻灯片版式

图 6.31 选择模板

　　若模板没直接出现在选项组，则单击"更多模板"，搜索"政务_欢庆"并下载，将新演示文稿另存为"政务_欢庆.dpt"文件，如图 6.32 所示。

图 6.32 另存为模板文件

　　此时再回到"ys.dps"，在右侧"幻灯片模板"组中单击"更多模板"中的"浏览"选项，选择上一步保存的"政务_欢庆.dpt"模板文件，双击则将模板效果应用到全部幻灯片，效果如图 6.33 所示。

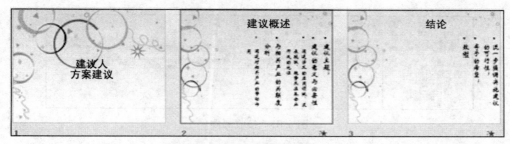

图 6.33　模板效果

测试点 2:多张幻灯片切换方式的设置

步骤 1:任选一张幻灯片。

步骤 2:单击右侧任务窗格中的"切换"按钮 ,或是在"幻灯片放映"选项卡下选择"幻灯片切换"命令 。右击幻灯片空白处,在弹出的快捷菜单中选择"幻灯片切换…"命令 ![](icon 幻灯片切换(T)…),在幻灯片切换效果中选择"横向棋盘式",并单击"应用于所有幻灯片"按钮 ,即将全部幻灯片的切换效果都设置成为"横向棋盘式"。

步骤 3:可利用"播放"或"幻灯片播放"按钮检查效果。

步骤 4:单击"关闭"按钮,保存并退出。

六、上网操作题(10 分)

答题步骤及测试点分析:

(1) 测试点:邮件接收、转发

步骤 1:选择"答题"菜单下的"上网 | Outlook Express 仿真"(收发邮件题是用邮件客户端"Outlook Express 仿真"程序来做),如图 6.34 所示。

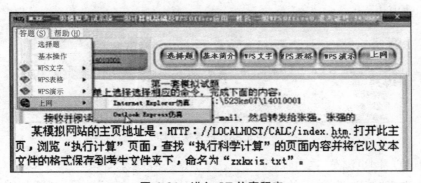

图 6.34　进入 OE 仿真程序

步骤 2:在 OE 界面工具栏中单击"发送/接收"按钮 ,此时显示接收到一封新邮件。如图 6.35 所示。

步骤 3:双击打开由"djks@mail.edu.cn"发来的 E-mail。

步骤 4:在如图 6.36 所示工具栏上选择"转发 "按钮。

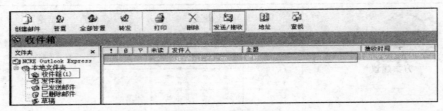

图 6.35 接收邮件

图 6.36 OE 工具栏

步骤 5：在"收件人"处输入张强的 E-mail 地址 zhangq@pc. home. cn，单击"发送"按钮，如图 6.37 所示。

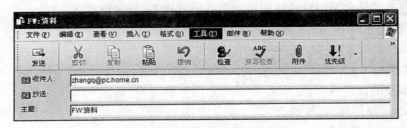

图 6.37 发送邮件

步骤 6：发送完毕后，"已发送邮件"处应能看到发送给张强的邮件，如图 6.38 所示。单击"关闭"按钮退出。

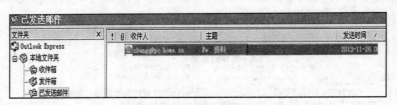

图 6.38 已发送邮件

（2）测试点：网页浏览、网页保存

步骤 1：选择"答题"菜单下的"上网|Internet Explorer 仿真"（网页浏览是用 IE 仿真程序来实现的），如图 6.34 所示。

步骤 2：在地址栏输入主页地址 HTTP://LOCALHOST/index. htm，回车，并在主页上单击要浏览的页面标签"电大考试"，如图 6.39 所示。

步骤 3：在页面上单击要查找的内容的热区"中央电大概况"，此时光标变为手形。

步骤 4：打开"中央电大概况"页面后，单击"文件|另存为"命令，如图 6.40 所示。

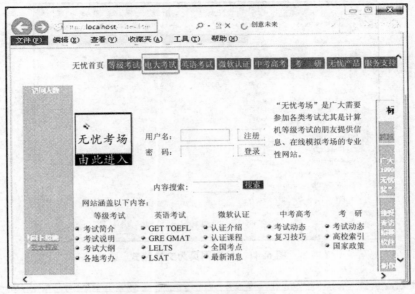

图 6.39　IE 浏览器界面

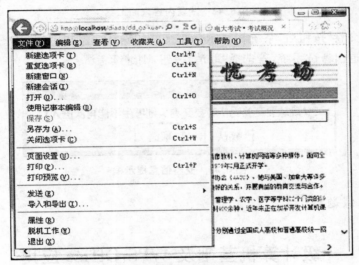

图 6.40　另存为选项

步骤 5：在"保存网页"对话框中，选择文件保存位置"14010001"、保存类型为 . txt，在文件名框内输入指定的文件名"ZYDD"，单击"保存"按钮，如图 6.41 所示。

提示：保存时，三处注意事项：保存位置为考生文件夹下、文件名、保存类型为文本文件(. txt)。

所有题目均做完后，可以在如图 6.42 所示试题内容查阅工具上单击"交卷"按钮。做题过程中"显示窗口"按钮可在显/隐试题窗口之间进行切换。工具条上还始终显示考生的准考证号、姓名、考试剩余时间等信息。

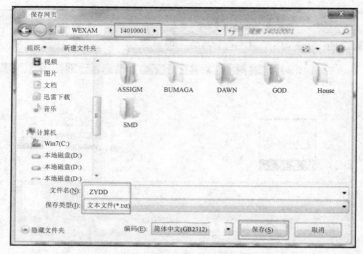

图 6.41　另存网页为文本格式

图 6.42　试题内容查阅工具

考生单击"交卷"按钮后,系统将显示是否交卷的确认信息提示框,如图 6.43 所示。单击"确认"交卷,退出考试系统,若选择"取消"按钮,则继续考试。

图 6.43　交卷信息提示框

2) 全真考试题解(2)

一级计算机基础及 WPS Office 应用

（考试时间 90 分钟,满分 100 分）

一、选择题(1~20,每小题 1 分,共 20 分)

请在"答题"菜单上选择"选择题"命令,启动选择题测试程序,按照题目上的内容用鼠标进行答题,下列 A、B、C、D 四个选项中,只有一个选项是正确的。

(1) 无符号二进制整数 1011010 转换成十进制数是_____。

　　A) 88　　　　　　　　　　　　　　B) 90

　　C) 92　　　　　　　　　　　　　　D) 93

(2) 以下说法中,正确的是_____。

　　A) 域名服务器(DNS)中存放 Internet 主机的 IP 地址

B) 域名服务器(DNS)中存放 Internet 主机的域名

C) 域名服务器(DNS)中存放 Internet 主机的域名与 IP 地址对照表

D) 域名服务器(DNS)中存放 Internet 主机的电子邮箱地址

(3) 办公自动化(OA)是计算机的一项应用,按计算机应用的分类,它属于_____。

  A) 科学计算   B) 辅助设计

  C) 实时控制   D) 信息处理

(4) 用高级程序设计语言编写的程序_____。

  A) 计算机能直接运行   B) 可读性和可移植性好

  C) 可读性差但执行效率高   D) 依赖于具体机器,不可移植

(5) 已知 A=10111110B,B=ABH,C=184D,关系成立的不等式是_____。

  A) A<B<C   B) B<C<A

  C) B<A<C   D) C<B<A

(6) 下列关于软件的叙述中,错误的是_____。

  A) 计算机软件系统由程序和相应的文档资料组成

  B) Windows 操作系统是最常用的系统软件之一

  C) Word 就是应用软件之一

  D) 软件具有知识产权,不可以随便复制使用

(7) 下列设备组中,完全属于输出设备的一组是_____。

  A) 喷墨打印机、显示器、键盘 B) 键盘、鼠标器、扫描仪

  C) 激光打印机、键盘、鼠标器 D) 打印机、绘图仪、显示器

(8) 计算机存储器中,组成一个字节的二进制位数是_____。

  A) 4 bits B) 8 bits C) 26 bits D) 32 bits

(9) 计算机的系统总线是计算机各部件可传递信息的公共通道,它分_____。

  A) 数据总线和控制总线   B) 数据总线、控制总线和地址总线

  C) 地址总线和数据总线   D) 地址总线和控制总线

(10) 一个汉字的内码长度为 2 个字节,其每个字节的最高二进制位的依次分别是_____。

  A) 0,0 B) 0,1 C) 1,0 D) 1,1

(11) 下列叙述中,正确的是_____。

  A) 把数据从硬盘上传送到内存的操作称为输出

  B) WPS Office 2003 是一个国产的操作系统

  C) 扫描仪属于输出设备

  D) 将高级语言编写的源程序转换成机器语言程序的程序叫编译程序

(12) 计算机操作系统通常具有的五大功能是_____。

  A) CPU 管理、显示器管理、键盘管理、打印管理和鼠标器管理

  B) 硬盘管理、软盘驱动器管理、CPU 管理、显示器管理和键盘管理

  C) 处理器(CPU)管理、存储管理、文件管理、设备管理和作业管理

  D) 启动、打印、显示、文件存取和关机

(13) 目前,度量中央处理器(CPU)时钟频率的单位是_____。

    A) NIFS   B) GHz   C) GB   D) Mbps

(14) 下列关于互联网上收/发电子邮件优点的描述中,错误的是_____。

    A) 不受时间和地域的限制,只要能接入互联网,就能收发邮件

    B) 方便、快速

    C) 费用低廉

    D) 收件人必须在原电子邮箱申请地接收电子邮件

(15) 十进制 57 转换成无符号二进制整数是_____。

    A) 0111001   B) 011001   C) 0110011   D) 011011

(16) 在标准 ASCII 码表中,已知英文字母 K 的十进制码值是 75,英文字母 k 的十进制码值是_____。

    A) 107   B) 101   C) 105   D) 103

(17) 下列叙述中,正确的一条是_____。

    A) Word 文档不会带计算机病毒

    B) 计算机病毒具有自我复制的能力,能迅速扩散到其他程序上

    C) 清除计算机病毒的最简单的办法是删除所有感染了病毒的文件

    D) 计算机杀病毒软件可以查出和清除任何已知或未知的病毒

(18) 存储一个 32×32 点阵的汉字字形码需用的字节数是_____。

    A) 256   B) 128   C) 72   D) 26

(19) 目前市售的 USB FLASH DISK(俗称优盘)是一种_____。

    A) 输出设备   B) 输入设备   C) 存储设备   D) 显示设备

(20) 下列计算机技术词汇的英文缩写和中文名字对照中,错误的是_____。

    A) CPU－中央处理器   B) ALU－算术逻辑部件

    C) CU－控制部件   D) OS－输出服务

二、Windows 的基本操作(10 分)

Windows 基本操作题,不限制操作的方式。

(1) 将考生文件夹下\SHOPING\MARKET 文件夹中的金山 WPS 文档 BASE 移动至考生文件夹\TEST 文件夹中。

(2) 考生文件夹\SUPERMAKET 文件夹中的金山 WPS 文档 TABLE 在原文件夹下创建一个快捷方式,并命名为"价格表"。

(3) 在考生文件夹下新建一个名为 SPORTS 的子文件夹,并设置成"隐藏"属性。

(4) 将考生文件夹下(含子文件夹)所有 WPS 文档复制到"考生文件夹\KINGSOFT"下。

(5) 在考生文件夹下搜索一个应用程序 doskey.exe,并将其复制到考生文件夹下。

三、WPS 文字操作题(25 分)

请在"答题"菜单上选择"WPS 文字"命令,然后按照题目要求再打开相应的命令,完成下面的内容。

文档略。请使用配套的电子资源中真题 14000106\WPS.WPS 文件练习。

请用金山文字对考生文件夹下的文档 WPS.WPS 进行编辑、排版和保存,具体要求如下:

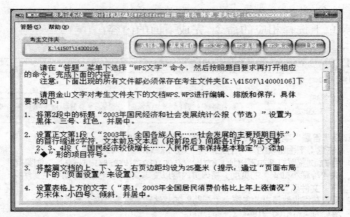

四、WPS 表格操作题（20 分）

请在"答题"菜单上选择"WPS 表格"，完成下面的内容。

打开考生目录下的 Book1. et，按下列要求完成操作，并同名保存结果。

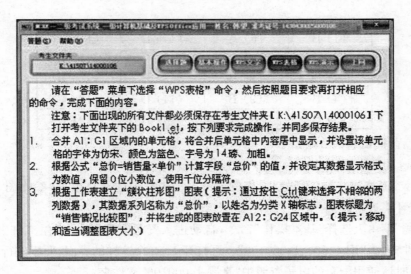

五、WPS 演示操作题（15 分）

请在"答题"菜单上选择"WPS 演示"，完成下面的内容。

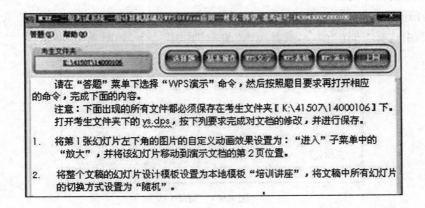

六、上网操作题(10 分)

请在"答题"菜单上选择相应的命令,完成下面的内容:

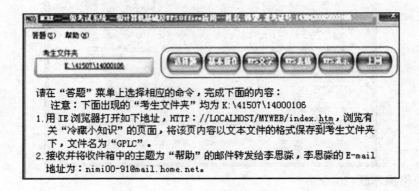

试卷二参考答案及评析

一、选择题

(1) B	(6) A	(11) D	(16) A
(2) C	(7) D	(12) C	(17) B
(3) D	(8) B	(13) B	(18) B
(4) B	(9) B	(14) D	(19) C
(5) B	(10) D	(15) A	(20) D

答题过程(同试卷一 略)

二、Windows 的基本操作(10 分)

Windows 基本操作题,不限制操作的方式。请先按前述注意事项,参阅图 6.1、图 6.2 所示对考试环境进行设置。

在"答题"菜单上选择"基本操作"命令,自动进入资源管理器中"考生文件夹"界面。此例"考生文件夹"为"K\41507\14000106"。可打开 1~2 个这样的界面,便于进行复制移动等操作。练习时请使用配套的电子资源中"真题 14000106"文件夹。

答题方法及知识点解析:

(1) 文件或文件夹的移动

双击打开考生文件夹下\SHOPING\MARKET 文件夹,右击文件 BASE. wps,从弹出的快捷菜单中选择"剪切"命令,或是单击"编辑|剪切"命令,如图 6.44 所示。

图 6.44 剪切

打开移动的目标位置,此处为考生文件夹下\TEST 文件夹,空白处右击,从弹出的快捷菜单中选择"粘贴"命令,此时 TEST 文件夹下多了个 BASE. wps 文件,而原来位置的 MARKET 文件夹下 BASE. wps 文件将被移走。如图 6.45 所示。

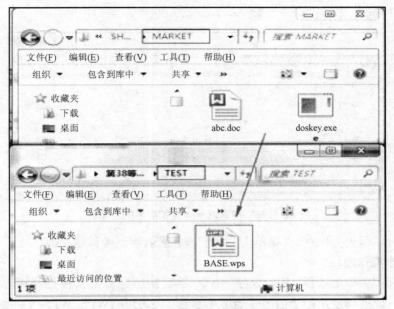

图 6.45　文件的移动

组合键〈CTRL+X〉剪切,〈CTRL+V〉粘贴亦可。最为方便快捷的是,直接按住 Shift+鼠标拖拽文件实现移动,前提是源文件所在位置和目标所在位置均可见。

（2）创建快捷方式

双击打开考生文件夹下 SUPERMAKET 文件夹,找到 TABLE. wps 文件,右击选择"创建快捷方式"命令,则为 TABLE. wps 文件创建了快捷方式（快捷方式是指向真实文件的链接,和源文件的区别在于左下角有个小箭头）。

右击新建的快捷方式,选择"重命名"命令,输入文件名"价格表"。

（3）创建文件夹及设置属性

进入考生文件夹 K:\41507\14000106 下,右击工作区空白处,从弹出的快捷菜单中选择"新建|文件夹"命令,或单击菜单项"文件|新建|文件夹"命令,如图 6.13 所示。将名字改为新文件夹的名称 SPORTS。

鼠标右击要设置的文件或文件夹（此例为新建文件夹 SPORTS）,从弹出的快捷菜单中单击"属性"命令,在出现的"属性"对话框中勾选文件属性为"隐藏",其余不必要的属性应当清除。如图 6.12 所示,单击"确定"按钮退出设置。

（4）文件或文件夹的搜索与复制

进入考生文件夹 K:\41507\14000106 下,如图 6.46 所示,在搜索框中输入关键字"＊.wps",则考生文件夹下（含子文件夹）所有 WPS 文档将被查找出来。

〈Ctrl+A〉全选所有 WPS 文档,在其上右击,从弹出的快捷菜单中选择"复制"命令,或是单击"编辑|复制"命令。或按组合键〈Ctrl+C〉复制。

利用"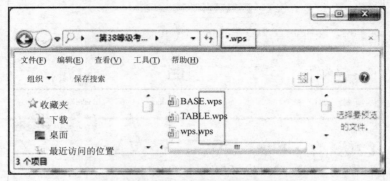"按钮回到考生文件夹下,打开需复制到的目标位置 KINGSOFT,空白处右击,从弹出的快捷菜单中选择"粘贴"命令,此时 KINGSOFT 文件夹下多了 3 个 WPS 文档文件。〈Ctrl+V〉粘贴亦可。

(5) 同(4)做法类似。只需将搜索文件名变为 doskey.exe 即可。

图 6.46　搜索以 wps 为扩展名的对象

"基本操作"题无需保存,直接单击"关闭"按钮 ，回到考试题界面。

三、WPS 文字操作题(25 分)

请在"答题"菜单上选择"WPS 文字"命令,然后按照题目要求再打开相应的命令,完成下面的内容。此处请使用配套的电子资源中真题 14000106\WPS. WPS 文件练习。

答题方法及知识点解析:

参阅图 6.15,打开考生文件夹下的文档 WPS. WPS 进行编辑、排版和保存。

(1) 测试点:利用功能按钮设置文字的字体及对齐方式

步骤 1:选定要编辑的文字第 2 段标题"2003 年国民经济和社会发展统计公报(节选)"使之反显。

步骤 2:在"开始"选项卡中"字体"功能组,选择字体为"黑体",字号为"三号",颜色为"红色","段落"功能组中选择"居中"按钮,如图 6.47 所示。

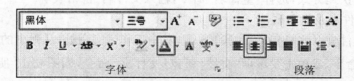

图 6.47　字体和段落功能组

(2) 测试点:段落及项目符号设置

步骤 1:选中正文第 1 段"2003 年,全国各族人民……社会发展的主要预期目标。"(方法为在左边选定区内双击)使其反显。

步骤 2:单击鼠标右键,从弹出的快捷菜单中选择"段落"命令,或者单击"段落"功能组中"打开旧式工具"按钮,打开"段落"对话框。

步骤 3:在"段落"对话框中设置缩进量、间距、行距、对齐方式等,如图 6.20 所示,将段落间距"段前"和"段后"设置为"1 行","特殊格式"选择"首行缩进",度量值为"2 字符"。

步骤 4：选中 2,3,4 段（"国民经济较快增长……汇率保持基本稳定。"）文字，使其反显，在"段落"功能组中，选择项目符号选项中的"菱形"，如图 6.48 所示。

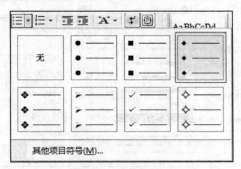

图 6.48　项目符号设置

（3）测试点：页面设置

单击"页面布局"选项|"页边距"命令，弹出"页面设置"对话框，在"页边距"标签卡中按题意将上、下、左、右均设置为 25 毫米，如图 6.49 所示，然后单击"确定"按钮。

图 6.49　页边距设置

（4）、（5）测试点：表格格式及属性设置

步骤 1：选定表格上方标题文字（"表 1：2003 年全国居民消费价格比上年上涨情况"）使其反显，同前，将其"字体"设置为"宋体"，设置字号为"小四"号，字形为"倾斜*I*"，单击"段落"组"居中"按钮■■。

步骤 2：分别选择表格第 1 行和第 2、3、4 列的内容，单击"字体"组的字形"加粗 **B** "及"段落"组"居中■■"按钮。

单击表格左上角"✛"图标，选择整张表格，右击，在弹出的快捷菜单中选择"边框和底纹"命令。或单击"表格工具"选项下的"表格"功能组中的"表格属性"命令，在弹出"表格属性"对话框中选择"边框和底纹"的按钮。如图 6.50 所示进行设置。"设置"选"自定义"，线型选"细双线"，右边"预览"栏单击上、下、左、右，即将外边框应用细双线的效果。再选择第一根单实线，在"预览"中间单击画个细实线的十字架（实际代表所有内框线），单击"确定"。

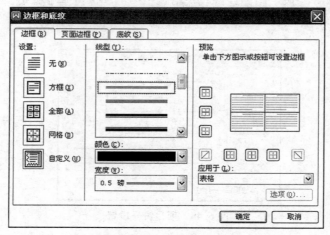

图 6.50 表格边框的设置

WPS 文字设置完毕效果如图 6.51 所示。单击"关闭"按钮，保存文件退出。

中华人民共和国
2003年国民经济和社会发展统计公报(节选)

2003年，全国各族人民在党中央、国务院的正确领导下，以邓小平理论和"三个代表"重要思想为指导，全面贯彻落实党的十六大和十六届三中全会精神，沉着应对突如其来的非典疫情、多种自然灾害和复杂多变的国际形势带来的严峻困难和挑战，万众一心，奋力拼搏，实现了经济和社会发展的主要预期目标。

- 国民经济较快增长。全年国内生产总值116694亿元，按可比价格计算，比上年增长9.1%，加快1.1个百分点。
- 价格总水平有所上涨。全国居民消费价格总水平比上年上涨1.2%。其中，城市上涨0.9%，农村上涨1.6%（见表1）。就业人数增加。年末全国就业人员74432万人，比上年末增加692万人。年末城镇登记失业率为4.3%，比上年末上升0.3个百分点。
- 国际收支状况良好。全年对外贸易顺差255亿美元，比上年减少49亿美元。利用外资继续增加。外汇储备大幅度增长，年末国家外汇储备达到4033亿美元，比上年末增加1168亿美元。人民币汇率保持基本稳定。

表1 2003年全国居民消费价格比上年上涨情况

指 标	全国(%)	城 市	农 村
全国居民消费价格总水平	1.2	0.9	1.6
食 品	3.4	3.4	3.4
其中:粮食	2.3	2.3	2.2
烟酒及用品	-0.2	-0.2	-0.1
衣 着	-2.2	-2.6	-1.4
家庭设备用品及服务	-2.6	-3.0	-1.7
医疗保健及个人用品	0.9	-0.2	2.5
交通和通信	-2.2	-2.6	-1.4
娱乐教育文化用品及服务	1.3	0.5	2.8
居 住	2.1	2.8	1.0

图 6.51 试卷二 WPS 文字题效果图

四、WPS 表格操作题（20 分）

答题步骤及知识点解析：

单击"答题"菜单下"WPS 表格"，选择"Book1. et"，则自动打开考生文件夹下的 WPS 表格文件"Book1. et"。本教材请使用配套的电子资源中真题 14000106\ Book1. et 文件练习。

（1）测试点：WPS 表格格式设置

步骤 1：选择 A1 至 G1，在"单元格格式：对齐方式"组中单击"合并居中"按钮。则 A1 至 G1 合并为一个单元格 A1，且内容居中。

步骤 2：选定要操作的单元格 A1（即标题"飞腾公司软件部销售报表"）。选择"开始"选项卡下的"单元格格式"功能组，字体设置为"仿宋"，字号设置为"14"磅，颜色设置为"蓝色"，字形设置为"加粗"。如图 6.52 所示。

图 6.52　WPS 表格格式设置

（2）测试点：WPS 表格公式计算

步骤 1：选择要输入公式的单元格 G4（即"总价"列第一个空白处）。

步骤 2：在 G4 单元格内或在"编辑栏"中，输入"＝"，根据题目公式要求"总价＝销售量×单价"输入公式内容，即单击"销售量"所在单元格"E4"，输入"＊"代表乘以，再单击"单价"所在单元格"F4"。

步骤 3：按 Enter 键或单击编辑栏上的☑按钮确定输入的公式。则 G4 单元格显示出了"编号为 1"的"总价"结果。而编辑栏里则是 G4 单元格输入的公式"＝E4＊F4"。如果要取消输入内容，可以点击编辑栏☒按钮。

步骤 4：将鼠标移动到 G4 右下角，鼠标指针变成十字星，按下鼠标左键，并向下拖拽鼠标至填充的最后一个单元格 G10 后，释放鼠标左键，此时自动填充了公式计算结果。

步骤 5：选中 G4 至 G10 单元格，单击"单元格格式：数字"组中"旧式工具"按钮，或是右击，在弹出的快捷菜单中选择"设置单元格格式(O)...设置单元格格式"按钮，在"单元格格式"对话框中选择"数字"标签，按照题目要求，将数字分类选择"数值"，小

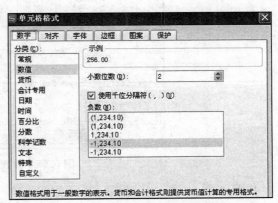

图 6.53　WPS 表格单元格格式设置

数位数设为"0"，勾选"使用千位分隔符"，设置对话框如图 6.53 所示。

（3）测试点：设置图表

步骤 1：选定要操作的数据范围（此例为 B3 到 B10"姓名"列，再按 Ctrl 键选择 G3 到 G10"总价"列）。

步骤 2：在"插入"选项卡上的"图表"组中，单击"图表"按钮，打开如图 6.54 所示的"图表类型"对话框。单击所需要的"图表类型"和"子图表类型"，这里选择"柱形图"的"簇状柱形图"。

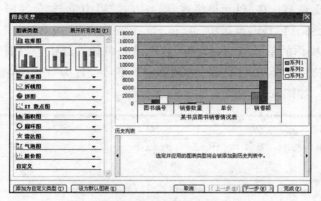

图 6.54　选择图表类型

步骤 3：单击"下一步"按钮，打开如图 6.55 所示的"源数据"对话框。该对话框中有"数据区域"和"系列"两个选项卡。"数据区域"选项卡中的选项用于修改创建图表的数据区域；"系列"选项卡中的选项用于修改数据系列的名称、数值以及分类轴标志。单击"系列"标签，此时"系列"名称为总价，系列为总价的值，分类 X 轴标志为"姓名"，已符合要求，无需修改。

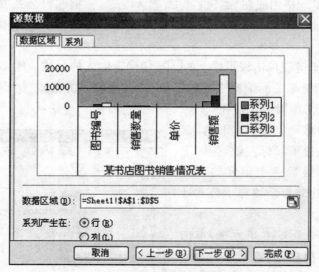

图 6.55　源数据对话框

步骤 4：单击"下一步"按钮，打开如图 6.56 所示的"图表选项"对话框。该对话框中有"标题"、"坐标轴"、"网格线"、"图例"、"数据标志"和"数据表"6 个选项卡。通过对相应选项卡中的选项设置可以改变图表中的对象。在"标题"选项卡中的"图表标题"文本框中输入"销售情况比较图"。

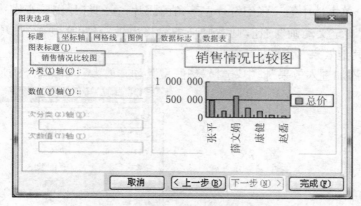

图 6.56　设置图表选项—图表标题

提示：对于图表题，通常图表标题必须要输入，而且要正确，否则图表题不得分。若针对整个 WPS 表格题，工作表重命名尤为重要，若是出错，整个 WPS 表格题可能都不得分。切勿将标题名当成工作表名！如此例标题名为"飞腾公司软件部销售报表"，而工作表名是下方的"工作表 1"。

步骤 5：单击"完成"按钮，即可在当前工作表中插入一个图表。

步骤 6：光标放在"图表区"空白处，鼠标变为"⊞"，按住左键拖至左上角为"A12"单元格，拖右下角句柄使其缩至"G24"单元格内，可将绘图区拉宽些。最终效果如图 6.57 所示。单击"关闭"按钮保存退出。

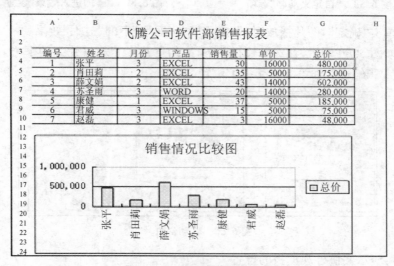

图 6.57　WPS 表格题效果图

五、WPS 演示操作题（15 分）

答题步骤及测试点解析：

单击"答题"菜单，选择"WPS 演示"，打开演示文稿。本教材请使用配套的电子资源中真题 14000106\ys.dps 文件练习。

（1）测试点：动画效果设置及幻灯片的编辑

步骤 1：鼠标单击选中第一张幻灯片左下角的图片，在幻灯片浏览视图中，单击选择"动画"选项卡下的"自定义动画"按钮，则右侧任务窗格出现"自定义动画"选项，单击"添加效果"选择"进入|其他效果"，如图 6.58 所示。

步骤 2：在"添加进入效果"框中，选择"华丽型"组的"放大"，如图 6.59 所示。

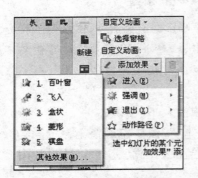

图 6.58 "自定义动画"选项

图 6.59 "添加进入效果"设置

步骤 2：单击"确定"，图片播放时，即应用了"华丽型"下的"放大"效果。

步骤 3：如图 6.60 所示，在幻灯片视图下，拖幻灯片 1 至幻灯片 2 的下方，注意观察线，释放鼠标，第 1 张幻灯片和第 2 张交换了位置。

图 6.60 移动幻灯片

测试点 1：演示文稿外观模板的设置

步骤 1：任选一张幻灯片（因模板效果将应用到所有幻灯片）。

步骤 2：单击右侧任务窗格中的"模板"按钮 🗐，或是在"设计"选项卡下的"幻灯片模板"组中选择"培训讲座"效果。测试时，根据考试系统内所存放的模板（.DPT）文件选择，不同的版本，这部分内容有所不同。利用"WPS 演示|文件|本机上的模板"，可以用系统现有模板新建 WPS 演示文件。

步骤 3：在右侧任务窗格中选择模板时，可以选择"应用于选中页"、"应用于所有页"，默认为"应用于所有页",如图 6.61 所示。单击右侧"幻灯片模板"组中"更多模板"中的"浏览"
选项,可进一步浏览选择更多模板文件。

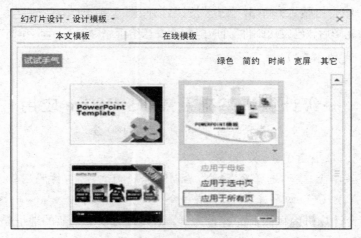

图 6.61　模板的选择

测试点 2:多张幻灯片切换方式的设置

步骤 1:任选一张幻灯片。

步骤 2:单击右侧任务窗格中的"切换"按钮 ，或是在"幻灯片放映"选项卡下选择"幻
灯片切换"命令 ，或右击幻灯片空白处,在弹出的快捷菜单中选择"幻灯片切换…
幻灯片切换(T)… "命令,在幻灯片切换效果中选择"随机",并单击"应用于所有幻灯片"按钮
应用于所有幻灯片 ,即将全部幻灯片的切换效果都设置成为"随机"出现效果。

步骤 3:可利用"播放"或"幻灯片播放"按钮检查效果。

步骤 4:单击"关闭"按钮,保存并退出。

六、上网操作题(10 分)

答题步骤及测试点分析:

(1) 测试点:网页浏览、网页保存(同试卷一)

步骤 1:选择"答题"菜单下的"上网|Internet Explorer 仿真"(网页浏览是用 IE 仿真程
序来实现的),参阅图 6.34 所示。

步骤 2:在地址栏输入主页地址 HTTP://LOCALHOST/myweb/index.htm,回车,并
在主页上单击要浏览的页面标签"果蔬冷藏小知识",此时光标变为手形。

步骤 3:打开"果蔬冷藏小知识"页面后,单击"文件|另存为"命令,参阅图 6.40 所示。

步骤 4:在"保存网页"对话框中,选择文件保存位置"K:\41507\14000106"、保存类型
为.txt、在文件名框内输入指定的文件名"GPLC",单击"保存"按钮。

(2) 测试点:邮件接收、转发(同试卷一)

步骤 1:选择"答题"菜单下的"上网|Outlook Express 仿真"(收发邮件题是用邮件客户
端"Outlook Express 仿真"程序来做),参阅图 6.34 所示。

步骤 2:在 OE 界面工具栏中单击"发送/接收"按钮,此时显示接收到一封新邮件。

步骤 3:双击打开主题为"帮助"的 E-mail。

步骤 4:在如图 6.36 所示工具栏上选择"转发 [转发] "按钮。

步骤 5:在"收件人"处输入李思淼的 E-mail 地址 simiao_91@mail. home. net(下划线是用〈SHIFT＋－〉组合键输入),单击"发送"按钮,参阅图 6.37 所示。

步骤 6:发送完毕后,"已发送邮件"处应能看到发送给李思淼的 E-mail,单击"关闭"按钮退出。

3) 全真考试题解(3)

一级计算机基础及 WPS Office 应用

(考试时间 90 分钟,满分 100 分)

一、选择题(1～20,每小题 1 分,共 20 分)

请在"答题"菜单上选择"选择题"命令,启动选择题测试程序,按照题目上的内容用鼠标进行答题,下列 A、B、C、D 四个选项中,只有一个选项是正确的。

(1) 假设某台计算机内存储器的容量为 1 kB,其最后一个字节的地址是_____。

    A) 1023H   B) 1024H   C) 0400H   D) 03FFH

(2) 一个字长为 6 位的无符号二进制数能表示的十进制数值范围是_____。

    A) 0—64   B) 1—64   C) 1—63   D) 0—63

(3) 已知英文字母 m 的 ASCII 码值为 6DH,那么字母 q 的 ASCII 码值是_____。

    A) 70H   B) 71H   C) 72H   D) 6FH

(4) 二进制数 110001 转换成十进制数是_____。

    A) 47   B) 48   C) 49   D) 51

(5) 计算机网络分局域网、城域网和广域网,属于局域网的是_____。

    A) ChinaDDN 网   B) Novell 网   C) Chinanet 网   D) Internet

(6) 用来存储当前正在运行的应用程序的存储器是_____。

    A) 内存   B) 硬盘   C) 软盘   D) CD-ROM

(7) 下列各类计算机程序语言中,不属于高级程序设计语言的是_____。

    A) Visual Basic   B) FORTAN 语言

    C) Pascal 语言   D) 汇编语言

(8) 英文缩写 CAM 的中文意思是_____。

    A) 计算机辅助设计   B) 计算机辅助制造

    C) 计算机辅助教学   D) 计算机辅助管理

(9) 下列各项中,非法的 Internet 的 IP 地址是_____。

    A) 202. 96. 12. 14   B) 202. 196. 72. 140

    C) 112. 256. 23. 8   D) 201. 124. 38. 79

(10) 目前,打印质量最好的打印机是_____。

    A) 针式打印机   B) 点阵打印机

    C) 喷墨打印机   D) 激光打印机

(11) 下列关于计算机病毒的叙述中,正确的是_____。

    A) 反病毒软件可以查杀任何种类的病毒

B) 计算机病毒是一种破坏了的程序

C) 反病毒软件必须随着新病毒的出现而升级,提高查杀病毒的功能

D) 感染过计算机病毒的计算机具有对该病毒的免疫性

(12) 操作系统对磁盘进行读/写操作的单位是_____。

A) 磁道   B) 字节   C) 扇区   D) kB

(13) 若已知一汉字的国际码是 5E38H,则其内码是_____。

A) DEB8H   B) DE38H   C) 5EB8H   D) 7E58H

(14) 组成微型机主机的部件是_____。

A) CPU、内存和硬盘   B) CPU、内存、显示器和键盘

C) CPU 和内存储器   D) CPU、内存、硬盘、显示器和键盘套

(15) 汉字的区位码由一个汉字的区号和位号组成,其区号和位号的范围各为_____。

A) 区号 1—95,位号 1—95   B) 区号 1—94,位号 1—94

C) 区号 0—94,位号 0—94   D) 区号 0—95,位号 0—95

(16) 把内存中数据传送到计算机的硬盘上去的操作称为_____。

A) 显示   B) 写盘   C) 输入   D) 读盘

(17) 世界上公认的第一台电子计算机诞生的年代是_____。

A) 1943   B) 1946   C) 1950   D) 1951

(18) 下列设备中,完全属于计算机输出设备的一组是_____。

A) 喷墨打印机、显示器、键盘   B) 针式打印机、键盘、鼠标器

C) 键盘、鼠标器、扫描仪   D) 打印机、绘图仪、显示器

(19) 下列设备中,可以作为微机的输入设备的是_____。

A) 打印机   B) 显示器   C) 鼠标器   D) 绘图仪

(20) 下列用户 XUEJY 的电子邮件地址中,正确的是_____。

A) XUEJY. bj163. com   B) XUEJY&bj163. com

C) XUEJY♯bj163. com   D) XUEJY@bj163. com

二、Windows 的基本操作(10 分)

Windows 基本操作题,不限制操作的方式。

* * * * * * * 本题型共有 5 小题 * * * * * * * *

(1) 在考生文件夹下\FILES\FAVORITE 文件夹中创建一个名为"读书笔记. wps"的 WPS 文字文档。

(2) 删除考生文件夹下的文件夹 PASCAL。

(3) 在考生文件夹\FAVORITES 文件夹下创建一个名为"明清字画类"文件夹。

(4) 将考生文件夹\AIRPLANE\WING 文件夹中的文件 DESIGN. FOR 复制到考生文件夹\BACKUP 文件夹中。

(5) 将考生文件夹\FOCTORY 文件夹中的文件 PRODUCT. WPS"隐藏"属性撤销。

三、WPS 文字操作题(25 分)

请在"答题"菜单上选择"WPS 文字"命令,然后按照题目要求再打开相应的命令,完成

下面的内容。

请用金山文字对考生文件夹下的文档 WPS. WPS 进行编辑、排版和保存,具体要求如下:

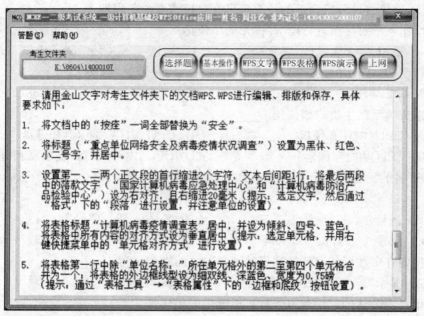

四、WPS 表格操作题(20 分)

请在"答题"菜单上选择"WPS 表格",完成下面的内容。

打开考生目录下的 Book1. et,按下列要求完成操作,并同名保存结果。

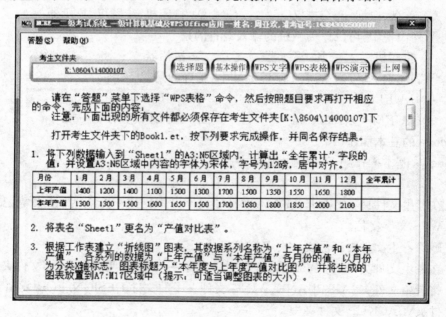

五、WPS 演示操作题(15 分)

请在"答题"菜单上选择"WPS 演示",完成下面的内容。

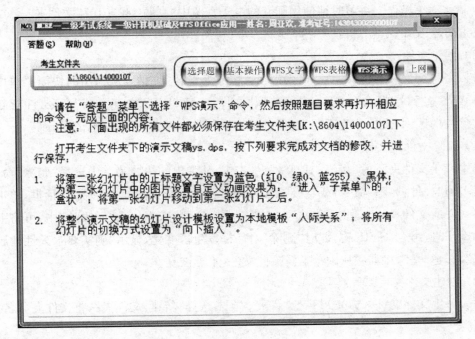

六、上网操作题(10 分)

请在"答题"菜单上选择相应的命令,完成下面的内容:

接收并阅读由 xuexq@mail. neea. edu. cn 发来的 E-mail,并按 E-mail 中的指令完成操作(请考生在考生目录下创建一个名为 TEMP 的文件夹,并将此 E-mail 以 HTML 格式保存在 TEMP 文件夹中)。

试卷三参考答案及评析

一、选择题

(1) D	(6) A	(11) C	(16) B
(2) D	(7) D	(12) C	(17) B
(3) B	(8) B	(13) A	(18) D
(4) C	(9) C	(14) C	(19) C
(5) B	(10) D	(15) B	(20) D

答题过程(同试卷一略)

二、Windows 的基本操作(10 分)

Windows 基本操作题,不限制操作的方式。请先按前述注意事项,参阅图 6.1、图 6.2 所示对考试环境进行设置。

在"答题"菜单上选择"基本操作"命令，自动进入如图 6.11 所示资源管理器中"考生文件夹"界面。此例"考生文件夹"为"K:\8604\14000107"。可打开 1~2 个这样的界面，便于进行复制移动等操作。练习时请使用配套的电子资源中"真题 14000107"文件夹。

答题方法及知识点解析：

（1）创建文件

进入考生文件夹 K:\8604\14000107 下，右击工作区空白处，从弹出的快捷菜单中选择"新建|WPS 文字文档"命令，或单击菜单项"文件|新建|WPS 文字文档"命令（注意新建文件和文件夹的区别，文件分为不同类型）。将文件名改为新文件"读书笔记.wps"。

（2）删除文件或文件夹

选中考生文件夹下的 PASCAL 文件夹，右击，从弹出的快捷菜单中选择"删除"命令，或单击菜单项"文件|删除"命令，或直接按"Delete"键，均弹出如图 6.14 所示对话框，单击"是"可以将文件或文件夹放入到"回收站"。如果需要彻底删除，不放入"回收站"中，可将上面删除步骤操作时，组合〈Shift〉键，此时"删除"对话框发生了变化，显示"确实要永久性地删除此文件吗"，选择"是"，将彻底从磁盘上清除此文件，不可恢复。

（3）创建文件夹（参考前例）

进入考生文件夹\FAVORITES 文件夹，右击，选择"新建|文件夹"，将文件夹命名为"明清字画类"。

（4）文件的复制（同前）

进入考生文件夹\AIRPLANE\WING 文件夹下，选中文件"DESIGN. FOR"，在其上右击，从弹出的快捷菜单中选择"复制"命令，或是单击"编辑|复制"命令。或按组合键〈Ctrl+C〉复制。

利用""按钮回到考生文件夹下，打开需复制到的目标位置 BACKUP 文件夹，空白处右击，从弹出的快捷菜单中选择"粘贴"命令，〈Ctrl+V〉粘贴亦可。

（5）属性的撤销

此题的前提是做了环境设置，"显示所有文件和文件夹"，否则"隐藏"属性的文件或文件夹不可见，自然无法取消"属性"。

鼠标右击要取消属性设置的文件或文件夹（考生文件夹\FOCTORY 文件夹中的文件 PRODUCT. WPS），从弹出的快捷菜单中单击"属性"命令，在出现的"属性"对话框中清除"隐藏"属性前的对钩，再单击"确定"按钮退出设置。

"基本操作"题无需保存，直接单击"关闭"按钮 ，回到考试题界面。

三、WPS 文字操作题（25 分）

请在"答题"菜单上选择"WPS 文字"命令，然后按照题目要求再打开相应的命令，完成下面的内容。此处请使用配套的电子资源中真题 14000107\WPS. WPS 文件练习。

答题方法及知识点解析：

参阅图 6.15，打开考生文件夹下的文档 WPS. WPS 进行编辑、排版和保存。

（1）测试点：文本的查找与替换（同真题一）

步骤1：单击"开始"选项卡下的"编辑"组中｜"查找替换" 选项下的"替换"命令，打开"查找和替换"对话框。

步骤2：在"查找内容"对话框中输入要查找的内容"按痊"，在"替换为"对话框中输入要替换的内容"安全"，单击"全部替换"按钮完成此题。

（2）测试点：利用功能按钮设置文字的字体及对齐方式

步骤1：选定要编辑的文字（标题："重点单位网络安全及病毒疫情状况调查"）使之反显。

步骤2：在"开始"选项卡中"字体"功能组，选择字体为"黑体"，字号为"小二"号颜色为"红色"，"段落"功能组中选择"居中"按钮。

（3）测试点：段落设置

步骤1：选中要设置的段落使之反显（正文前二段）。

步骤2：单击鼠标右键，从弹出的快捷菜单中选择"段落"命令，或者单击"段落"功能组中"打开旧式工具"按钮，打开"段落"对话框。

步骤3 在"段落"对话框中设置缩进量、间距、行距、对齐方式等，"特殊格式"选择"首行缩进"，度量值为"2字符"，将段落间距"段后"设置为"1行"，点击"确定"。

步骤4：选择最后两段落款文字"国家计算机病毒应急处理中心和计算机病毒防治产品检验中心"使其反显选中，打开"段落"对话框，选择"对齐方式"为"右对齐"，将"缩进"下的"文本之后"设置为"20毫米"（毫米的度量单位可以通过下拉列表选择）。

（4）、（5）测试点：表格格式及属性设置。

步骤1：选定表格上方标题文字（"计算机病毒疫情调查表"）使其反显，同前，将其颜色设置为"蓝色"，设置字号为"四号"，字形为"倾斜I"，单击"段落"组"居中 "按钮。

步骤2：单击表格左上角" "图标，选择整张表格，右击，在弹出的快捷菜单中选择"单元格对齐方式"，在如图6.62所示选项中选择"垂直居中"。

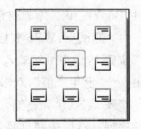

步骤3：选择表格第1行中除"单位名称："所在的单元格外的第2至4个单元格（即B1:D1），右击，在弹出的快捷菜单中选择"合并单元格"按钮，则此3个单元格合并为一个单元格。

图6.62　单元格对齐方式

步骤4：单击表格左上角" "图标，选择整张表格，右击，在弹出的快捷菜单中选择"边框和底纹"命令。或单击"表格工具"选项下的"表格"功能组中的"表格属性"命令，在弹出"表格属性"对话框中选择"边框和底纹"的按钮。类似图6.50所示进行设置。"设置"选"自定义"，线型选"细双线"，颜色选"深蓝"，宽度选"0.75磅"右边"预览"栏单击上、下、左、右，即将外边框应用细双线的效果。单击"确定"。

WPS文字设置完毕效果如图6.63所示。单击"关闭"按钮，保存文件退出。

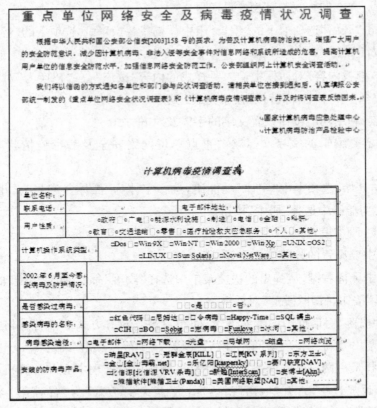

图 6.63　试卷三 WPS 文字题效果图

四、WPS 表格操作题（20 分）

答题步骤及知识点解析：

单击"答题"菜单下"WPS 表格"，选择"Book1.et"，则动打开考生文件夹下的 WPS 表格文件"Book1.et"。本教材请使用配套的电子资源中真题 14000107\ Book1.et 文件练习。

（1）测试点：WPS 表格数据输入、格式设置及公式计算

步骤 1：选中 A3，输入"月份"，回车后 A4 格输入"上年产值"，利用填充柄往下拖，A5 复制出一个"上年产值"，双击 A5，将"上"改为"本"。

步骤 2：B3 单元格输入"1 月"，利用细十字填充柄往右拖出"2 月"至"12 月"（系统自定义的序列），然后按题目要求输入其余内容，Tab 向右跳一个单元格，仔细核对。

步骤 3：选择 B4：N5，单击"开始"选项卡下的快速计算功能"自动求和 [Σ 自动求和]"下的"求和 [Σ 求和(S)]"，则计算出"全年累计"列的值。

步骤 4：选定要操作的单元格 A3：N5，选择"开始"选项卡下的"单元格格式"功能组，字体设置为"宋体"，字号设置为"12"磅，对齐方式设置为"居中 [三]"。

（2）测试点：WPS 表格工作表重命名

双击"Sheet1"，或是右击"Sheet1"选择"重命名"，将名字改为"产值对比表"（注意：此步若做错，整个 WPS 表格题将不得分）。

(3) 测试点:设置图表

步骤1:选定要操作的数据范围(此例为除"全年累计"外全部数据 A3:M5)。

步骤2:在"插入"选项卡上的"图表"组中,单击"图表"按钮 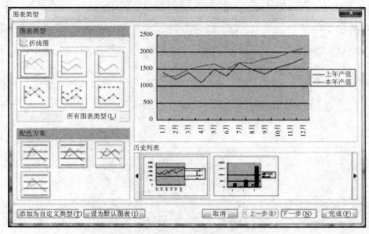,打开如图 6.64 所示的"图表类型"对话框。单击所需要的"图表类型"和"子图表类型",这里选择"折线图"的"折线图"。

图 6.64　选择图表类型

步骤3:单击"下一步"按钮,打开如图 6.65 所示的"源数据"对话框。该对话框中有"数据区域"和"系列"两个选项卡。"数据区域"选项卡中的选项用于修改创建图表的数据区域;"系列"选项卡中的选项用于修改数据系列的名称、数值以及分类轴标志。此时"系列"及分类 X 轴标志均已符合要求,无需修改。

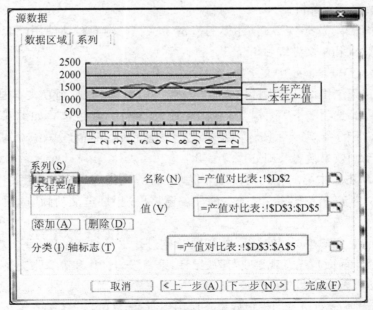

图 6.65　源数据对话框

步骤 4：单击"下一步"按钮，打开"图表选项"对话框。该对话框中有"标题"、"坐标轴"、"网格线"、"图例"、"数据标志"和"数据表"6 个选项卡。通过对相应选项卡中的选项设置可以改变图表中的对象。在"标题"选项卡中的"图表标题"文本框中输入"本年度与上年度产值对比图"，单击"完成"即可在当前工作表中插入一个图表。

步骤 5：光标放在"图表区"空白处，鼠标变为"⬚"，按住左键拖至左上角为"A7"单元格，拖右下角句柄使其至"M17"单元格内。最终效果如图 6.66 所示。单击"关闭"按钮保存退出。

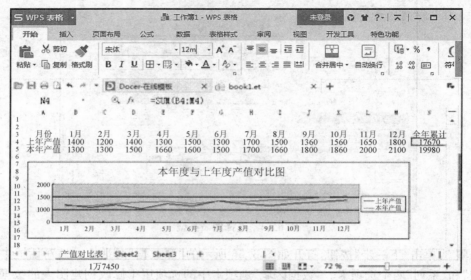

图 6.66　WPS 表格题效果图

五、WPS 演示操作题（15 分）

答题步骤及测试点解析：

单击"答题"菜单，选择"WPS 演示"，打开演示文稿。本教材请使用配套的电子资源中真题 14000107\ ys.dps 文件练习。

（1）测试点 1：WPS 演示中文字格式的设置

步骤 1：选定第二张幻灯片大标题文字"全国计算机等级考试"所在文本框。

步骤 2："开始"选项卡下"字体"组，字体设置为"黑体"，颜色选择如图 6.67 所示，选择"其他字体颜色"下的"自定义"，按题目要求，设置为蓝色（RGB 值红 0，绿 0，蓝 255）。

测试点 2：动画效果设置及幻灯片的编辑

步骤：鼠标单击选中第二张幻灯片左下角的图片，在幻灯片浏览视图中，单击选择"动画"选项卡下的"自定义动画"按钮，则右侧任务窗格出现"自定义动画"选项，单击"添加效果"选择"进入|盒状"。

测试点 3：同上套试题。在幻灯片视图下，拖幻灯片 1 至幻灯片 2 的下方（也可以把幻灯片 2 拖至幻灯片 1 前面），注意观察线，释放鼠标，第 1 张幻灯片和第 2 张交换了位置。

（2）测试点 1：演示文稿外观模板的设置

步骤 1：任选一张幻灯片（因模板效果将应用到所有幻灯片）。

步骤 2：单击右侧任务窗格中的"模板"按钮▣，或是右击幻灯片空白处，选择"幻灯片设

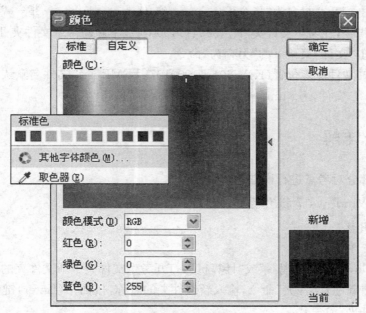

图 6.67 自定义颜色

计",或在"设计"选项卡下的"幻灯片模板"组中选择"人际关系"效果。测试时,根据考试系统内所存放的模板(.DPT)文件选择,不同的版本,这部分内容有所不同。利用"WPS 演示|文件|本机上的模板",可以用系统现有模板新建 WPS 演示文件。

步骤 3:在右侧任务窗格中选择模板时,可以选择"应用于选中页"、"应用于所有页"、"应用于母版",默认为"应用于所有页"。

测试点 2:多张幻灯片切换方式的设置

步骤 1:任选一张幻灯片。

步骤 2:单击右侧任务窗格中的"切换"按钮 ，或是在"幻灯片放映"选项卡下选择"幻灯片切换"命令 ，或右击幻灯片空白处,在弹出的快捷菜单中选择"幻灯片切换…"命令,在幻灯片切换效果中选择"向下插入",并单击"应用于所有幻灯片"按钮,即将全部幻灯片的切换效果都设置成为"向下插入"出现效果。

步骤 3:可利用"播放"或"幻灯片播放"按钮检查效果。

步骤 4:单击"关闭"按钮,保存并退出。

六、上网操作题(10 分)

答题步骤及测试点分析:

接收并阅读由 xuexq@mail. neea. edu. cn 发来的 E-mail,并按 E-mail 中的指令完成操作(请考生在考生目录下创建一个名为 TEMP 的文件夹,并将此 E-mail 以 HTML 格式保存在 TEMP 文件夹中)。

测试点:邮件接收、邮件另存。

步骤 1:选择"答题"菜单下的"上网|Outlook Express 仿真"进入 OE 仿真程序。

步骤 2:在 OE 界面工具栏中单击"发送/接收"按钮,此时"收件箱"显示接收到一封新邮件。

步骤3：双击打开这封名为"指令 ✉ ✉xuexq@mail.neea.edu.cn 指令"的邮件。

步骤4：按指令，在考生文件夹"K:\8604\14000107"下新建一个文件夹 TEMP。

步骤5：单击"文件"菜单下的"另存为"命令。

步骤6：选择文件保存位置（K:\8604\14000107\TEMP 下）、文件名默认，文件类型选择网页格式（HTML 文件，*.htm；*.html），单击"保存"按钮。

6.3 考点详解

下面分五部分对考点进行详细的讲解。

1）中文 Windows 7 操作系统

• 基础知识点

（1）创建文件夹

打开"Windows 资源管理器"或"计算机"，打开考生文件夹中新文件夹的存放位置（文件夹），单击"文件|新建|文件夹"命令，输入新文件夹的名称，按回车（Enter）键（也可采用右击选择"新建|文件夹"命令）。

（2）复制文件或文件夹

单击"Windows 资源管理器"或"计算机"中要复制的文件或文件夹，单击"编辑|复制"命令（也可采用右击选择"复制"命令），打开要存放副本的文件夹或磁盘，单击"编辑|粘贴"命令（也可采用右击选择"粘贴"命令）。

（3）移动文件或文件夹

单击"计算机"或"Windows 资源管理器"中要移动的文件或文件夹，单击"编辑|剪切"命令（也可采用右击选择"剪切"命令），打开要存放的文件夹或磁盘，单击"编辑|粘贴"命令。

（4）删除文件或文件夹

单击"计算机"或"Windows 资源管理器"中选择要删除的文件或文件夹，单击"文件|删除"命令。另外，也可以将文件或文件夹图标拖动到"回收站"。注：如果按住了 Shift 键进行拖动，该项目将从计算机中直接删除而不保存在"回收站"中。

（5）设置文件或文件夹属性

右击"计算机"或"Windows 资源管理器"中要设置的文件或文件夹，从弹出的快捷菜单中单击"属性"命令，在出现的"属性"对话框中可以设置文件的"存档、只读或隐藏"等属性。

（6）创建快捷方式

单击"计算机"或"Windows 资源管理器"中要创建快捷方式的文件夹或文件，右击选择"新建|快捷方式"命令。（注：也可采用单击"文件|新建|快捷方式"命令）。

• 重要考点

（1）"资源管理器"及"计算机"的使用。

（2）文件与文件夹的操作（包括文件或文件夹的创建、删除、复制、移动、重命名、属性、创建快捷方式）。

（3）输入法的设置（输入法切换、字符标点的全角/半角方式切换、中/英文切换）。

（4）文件和文件夹的搜索。

· 经典题解

一、基础知识部分(选择题解)

二进制及数据转换

1. 假设某台计算机内存储器的容量为 1 kB,其最后一个字节的地址是_____。

A) 1023H   B) 1024H

C) 0400H   D) 03FFH

1. D

知识点:进制的转换

评析:1 kB=2^{10} B,$2^{10}-1=1\ 023$,1 023 转换成十六进制数为 03FFH。

2. 一个字长为 6 位的无符号二进制数能表示的十进制数值范围是_____。

A) 0—64   B) 1—64

C) 1—63   D) 0—63

2. D

知识点:进制的转换

评析:一个字长为 6 位(2^5)的无符号二进制数能表示的十进制数值范围是 0 到 63。

3. 已知 A=10111110B,B=ABH,C=184D,关系成立的不等式是_____。

A) A<B<C

B) B<C<A

C) B<A<C

D) C<B<A

3. B

知识点:计算机中数据的进制转换

评析:A=190D、B=171D,所以 B<C。

4. 无符号二进制整数 1011010 转换成十进制数是_____。

A) 88   B) 90

C) 92   D) 93

4. B

知识点:计算机中数据的进制转换

评析:二进制转换成十进制可以将它展开成 2 次幂的形式来完成。

$1011010=1\times2^6+1\times2^4+1\times2^3+1\times2^1=90$。

5. 下列两个二进制数进行算术运算,11101+10011=_____。

A) 100101   B) 100111

C) 110000   D) 110010

5. C

知识点:计算机中数据的进制计算

评析:二进制数算术加运算的运算规则是 0-0=0,0-1=1(借位 1),1-0=1,1-1=0。

6. 十进制 57 转换成无符号二进制整数是_____。

A) 0111001   B) 011001

C) 0110011   D) 011011

6. A

知识点:计算机中数据的进制转换

评析:要将十进制数转换成二进制数可以采用"凑数"法。本题转换结果是 0111001。

7. 已知英文字母 m 的 ASCII 码值为 6DH,那么字母 q 的 ASCII 码值是_____。

A) 70H   B) 71H

C) 72H   D) 6FH

7. B

知识点:计算机数据进制运算

评析:ASCII 码本是二进制代码,而 ASCII 码表的排列顺序一般是十进制数,包括英文小写字母、英文大写字母、各种标点符号及专用符号、功能符等。字母"m"与"q"之间相差 4,6DH 转换为十进制数是 109,109 加上 4 为 113,113 转换为十六进制数是 71H。

8. 二进制数 110001 转换成十进制数是_____。

  A) 47   B) 48

  C) 49   D) 51

8. C

知识点:计算机中数据的进制转换

评析:二进制转换成十进制可以将它展开成 2 次幂的形式来完成。

$110001 = 1 \times 2^5 + 1 \times 2^4 + 1 \times 2^0 = 49$。

计算机的基础知识

9. 把内存中数据传送到计算机的硬盘上去的操作称为_____。

  A) 显示   B) 写盘

  C) 输入   D) 读盘

9. B

知识点:计算机基础知识

评析:把硬盘上的数据传送到计算机的内存中去,称为读盘;把内存中数据传送到计算机的硬盘上去,称为写盘。

10. 下列叙述中,正确的是_____。

  A) 把数据从硬盘上传送到内存的操作称为输出

  B) WPS Office 2003 是一个国产的操作系统

  C) 扫描仪属于输出设备

  D) 将高级语言编写的源程序转换成机器语言程序的程序叫编译程序

10. D

知识点:计算机的基础知识

评析:把数据从硬盘上传送到内存的操作称为输入,WPS Office 2003 是一个国产的应用软件,扫描仪属于输入设备。

11. 下列计算机技术词汇的英文缩写和中文名字对照中,错误的是_____。

  A) CPU－中央处理器

  B) ALU－算术逻辑部件

  C) CU－控制部件

  D) OS－输出服务

11. D

知识点:计算机的基础知识

评析:OS 是操作系统(Operating System)的英文缩写。

12. 下列关于软件的叙述中,错误的是_____。

  A) 计算机软件系统由程序和相应的文档资料组成

  B) Windows 操作系统是最常用的系统软件之一

  C) Word 就是应用软件之一

  D) 软件具有知识产权,不可以随便复制使用

12. A

知识点:计算机系统的基础知识

评析:目前对计算机软件系统的定义不是很详细,但通过排除,所以本题选 A。

13. 世界上公认的第一台电子计算机诞生的年代是_____。

  A) 1943   B) 1946

  C) 1950   D) 1951

13. B

知识点:第一台电子计算机诞生的年代

评析:1946 年 2 月 15 日,第一台电子计算机 ENIAC 在美国宾夕法尼亚大学诞生。

14. 操作系统对磁盘进行读/写操作的单位是_____。

  A) 磁道   B) 字节

  C) 扇区   D) kB

14. C

知识点:计算机操作系统的功能和分类。

评析:操作系统以扇区为单位对磁盘进行读/写操作,扇区是磁盘存储信息的最小物理单位。

15. 英文缩写 CAM 的中文意思是_____。
A) 计算机辅助设计
B) 计算机辅助制造
C) 计算机辅助教学
D) 计算机辅助管理

15. B
知识点：计算机应用领域
评析：CAM 的全称为：Computer Aided Manu-facturing，中文意思是计算机辅助制造。

16. 多媒体信息在计算机中的存储形式是_____。
A) 二进制数字信息
B) 十进制数字信息
C) 文本信息
D) 模拟信号

16. A
知识点：计算机的类型及其应用领域中多媒体计算机
评析：多媒体的实质是将以不同形式存在的各种媒体信息数字化，然后用计算机对它们进行组织、加工，并以友好的形式提供给用户使用。传统媒体信息基本上是模拟信号，而多媒体处理的信息都是数字化信息，这正是多媒体信息能够集成的基础。

17. 办公自动化（OA）是计算机的一项应用，按计算机应用的分类，它属于_____。
A) 科学计算　　B) 辅助设计
C) 实时控制　　D) 信息处理

17. D
知识点：计算机的应用领域
评析：信息处理是目前计算机应用最广泛的领域之一，信息处理是指用计算机对各种形式的信息（如文字、图像、声音等）收集、存储、加工、分析和传送的过程。

计算机硬件系统

1. 组成微型机主机的部件是_____。
A) CPU、内存和硬盘
B) CPU、内存、显示器和键盘
C) CPU 和内存储器
D) CPU、内存、硬盘、显示器和键盘套

1. C
知识点：组成微型机主机的部件
评析：主机的部件由 CPU 和内存储器构成。

2. 目前市售的 USB FLASH DISK（俗称优盘）是一种_____。
A) 输出设备　　B) 输入设备
C) 存储设备　　D) 显示设备

2. C
知识点：计算机硬件系统组成及其功能
评析：U 盘是一种辅助存储设备，又称拇指盘，是利用闪存在断电后还能保持存储等额数据不丢失的特点而制成的。

3. 下列设备组中，完全属于输出设备的一组是_____。
A) 喷墨打印机、显示器、键盘
B) 键盘、鼠标器、扫描仪
C) 激光打印机、键盘、鼠标器
D) 打印机、绘图仪、显示器

3. D
知识点：计算机硬件系统组成及其功能
评析：输出设备的主要功能是将计算机处理后的各种内部格式的信息转换为人们能识别的形式（如文字、图形、图像和声音等）表达出来。输入设备包括有：鼠标、键盘、手写板、扫描仪等。输出设备包括有：打印机、绘图仪、显示器等。

4. 如某台计算机的型号是 486/25,其中 25 的含义是_____。

A) 该微机的内存为 25 MB

B) CPU 中有 25 个寄存器

C) CPU 中有 25 个运算器

D) 时钟频率为 25 MHz

4. D

知识点:计算机硬件系统组成及其功能

评析:25 指的是计算机的时钟频率。

5. 能将计算机运行结果以可见的方式向用户展示的部件是_____。

A) 存储器　　　B) 控制器

C) 输入设备　　D) 输出设备

5. D

知识点:计算机硬件系统的组成及其功能

评析:输出设备的主要功能是将计算机处理的各种内部格式信息转换为人们能识别的形式。

6. 用来存储当前正在运行的应用程序的存储器是_____。

A) 内存　　　　B) 硬盘

C) 软盘　　　　D) CD-ROM

6. A

知识点:存储器(ROM、RAM)的功能

评析:计算机存储器可分为两大类:一类是设在主机中的内存储器(简称内存),也叫主存储器,用于存放当前运行的程序和程序所用的数据,属于临时存储器;另一类是属于计算机外部设备的存储器,叫外部存储器(简称外存),也叫辅助存储器。外存属于永久性存储器,存放着暂时不用的数据和程序。

7. 下列关于总线的说法,错误的是_____。

A) 总线是系统部件之间传递信息的公共通道

B) 总线有许多标准,如:ISA、AGP 总线等

C) 内部总线分为数据总线、地址总线、控制总线

D) 总线体现在硬件上就是计算机主板

7. C

知识点:计算机硬件系统的组成和功能

评析:总线就是系统部件之间传送信息的公共通道,各部件由总线连接并通过它传递数据和控制信号。总线分为内部总线和系统总线,系统总线又分为数据总线、地址总线和控制总线。总线在发展过程中形成了许多标准,如 ISA、EISA、PCI 和 AGP 总线等。总线体现在硬件上就是计算机主板,它也是配置计算机时的主要硬件之一。

8. 目前,度量中央处理器(CPU)时钟频率的单位是_____。

A) NIFS　　　　B) GHz

C) GB　　　　　D) Mbps

8. B

知识点:计算机系统的主要技术指标

评析:用 MHz,GHz 来衡量计算机的性能,它指的是 CPU 的时钟主频。存储容量单位是 B,MB,GB 等。

(8) 计算机存储器中,组成一个字节的二进制位数是_____。

A) 4 bits　　　B) 8 bits

C) 26 bits　　　D) 32 bits

(8) B

知识点:计算机系统的存储器的单位

评析:为了存取到指定位置的数据,通常将每 8 位二进制位组成一个存储单元,称为字节。

9. 目前,打印质量最好的打印机是_____。

A) 针式打印机　　B) 点阵打印机

C) 喷墨打印机　　D) 激光打印机

9. D

知识点:打印机打印质量

评析:点阵打印机优点是耗材便宜,缺点是打印速度慢、噪声大、打印质量差。喷墨打印机的优点是设备价格低廉、打印质量高于点阵打印机、可彩色打印、无噪声,缺点是打印速度慢、耗材贵。激光打印机的优点是无噪声、打印速度快、打印质量最好,常用来打印正式公文及图表,缺点是设备价格高、耗材贵,打印成本在打印机中最高。

10. 存储一个 32×32 点阵的汉字字形码需用的字节数是_____。
A) 256   B) 128
C) 72   D) 26

10. B
知识点：数据的存储单位（位、字节、字）中存储空间的计算
评析：8 位二进制位组成一个字节，因此，要存放 1 个 32×32 点阵的汉字字模，需要 32×32/8 ＝128B。

11. 容量为 640 kB 的存储设备，最多可存储_____个西文字符。
A) 655360   B) 655330
C) 600360   D) 640000

11. A
知识点：存储容量的计算
评析：一个西文字符占用一个字节，640 kB＝640×1 024＝655 360 B。

12. 下列四条叙述中，正确的一条是_____。
A) 字节通常用英文字母"bit"来表示
B) 目前广泛使用的 Pentium 机其字长为 5 字节
C) 计算机存储器中将 8 个相邻的二进制位作为一个单位，这种单位称为字节
D) 微型计算机的字长并不一定是字节的倍数

12. C
知识点：数据的存储单位（位、字节、字）
评析：在计算机中通常使用三个数据单位：位、字节和字。位的概念是：最小的存储单位，英文名称是 bit，常用小写字母 b 或 bit 表示。用 8 位二进制数作为表示字符和数字的基本单元，英文名称是 byte，称为一字节，通常用大写字母 B 表示。
字长：字长也称为字或计算机字，它是计算机能并行处理的二进制数的位数。

计算机软件系统

1. 计算机操作系统通常具有的五大功能是_____。
A) CPU 管理、显示器管理、键盘管理、打印管理和鼠标器管理
B) 硬盘管理、软盘驱动器管理、CPU 管理、显示器管理和键盘管理
C) 处理器（CPU）管理、存储管理、文件管理、设备管理和作业管理
D) 启动、打印、显示、文件存取和关机

1. C
知识点：计算机操作系统
评析：操作系统是管理、控制和监督计算机软、硬件资源协调运行的程序系统资源协调运行的程序系统，由一系列具有不同控制和管理功能的程序组成，是直接运行在计算机硬件上的、最基本的系统软件。通常应包括五大功能模块：处理器管理、存储器管理、设备管理、文件管理、作业管理五大功能。

2. 软件系统中，具有管理软、硬件资源功能的是_____。
A) 程序设计语言
B) 字表处理软件
C) 操作系统
D) 应用软件

2. C
知识点：计算机软件系统的组成和功能
评析：操作系统是对硬件功能的首次扩充，其他软件则是建立在操作系统之上的，通过操作系统对硬件功能进行扩充，并在操作系统的统一管理和支持下运行各种软件。它有两个重要的作用：管理系统中的各种资源；为用户提供良好的界面。

3. 用高级程序设计语言编写的程序_____。
A) 计算机能直接运行
B) 可读性和可移植性好
C) 可读性差但执行效率高
D) 依赖于具体机器，不可移植

3. B
知识点：程序设计语言的概念。
评析：用高级程序设计语言编写的程序具有可读性和可移植性，基本上不作修改就能用于各种型号的计算机和各种操作系统。

4. 下列各类计算机程序语言中，不属于高级程序设计语言的是_____。
A) Visual Basic
B) FORTAN 语言
C) Pascal 语言
D) 汇编语言

4. D
知识点：高级程序设计语言的分类概念
评析：程序设计语言通常分为：机器语言、汇编语言和高级语言三类。目前流行的高级语言如 C、C++、Visual C++、Visual Basic 等。

5. 运用"助记符"来表示机器中各种不同指令的符号语言是_____。

A) 机器语言 B) 汇编语言
C) C 语言 D) BASIC 语言

5. B

知识点：程序设计语言

评析：能被计算机直接识别的并执行二进制代码语言的称为机器语言，用助记符表示二进制代码的机器语言称为汇编语言，高级语言是同自然语言和数字语言比较接近的计算机程序设计语言，用高级语言不能直接在机器上运行，需要通过编译程序转换成机器语言，程序才能在机器上执行。

6. 下列关于高级语言的说法中，错误的是_____。

A) 通用性强
B) 依赖于计算机硬件
C) 要通过翻译后才能被执行
D) BASIC 语言是一种高级语言

6. B

知识点：程序设计语言

评析：用高级程序设计语言编写的程序具有可读性和可移植性，基本上不做修改就能用于各种型号的计算机和各种操作系统，通用性好。同样，用高级语言编写的程序称为高级语言源程序，计算机是不能直接识别和执行高级语言源程序的，也要通过解释和编译把高级语言程序翻译成等价的机器语言程序才能执行。

汉字及编码

1. 一个汉字的内码长度为 2 个字节，其每个字节的最高二进制位的依次分别是_____。

A) 0,0 B) 0,1
C) 1,0 D) 1,1

1. D

知识点：计算机中数据的表示中汉字及其编码（国标码）的使用

评析：汉字机内码是计算机系统内部处理和存储汉字的代码，国家标准是汉字信息交换的标准编码，但因其前后字节的最高位均为 0，易与 ASCII 码混淆。因此汉字的机内码采用变形国家标准码，以解决与 ASCII 码冲突的问题。将国家标准编码的两个字节中的最高位改为 1 即为汉字输入机内码。

2. 汉字的区位码由一个汉字的区号和位号组成，其区号和位号的范围各为_____。

A) 区号 1—95，位号 1—95
B) 区号 1—94，位号 1—94
C) 区号 0—94，位号 0—94
D) 区号 0—95，位号 0—95

2. B

知识点：汉字及其编码（国标码）

评析：GB2312 国标字符集构成一个二维平面，它分成 94 行、94 列，行号称为区号，列号称为位号。每一个汉字或符号在码表中都有各自的位置，因此各有一个唯一的位置编码，该编码就是字符所在的区号及位号的二进制代码，这就叫该汉字的"区位码"。

3. 目前，在计算机中全球都采用的符号编码是_____。

A) ASCII 码 B) GB2312-80
C) 汉字编码 D) 英文字母

3. A

知识点：汉字及其编码（国标码）

评析：目前微型机中普遍采用的字符编码是 ASCII 码。它采用 7 位 2 进制码对字符进行编码，从 0000000 到 1111111 可以表示 128 个(2^7)不同的字符。

4. 汉字输入法中的自然码输入法称为_____。

A) 形码 B) 音码
C) 音形码 D) 以上都不是

4. C

知识点：汉字及其编码（国标码）

评析：自然码输入法属于音形码输入法，它是以拼音为主，辅以字形字义进行编码的。

5. 若已知一汉字的国际码是 5E38H,则其内码是＿＿＿＿。

A) DEB8H　　　　B) DE38H

C) 5EB8H　　　　D) 7E58H

5. A

知识点:汉字的内码

评析:汉字的内码＝汉字的国际码＋8080H,即:5E38H+8080H＝DEB8H。

计算机安全

1. 下列关于计算机病毒的叙述中,正确的是＿＿＿＿。

A) 反病毒软件可以查杀任何种类的病毒

B) 计算机病毒是一种破坏了的程序

C) 反病毒软件必须随着新病毒的出现而升级,提高查杀病毒的功能

D) 感染过计算机病毒的计算机具有对该病毒的免疫性

1. C

知识点:计算机病毒

评析:微机的病毒,是指一种在微机系统运行过程中能把自身精确地拷贝或有修改地拷贝到其他程序体内的程序。它是人为非法制造的具有破坏性的程序。

2. 主要在网络上传播的病毒是＿＿＿＿。

A) 文件型　　　　B) 引导型

C) 网络型　　　　D) 复合型

2. C

知识点:计算机病毒

评析:病毒按其感染的方式,可分为:引导区型病毒、文件型病毒、混合型病毒、宏病毒和 Internet 病毒(网络病毒)。Internet 病毒大多是通过 E-mail 传播,破坏特定扩展名的文件,并使邮件系统变慢,甚至导致网络系统崩溃。

3. 若出现＿＿＿＿现象时,应首先考虑计算机是否感染了病毒。

A) 不能读取光盘

B) 启动时报告硬件问题

C) 程序运行速度明显变慢

D) 软盘插不进驱动器

3. C

知识点:计算机感染病毒的常见症状

评析:① 磁盘文件数目无故增多;

② 系统的内存空间明显变小;

③ 文件的日期/时间值被修改成新近的日期或时间(用户自己并没有修改);

④ 感染病毒后的可执行文件的长度通常会明显增加;

⑤ 正常情况下可以运行的程序却突然因 RAM 区容量不足而不能装入;

⑥ 程序加载时间或程序执行时间比正常时的明显变长;

⑦ 计算机经常出现死机现象或不能正常启动;

⑧ 显示器上经常出现一些莫名其妙的信息或异常现象;

⑨ 从有写保护的软盘上读取数据时,发生写盘的动作。这是病毒往软盘上传染的信号。

4. 下列叙述中,错误的一条是＿＿＿＿。

A) 计算机的合适工作温度在 15℃～35℃ 之间

B) 计算机要求的相对湿度不能超过 80%,但对相对湿度的下限无要求

C) 计算机应避免强磁场的干扰

D) 计算机使用过程中特别注意:不要随意突然断电关机

4. B

知识点:计算机使用安全常识

评析:计算机相对湿度一般不能超过 80%,否则会使元件受潮变质,甚至会漏电、短路,以致损害机器。相对湿度低于 20%,则会因过于干燥而产生静电,引发机器的错误动作。

计算机网络

1. 下列关于网络协议说法正确的是
_____。

A) 网络使用者之间的口头协定

B) 通信协议是通信双方共同遵守的规则或约定

C) 所有网络都采用相同的通信协议

D) 两台计算机如果不使用同一种语言,则它们之间就不能通信

1. B

知识点:计算机网络

评析:协议指的是计算机通信过程中通信双方对速率、传输代码、代码结构、传输控制步骤以及出错控制等要遵守的约定。

2. 计算机网络分局域网、城域网和广域网,属于局域网的是_____。

A) ChinaDDN 网　B) Novell 网

C) Chinanet 网　　D) Internet

2. B

知识点:计算机网络的分类

评析:计算机网络按区域的不同可以分为局域网、城域网和广域网,Chinanet 网属于广域网。Novell 网属于局域网。

3. 下列各项中,非法的 Internet 的 IP 地址是
_____。

A) 202.96.12.14

B) 202.196.72.140

C) 112.256.23.8

D) 201.124.38.79

3. C

知识点:计算机网络中 IP 地址的书写

评析:IP 地址由 32 位二进制数组成(占 4 个字节),也可以用十进制表示,每个字节之间用点"."间隔开,每个字节内的数表示范围可从 0～255(即 <256)。

4. 以下说法中,正确的是_____。

A) 域名服务器(DNS)中存放 Internet 主机的
IP 地址

B) 域名服务器(DNS)中存放 Internet 主机的
域名

C) 域名服务器(DNS)中存放 Internet 主机的
域名与 IP 地址对照表

D) 域名服务器(DNS)中存放 Internet 主机的
电子邮箱地址

4. C

知识点:互联网的基本概念中的域名服务器的作用

评析:从域名到 IP 地址或者从 IP 地址到域名的转换由域名服务器(DNS)完成。

5. 下列用户 XUEJY 的电子邮件地址中,正确的是_____。

A) XUEJY. bj163.com

B) XUEJY&bj163.com

C) XUEJY♯bj163.com

D) XUEJY@bj163.com

5. D

知识点:电子邮件地址的格式

评析:电子邮件地址的格式是:〈用户标识〉@〈主机域名〉,地址中间不能有空格或逗号。

2) 计算机网络

• 基础知识点

(1) 计算机网络简介

(2) 数据通信常识

(3) 计算机网络的组成

(4) 网络分类

(5) 因特网概述

（6）IP 地址和域名、IP 协议

（7）因特网接入方式、拨号上网

　• 重要考点

（1）上网浏览

（2）电子邮件收发

　• 经典题解

（1）上网浏览题一

某模拟网站的主页地址是：HTTP://LOCALHOST/index. htm，打开此主页，浏览"等级考试"的页面，查找"等级考试各地考办"中的页面内容，并将它以文本文件的格式保存到考生文件夹下，命名为"考点. txt"。

测试点：网页浏览、网页保存

步骤 1：单击"答题|启动 Internet Explorer 浏览器"，在地址栏输入主页地址。

步骤 2：在主页上单击要浏览的页面标签。在页面上单击要查找的内容的热区。

步骤 3：打开页面后，单击"文件|另存为"命令。

步骤 4：在"保存"对话框中，选择文件保存位置（"保存在"）、保存类型、在文件名框内输入指定的文件名，单击"保存"按钮。

（2）上网浏览题二

更改主页。在 IE 窗口中单击"工具"下拉菜单中的"Internet 选项"命令→在打开的"Internet 选项"对话框中单击"常规"标签→在"主页"组中输入要设置为主页的 URL 地址（在连接的情况下，可以使用"使用当前页"按钮，设置所连接的当前页为主页）→单击"确定"按钮。

（3）上网浏览题三

使用收藏夹。在 IE 窗口中打开要收藏的网页→单击"收藏"菜单中的"添加到收藏夹"命令项→在"添加到收藏夹"对话框中输入名称→单击"确定"按钮。

（4）邮件操作题一

同时向下列两个 E-mail 地址发送一个电子邮件（注：不准用抄送），并将考生文件夹下的一个文本文件 myfile. txt 作为附件一起发出去。

具体如下：

"收件人 E-mail 地址"wurj@bj163. com 和 kuohq@263. net. cn

"主题"统计表

"函件内容"发去一个统计表，具体见附件。

"注意""格式"菜单中的"编码"命令中用"简体中文（GB2312）"项。

邮件发送格式为"多信息文本（HTML）"

测试点：同时为多人撰写邮件、邮件附件

步骤 1：选择"答题"菜单下的"上网|Outlook Express 仿真"进入 OE 仿真程序。

步骤 2：单击"创建邮件 "命令。

步骤 3：在"收件人"地址输入wurj@bj163. com,kuohq@263. net. cn 如图 6.68 所示。

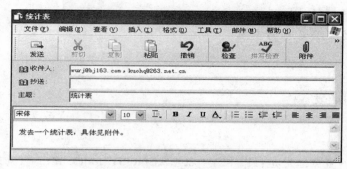

图 6.68　创建新邮件

提示：同时给多人发送邮件(不许抄送)时，二个邮件地址之间用纯英文逗号(,)或分号(;)间隔。

步骤 4：输入主题及函件内容，查看格式。

步骤 5：单击工具栏上的回形针 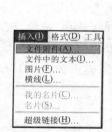 按钮或单击"插入|文件附件"命令，在考生文件夹下找到指定的文件 myfile. txt，插入到信中，如图 6.69 所示。

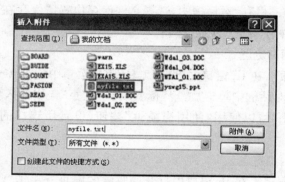

图 6.69　插入邮件附件

步骤 6：如图 6.70 所示，单击"发送"命令，邮件发送完毕。

图 6.70　发送邮件

（5）邮件操作题二

接收并阅读由 xuexq@mail. neea. edu. cn 发来的 E-mail,并按 E-mail 中的指令完成操作（将随信发来的附件以 Out. txt 为文件名保存到考生文件夹下）。

测试点：邮件接收、保存邮件附件

步骤1：选择"答题"菜单下的"上网|Outlook Express 仿真"进入 OE 仿真程序。

步骤2：在 OE 界面工具栏中单击"发送/接收"按钮,此时"收件箱"显示接收到一封新邮件。如图 6.35 所示。

步骤3：双击打开这封名为"指令 @ ✉ xuexq@mail.neea.edu.cn 指令 "的邮件（前面的回形针图标,意味着这是封带了附件的邮件）。

步骤4：在邮件中显示的附件中,右击附件文件"Out. doc",单击"另存为"命令,如图 6.71 所示。

步骤5：选择文件保存位置（考生文件夹）、输入指定的文件名（Out. txt）,单击"保存"按钮。如图 6.72 所示。

图 6.71 附件另存　　　　　　图 6.72 保存附件

（6）邮件操作题三

接收并阅读由 zhangsf@263. net 发来的 E-mail,并立即回复,回复内容："您所要索取的物品已寄出。"

"注意"："格式"菜单中的"编码"命令中用"简体中文（GB2312）"项。

测试点：邮件接收、答复

步骤1：选择"答题"菜单下的"上网|Outlook Express 仿真"进入 OE 仿真程序。

步骤2：在 OE 界面工具栏中单击"发送/接收"按钮,此时"收件箱"显示接收到一封新邮件。如图 6.35 所示。

步骤3：双击打开这封来自 zhangsf 的邮件。

步骤4：单击工具栏上的"答复"按钮。

步骤5：正文处输入回复内容"您所要索取的物品已寄出。"（因为是回复来信,此时对方邮箱地址已自动填在收件人处,无需用户输入）,如图 6.73 所示。

步骤6：单击"格式"菜单下的"编码",观察格式是否符合要求,如图 6.74 所示。单击"发送"按钮将邮件发送出去。

图 6.73　邮件回复

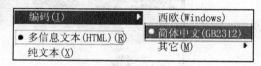

图 6.74　格式检查

3) WPS 文字处理软件

·基础知识点

（1）WPS 文字主要功能、窗口组成

（2）WPS 文字的文件操作（新建文件、插入文件、保存文件等）

（3）字符及特殊符号输入

（4）字符格式、段落格式

（5）页面设置、页码及页眉页脚设置

（6）表格创建

（7）修改表格

（8）表格边框、底纹设置

（9）表格计算、排序

·重要考点

（1）文档操作（创建文档、插入文件、输入字符、文档保存）

（2）文本操作（文本复制、移动、段落合并、段落拆分）

（3）查找/替换（普通查找替换、高级查找替换）

（4）文字格式设置（一般字体格式、上标、下标、文字间距、动态效果、边框底纹）

（5）段落格式设置（段落缩进与间距设置、段落边框底纹、分栏、项目符号与编号）

（6）页面格式设置（纸张大小、边距、页眉页脚、页码）

（7）创建表格（插入空表格、文本转换为表格）

（8）修改表格（修改表格列宽与行高、插入/删除行列、合并/拆分单元格）

（9）表格数据计算（简单公式计算、函数计算）

（10）数据排序

（11）表格修饰（边框、底纹修饰、表格自动套用格式）

- **经典试题**

略，参阅本教材配套电子文件。

4）WPS 表格软件

- **基础知识点**

WPS 表格基本概念、工作簿操作、工作表操作、数据输入操作、单元格格式设置、表格数据利用

- **重要考点**

（1）公式输入、自动求和

（2）函数操作

（3）数字显示格式、单元格其他格式设置

（4）单元格合并

（5）数据排序

（6）数据自动筛选、高级筛选

（7）数据分类汇总

（8）数据透视表

（9）建立图表

- **经典试题**

略，参阅本教材配套电子文件。

5）WPS 演示文稿软件

- **基础知识点**

（1）WPS 演示知识

（2）建立一个新演示文稿

- **重要考点**

（1）WPS 演示基本操作

（2）文字的编辑与排版

（3）幻灯片版式

（4）改变幻灯片次序

（5）应用设计模板

（6）背景设置

（7）幻灯片切换

（8）幻灯片动画效果设置

（9）幻灯片母版

（10）超级链接的使用

（11）插入艺术字及其他对象

（12）幻灯片的放映

• **经典试题**

经典题一：请在"答题"菜单上选择"WPS 演示"菜单项，完成下面的内容：

打开指定文件夹下的演示文稿 ys.dps，按下列要求完成对此文稿的修饰并保存。

（1）在第一张幻灯片标题处键入"EPSON"字母；第二张幻灯片的文本部分动画设置为"右下部飞入"。将第二张幻灯片移动为演示文稿的第一张幻灯片。

（2）幻灯片切换效果全部设置为"垂直百叶窗"。

经典题二：打开指定文件夹下的演示文稿 ys.dps，按下列要求完成对此文稿的修饰并保存。

（1）将最后一张幻灯片向前移动，作为演示文稿的第一张幻灯片，并在副标题外键入"领先同行业的技术"文字；字体设置成黑体、加粗、倾斜、44 磅。将最后一张幻灯片的版式更换为"垂直排列标题与文本"。

（2）全文幻灯片切换效果设置为"从左下抽出"；第 2 张幻灯片的文本部分动画设置为"底部飞入"。

经典题三：打开指定文件夹下的演示文稿 ys.dps，按下列要求完成对此文稿的修饰并保存。

（1）在第一张幻灯片的主标题处键入"先见之明万全之策"；字体设置成加粗、66 磅。在演示文稿插入第二张"项目清单"幻灯片，标题处键入"让我们一起努力"，文本处键入"中国长达 15 年的入世之路终于走到了终点，但……"。第二张幻灯片的文本部分动画设置为"左上部飞入"。

（2）全部幻灯片的切换效果设置为"随机"。

经典题四：打开指定文件夹下的演示文稿 ys.dps，按下列要求完成对此文稿的修饰并保存。

（1）在幻灯片的副标题区中键入"网上交流"；字体设置为：黑体、红色。将第二张幻灯片版面改为垂直排列标题与文本。

（2）第二张幻灯片中的文本部分动画设置为"右侧飞入"。

经典题五：打开指定文件夹的演示文稿 ys.dps，按下列要求完成对引文稿的修饰并保存。

（1）在演示文稿第一张幻灯片上键入标题"学生忙考试是耶，非耶"；字体设置为加粗、54 磅，副标题的动画效果为"劈裂—上下向中央收缩"。

（2）将第二张幻灯片版面改变为"标题和竖排文字"。

附 录

ASCII 码表

L \ H	0000	0001	0010	0011	0100	0101	0110	0111
0000	NUL	DLE	SP	0	@	P	'	p
0001	SOH	DC1	!	1	A	Q	a	q
0010	STX	DC2	"	2	B	R	b	r
0011	ETX	DC3	#	3	C	S	c	s
0100	EOT	DC4	$	4	D	T	d	t
0101	ENQ	NAK	%	5	E	U	e	u
0110	ACK	SYN	&	6	F	V	f	v
0111	BEL	ETB	,	7	G	W	g	w
1000	BS	CAN	)	8	H	X	h	x
1001	HT	EM	(	9	I	Y	i	y
1010	LF	SUB	*	:	J	Z	j	z
1011	VT	ESC	+	;	K	[	k	{
1100	FF	FS	'	<	L	\	l	|
1101	CR	GS	—	=	M	]	m	}
1110	SO	RS	.	>	N	ˆ	n	~
1111	SI	US	/	?	O	_	o	DEL